Linux 9 基础知识全面解析

沈超 胡波 编著

电子工业出版社
Publishing House of Electronics Industry
北京·BEIJING

内 容 简 介

本书基于最新发行的 Rocky Linux 9 作为讲解版本，内容涵盖了初学 Linux 所有的知识点，案例丰富生动，叙述由浅入深。

全书共 9 章，讲解了 Linux 日常管理操作的方方面面，由浅入深，内容全面，案例丰富，实战性强。本书从 Linux 系统的前世今生讲起，详细讲解了 Linux 系统的特点和各个发行版本，以及作者的学习建议；使用虚拟机构建 Linux 学习环境，介绍常用 Linux 工具软件的使用，以及无人值守安装、网络安装；提出 Linux 服务器在生产环境中的管理建议；Linux 常用命令；文本编辑器 Vim 的使用与进阶技巧；Linux 源码包与二进制包的安装、升级、卸载及管理，软件包部署的建议；Linux 用户和用户组的管理命令、配置文件；Linux 的权限管理，ACL 访问控制列表，系统特殊权限和文件属性权限，管理员授权；Linux 文件系统介绍，文件系统管理常用命令，系统分区规划与操作等。

本书广泛适用于各种基于 Linux 平台服务部署及运维、开发的技术人员，以及计算机相关专业的本科生，也是云计算学习者的必备入门书籍。

未经许可，不得以任何方式复制或抄袭本书之部分或全部内容。
版权所有，侵权必究。

图书在版编目（CIP）数据

Linux 9 基础知识全面解析 / 沈超，胡波编著.
北京：电子工业出版社，2025. 7. -- ISBN 978-7-121-50330-6
Ⅰ. TP316.85
中国国家版本馆 CIP 数据核字第 2025W7B732 号

责任编辑：李　冰
印　　刷：三河市鑫金马印装有限公司
装　　订：三河市鑫金马印装有限公司
出版发行：电子工业出版社
　　　　　北京市海淀区万寿路 173 信箱　邮编：100036
开　　本：787×1092　1/16　印张：19.5　字数：499 千字
版　　次：2025 年 7 月第 1 版
印　　次：2025 年 7 月第 1 次印刷
定　　价：75.00 元

凡所购买电子工业出版社图书有缺损问题，请向购买书店调换。若书店售缺，请与本社发行部联系，联系及邮购电话：(010) 88254888，88258888。
质量投诉请发邮件至 zlts@phei.com.cn，盗版侵权举报请发邮件至 dbqq@phei.com.cn。
本书咨询联系方式：libing@phei.com.cn。

前言

在 2012 年前后,我和李明老师合作录制了一套 Linux 的入门视频"史上最牛的 Linux 视频"教程。出乎我们意料的是,我们录制的这套视频,居然成了互联网爆款,好评如潮。十几年过去了,这套视频依然高居 B 站 Linux 类视频播放量第一的位置。为了配套此视频,我们还编写了《细说 Linux》系列第 1 版和第 2 版两本书籍。

今年为什么还要出版新的书籍?主要原因是 CentOS 停止开发和新版 Rocky Linux 9.x 系统的推出,旧版书籍已经不适合最新系统。

本书为什么要采用名不见经传的 Rocky Linux 9.x 系统作为教学操作系统呢?我们可以聊聊 RedHat 和 CentOS 的原创始人 Gregory Kurtzer 的恩怨了。

Rocky Linux 是一个开源、免费的企业级操作系统,与 RHEL(Red Hat Enterprise Linux)系统 100%兼容。RedHat 是全球著名的 Linux 开发商,旗下的 RHEL 系统也是 Linux 的重要发行版本,但是这个版本一直收费。当年,CentOS 系统为了打破 RHEL 系统收费的模式,以完全开源、免费的形式向公众发布,CentOS 与 RedHat 之争也被业界传为佳话。可惜 CentOS 最终没有抵抗到最后,被 RedHat 收购,并且最终被 IBM 收购。2020 年 12 月 8 日,RedHat 宣布停止开发免费的 CentOS 系统,全力发展收费的 RHEL 系统。

当 CentOS 宣布停止开发后,CentOS 的原创始人 Gregory Kurtzer 在 CentOS 网站上宣布,他将再次启动一个项目以实现 CentOS 的最初目标,这就是 Rocky Linux。2022 年 7 月 16 日,Rocky Linux 社区宣布,Rocky Linux 9.0 操作系统全面上市,可作为 CentOS Linux 的直接替代品,并将继续和 RHEL 竞争,以免费的形式造福用户。

从 2006 年开始,我开始接触 Linux 职业教育,最开始是兼职上课,后来变成专职的 Linux 讲师,最终变成我从事了十几年的事业。

在这十几年当中,我们培训超过万名学员,录制过浏览量超过千万人次的爆款视频,在长期的教学实践当中,越来越觉得编写一本适合初学者、思路清晰、通俗易懂、由浅入深的教材的重要性。我们立志把复杂的技术简单化,同时保持足够的深度与难度,编写一本最适合初学者的 Linux 教材。

本书是我们十几年技术与教学经验的总结,我们试图通过通俗易懂的方式、由浅入深的讲解、步骤清晰完整的实验,给予每位 Linux 初学者帮助。

为了帮助读者学习,笔者团队为本书录制了配套视频,请大家关注 B 站视频账号

"薪享宏福（uid：578475880）"观看，系列视频持续更新中。

感谢参与本书编写工作的胡波老师，也感谢我们教学团队的汪洋老师、刘川老师、焦明老师和黄惠娟老师的支持和建议。特别感谢李冰编辑，没有她的帮助，就没有这本书的面世。

由于编著者水平有限，书中不足及错误之处在所难免，敬请各位读者批评指正、给予建议，联系邮箱：shenchao@xinxianghf.com。

沈超

目录

第1章 知其然知其所以然：Linux 系统简介 …… 1
- 1.1 为什么新书采用 Rocky Linux … 1
- 1.2 什么是操作系统 …… 2
- 1.3 从 UNIX 到 Linux …… 3
  - 1.3.1 UNIX 的历史 …… 3
  - 1.3.2 Linux 的诞生 …… 4
  - 1.3.3 UNIX 与 Linux 不可分割的关系 …… 5
  - 1.3.4 UNIX/Linux 系统结构 …… 6
- 1.4 详细了解 Linux …… 7
  - 1.4.1 天使与魔鬼 …… 7
  - 1.4.2 Linux 的应用领域 …… 8
  - 1.4.3 Linux 的发行版本 …… 10
- 1.5 本章小结 …… 12

第2章 好的开始是成功的一半：Linux 系统安装 …… 13
- 2.1 虚拟机软件 VMware 应用 …… 13
  - 2.1.1 虚拟机的优势 …… 13
  - 2.1.2 虚拟机的安装 …… 14
  - 2.1.3 虚拟机的基本使用 …… 14
- 2.2 Linux 系统分区 …… 26
  - 2.2.1 步骤一：选择分区表 …… 27
  - 2.2.2 步骤二：格式化 …… 29
  - 2.2.3 步骤三：分区设备文件名 …… 31
  - 2.2.4 步骤四：挂载 …… 34
- 2.3 使用光盘安装 Linux 系统 …… 37
  - 2.3.1 下载 Rocky Linux 9.x 镜像 …… 37
  - 2.3.2 光盘安装 Rocky Linux 9.x …… 38
- 2.4 U 盘安装 Linux 系统 …… 51
  - 2.4.1 准备工作 …… 51
  - 2.4.2 制作 U 盘启动盘 …… 51
  - 2.4.3 使用 U 盘安装 Linux … 53
- 2.5 远程管理工具 …… 56
  - 2.5.1 远程连接工具介绍 …… 56
  - 2.5.2 虚拟机桥接模式配置 …… 57
  - 2.5.3 虚拟机 NAT 模式配置 …… 64
- 2.6 本章小结 …… 66

第3章 新手宝典：给初学者的 Linux 服务器管理建议 …… 67
- 3.1 初识 Windows 和 Linux 的区别 …… 67
- 3.2 Linux 服务器的管理和维护建议 …… 68
- 3.3 本章小结 …… 73

第4章 万丈高楼平地起：Linux 常用命令 …… 74
- 4.1 命令基本格式说明 …… 74

4.1.1 命令提示符 …………… 74
4.1.2 命令的基本格式 …… 75
4.2 目录操作命令 …………………… 76
 4.2.1 ls 命令 ………………… 76
 4.2.2 cd 命令 ………………… 78
 4.2.3 mkdir 命令 ……………… 81
 4.2.4 rmdir 命令 ……………… 81
 4.2.5 tree 命令 ………………… 82
4.3 文件操作命令 …………………… 83
 4.3.1 touch 命令 ……………… 83
 4.3.2 stat 命令 ………………… 84
 4.3.3 cat 命令 ………………… 87
 4.3.4 more 命令 ……………… 88
 4.3.5 less 命令 ………………… 89
 4.3.6 head 命令 ……………… 90
 4.3.7 tail 命令 ………………… 90
 4.3.8 ln 命令 ………………… 91
4.4 目录和文件都能操作的命令 ‥98
 4.4.1 rm 命令 ………………… 98
 4.4.2 cp 命令 ………………… 99
 4.4.3 mv 命令 ………………… 102
4.5 权限管理命令 …………………… 103
 4.5.1 权限介绍 ……………… 103
 4.5.2 基本权限的命令 ……… 105
 4.5.3 基本权限的含义 ……… 108
 4.5.4 所有者和所属组
    命令 …………………… 112
 4.5.5 umask 默认权限 ……… 114
4.6 帮助命令 ………………………… 117
 4.6.1 man 命令 ……………… 117
 4.6.2 info 命令 ……………… 121
 4.6.3 help 命令 ……………… 122
 4.6.4 --help 选项 …………… 123
4.7 搜索命令 ………………………… 123
 4.7.1 whereis 命令 …………… 123
 4.7.2 which 命令 …………… 124
 4.7.3 locate 命令 …………… 124

 4.7.4 find 命令 ……………… 126
4.8 压缩和解压缩命令 ……………… 135
 4.8.1 压缩文件介绍 ………… 135
 4.8.2 ".zip" 格式 …………… 135
 4.8.3 ".gz" 格式 …………… 137
 4.8.4 ".bz2" 格式 …………… 138
 4.8.5 ".tar" 格式 …………… 140
 4.8.6 ".tar.gz" 和 ".tar.bz2"
    格式 …………………… 142
4.9 关机和重启命令 ………………… 142
 4.9.1 sync 数据同步 ………… 143
 4.9.2 shutdown 命令 ………… 143
 4.9.3 reboot 命令 …………… 144
 4.9.4 halt 和 poweroff
    命令 …………………… 144
 4.9.5 init 命令 ……………… 144
4.10 常用网络命令 ………………… 145
 4.10.1 配置 Linux 的 IP
     地址 …………………… 145
 4.10.2 ip 命令 ……………… 145
 4.10.3 ifconfig 命令 ………… 147
 4.10.4 ping 命令 …………… 148
 4.10.5 ss 命令 ……………… 149
 4.10.6 netstat 命令 ………… 151
 4.10.7 write 命令 …………… 153
 4.10.8 wall 命令 …………… 154
 4.10.9 mail 命令 …………… 154
4.11 本章小结 ……………………… 156

第 5 章 简约而不简单的文本
   编辑器 Vim …………………… 157
5.1 Vim 的工作模式 ………………… 157
5.2 进入 Vim ………………………… 158
 5.2.1 使用 Vim 打开文件 … 158
 5.2.2 直接进入指定位置 … 158
5.3 Vim 的基本应用 ………………… 159
 5.3.1 进入输入模式 ………… 159

5.3.2 光标移动命令 ……… 160	6.3.1 yum 源搭建………… 192
5.3.3 Vim 中查找、删除、 复制、替换 ……… 161	6.3.2 常用 yum（dnf） 命令……………… 194
5.3.4 保存退出命令 …… 164	6.3.3 dnf 软件组管理…… 198
5.4 Vim 的进阶应用……………… 164	6.4 源码包管理…………………… 199
5.4.1 Vim 配置文件 …… 164	6.4.1 源码包的安装准备… 199
5.4.2 多窗口编辑 ……… 166	6.4.2 源码包注意事项…… 200
5.4.3 区域复制 ………… 166	6.4.3 源码包安装步骤…… 200
5.4.4 定义快捷键 ……… 167	6.4.4 源码包升级………… 203
5.4.5 在 Vim 中与 Shell 交互 ……………… 168	6.4.5 源码包卸载………… 205
	6.4.6 函数库管理………… 205
5.4.6 文本格式转换 …… 168	6.5 脚本程序包管理……………… 207
5.4.7 ab 命令的小技巧… 169	6.5.1 脚本程序简介……… 207
5.5 本章小结 …………………… 170	6.5.2 宝塔 Linux 管理 系统……………… 208
第 6 章 从"小巧玲珑"到"羽翼渐丰"： 软件安装 …………………… 171	6.6 软件包的选择 ……………… 211
	6.7 本章小结 …………………… 212
6.1 软件包管理简介……………… 171	第 7 章 得人心者得天下：用户和
6.1.1 软件包的分类 …… 171	用户组管理 ………………… 213
6.1.2 源码包的特点 …… 172	7.1 用户配置文件和管理相关
6.1.3 二进制包的特点 … 172	文件 …………………………… 213
6.1.4 初识源码包 ……… 173	7.1.1 用户信息文件
6.2 RPM 包管理——rpm 命令 管理……………………………… 174	/etc/passwd ………… 213
	7.1.2 影子文件/etc/
6.2.1 RPM 包的命名 规则 …………… 174	shadow……………… 216
	7.1.3 组信息文件/etc/
6.2.2 RPM 包的依赖性 … 175	group ……………… 218
6.2.3 RPM 包的安装与 升级 ……………… 178	7.1.4 组密码文件/etc/ gshadow …………… 219
6.2.4 RPM 包查询 ……… 180	7.1.5 用户管理相关文件… 219
6.2.5 RPM 包卸载 ……… 184	7.2 用户管理命令………………… 221
6.2.6 RPM 包校验与数字 证书 ……………… 184	7.2.1 添加用户：useradd ·· 222
	7.2.2 修改用户密码：
6.2.7 RPM 包中的文件 提取 ……………… 187	passwd …………… 227
	7.2.3 修改用户信息：
6.2.8 SRPM 包的使用 … 189	usermod …………… 230
6.3 RPM 包管理——yum 在线 管理 …………………………… 191	

VII

7.2.4 修改用户密码状态：
chage ································ 232
7.2.5 删除用户：userdel ·· 233
7.2.6 查看用户的 UID 和
GID：id ······················ 234
7.2.7 切换用户身份：su ··· 234
7.3 用户组管理命令 ···················· 235
7.3.1 添加用户组：
groupadd ····················· 235
7.3.2 修改用户组：
groupmod ···················· 236
7.3.3 删除用户组：
groupdel ······················ 236
7.3.4 把用户添加进组或从组
中删除：gpasswd ····· 236
7.3.5 改变有效组：
newgrp ························ 237
7.4 本章小结 ······························· 238

第 8 章 坚如若磐石的防护之道：权限管理 ·································· 239

8.1 ACL 权限 ······························ 239
8.1.1 开启 ACL 权限 ········ 240
8.1.2 ACL 权限设置 ········· 241
8.2 文件特殊权限——SetUID、SetGID、Sticky BIT ·········· 246
8.2.1 文件特殊权限之
SetUID ························ 246
8.2.2 文件特殊权限之
SetGID ························· 250
8.2.3 文件特殊权限之
Sticky BIT ··················· 252
8.2.4 特殊权限设置 ········· 252
8.3 文件系统属性 chattr 权限 ··· 254
8.3.1 设定文件系统属性：
chattr ··························· 254

8.3.2 查看文件系统属性：
lsattr ···························· 256
8.4 系统命令 sudo 权限············· 256
8.4.1 sudo 用法 ················· 256
8.4.2 sudo 举例 ················· 257
8.5 本章小结 ······························· 259

第 9 章 牵一发而动全身：文件系统管理 ···································· 260

9.1 硬盘结构 ······························· 260
9.1.1 机械硬盘 ·················· 260
9.1.2 固态硬盘 ·················· 263
9.2 硬盘接口类型 ······················· 264
9.3 硬盘分区 ······························· 264
9.3.1 分区实操练习之 SCSI
类型 ···························· 264
9.3.2 NVMe 类型硬盘
分区 ···························· 279
9.3.3 其他分区相关命令··· 281
9.4 分区格式化：写入文件
系统 ·· 284
9.4.1 xfs 文件系统 ············ 284
9.4.2 Linux 支持的常见
文件系统 ···················· 286
9.5 挂载 ······································· 286
9.5.1 临时挂载硬盘分区··· 287
9.5.2 永久挂载硬盘分区··· 290
9.5.3 移动设备挂载 ·········· 294
9.5.4 格式化与挂载相关
命令 ···························· 296
9.5.5 swap 分区与 swap 永久
挂载 ···························· 298
9.6 本章小结 ······························· 301

附录　课后习题 ································ 302

第 1 章　知其然知其所以然：Linux 系统简介

学前导读

Linux 发展到今天经历了很多波折，也产生了很多故事。从最开始的贝尔实验室的 UNIX 与加州大学伯克利分校的 BSD 的法律纠纷，到近些年的 RedHat、CentOS 和 Rocky Linux 之间的恩怨，都是很有意思的故事。了解这些故事，既能对 UNIX 与 Linux 的前身今世有一定的了解，也能知道其发展趋势，应用前景，还能激发学习兴趣，何乐而不为呢？

1.1　为什么新书采用 Rocky Linux

本书基于最新发行的 Rocky Linux 9.x 作为讲解版本，很多对 Linux 有了解的读者会很疑惑，最流行的 Linux 发行版不应该是 RedHat 公司旗下的 RHEL、CentOS 等版本吗？这个 Rocky Linux 又是什么呢？我们在系统学习之前，先了解一下 Rocky Linux 的由来。

这个故事要先从 RedHat 和 CentOS 的恩怨说起。RedHat 公司一直是 Linux 最主要的开发者与发行商之一，旗下的 RedHat 系列广受好评。但 RedHat 最受诟病的地方是，它旗下的 Linux 发行版是需要收费的，一开始只是部分功能收费，后续变成绝大多数功能都收费，可以想象未来将会变成所有功能都收费。这其实和 Linux 开源免费的精神是背道而驰的。

这个时候"拯救世界"的英雄出现了，以 Gregory Kurtzer 先生为首的开发团队，开发了一个叫作 CentOS 的 Linux 发行版。官方给 CentOS 的说明是"CentOS 是 Red Hat Enterprise Linux（RHEL）的再编译版本（是一个再发行版本），而且在 RHEL 的基础上修正了不少已知的 Bug"。简单来说，就是发行了一个与 RHEL 功能相似，但不收费的 CentOS，这符合开源精神，并不违反法律。虽然 CentOS 的技术支持、售后服务几乎没有，依赖的仅仅是论坛和聊天室这样自助的方式，但是它完全免费，而且功能和 RHEL 基本一致，这种特性满足了学习和使用 Linux 的需要。在早期的时候，企业用户并不信任 CentOS 系统，还是主要选择了 RHEL 系统。但随着 CentOS 系统的不断更新、修复，越来越多的企业用户也开始选择了 CentOS 系统。

CentOS 占比与日俱增，RedHat 公司不能眼看着竞争对手日益强大，于是他们想到了一个办法，就是收购 CentOS。在 2014 年年初，CentOS 没有抵挡住 RedHat 的糖衣炮弹，加入了 RedHat。但是 RedHat 当时也承诺，CentOS 永远不会收费，一开始的时候也确实做到了这一点。

一切从 2018 年开始发生了变化，在 2018 年 10 月 29 日，IBM 宣布收购 RedHat，紧接着在 2020 年 12 月 8 日宣布将要停止开发 CentOS。看，这就是商业！RedHat 并没有违反承诺，CentOS 确实没有收费，但是不再开发了。要想使用新版本，需要购买全面收费的 RHEL。

当时业界一片哗然，大家都担心从此以后没有免费的、开源的、可靠的 Linux 可以使用了。Linux 将步 Windows 后尘，变成一家独大的垄断公司。这些担心甚至影响到了从业者对 Linux 的信心，有部分开发者开始唱衰 Linux 的未来。

2020 年 12 月，CentOS 的创始人 Gregory Kurtzer 公开宣布会发行 Rocky Linux，并将其作为 CentOS 的替代者，继续开源，并且在功能上和 RHEL 基本一致。2021 年 4 月 30 日，第一个 Rocky Linux 版本发布。

Rocky Linux 一定会变成未来最主流的 Linux 发行版本之一，我们目前学习的是最新版本的 Rocky Linux 9.x，其对应 RedHat 公司的发行版本是 RHEL 9.x。

1.2 什么是操作系统

要讲明白 Linux 是什么，首先得说说什么是操作系统。

计算机系统是指按用户的要求，接收和存储信息、自动进行数据处理并输出结果信息的系统，它由硬件子系统（计算机系统赖以工作的实体，包括显示屏、键盘、鼠标、硬盘等）和软件子系统（保证计算机系统按用户指定的要求协调工作，如 Windows 操作系统、Office 办公软件等）组成。

而操作系统（Operating System，OS）是软件子系统的一部分，是硬件基础上的第一层软件，是硬件与其他软件的接口，就好似吃饭的桌子，有了桌子才能摆放盘子、碗、筷子、勺子等。它控制其他程序运行，管理系统资源，提供最基本的计算功能，如管理及配置内存、决定系统资源供需的优先次序等，同时还提供一些基本的服务程序，如下所示。

（1）文件系统。提供计算机存储信息的结构，信息存储在文件中，文件主要存储在计算机的内部硬盘里，在目录的分层结构中组织文件。文件系统为操作系统提供了组织管理数据的方式。

（2）设备驱动程序。提供连接计算机的每个硬件设备的接口，设备驱动器使程序能够写入设备，而不需要了解执行每个硬件的细节。简单来说，就是让你能吃到鸡蛋，但不用养一只鸡。

（3）用户接口。操作系统需要为用户提供一种运行程序和访问文件系统的方法。如常用的 Windows 图形界面，可以理解为一种用户与操作系统交互的方式；智能手机的 Android 或 iOS 系统，也是一种操作系统的交互方式。

（4）系统服务程序。当计算机启动时，会自动启动许多系统服务程序，执行安装文件系统、启动网络服务、运行预定任务等操作。

目前流行的服务器和 PC 端操作系统有 Linux、Windows、UNIX 等。

作为一本应用类的技术指导书，本节不对操作系统的类型和功能等理论性知识进行过多探讨，只是让读者明白操作系统也是软件，只不过它是底层的软件，位于计算机硬件和应用程序软件之间，提供最基本的计算功能，而 Linux 和 Windows 都是操作系统的一种。

1.3 从 UNIX 到 Linux

UNIX 与 Linux 之间的关系是一个很有意思的话题。在目前主流的服务器端操作系统中，UNIX 诞生于 20 世纪 60 年代末，Windows 诞生于 20 世纪 80 年代中期，Linux 诞生于 20 世纪 90 年代初，可以说 UNIX 是操作系统中的"老大哥"。

1.3.1 UNIX 的历史

UNIX 操作系统由肯·汤普森（Ken Thompson）和丹尼斯·里奇（Dennis Ritchie）发明。它的部分技术来源可追溯到从 1965 年开始的 Multics 工程计划，该计划由贝尔实验室、美国麻省理工学院和通用电气公司联合发起，目标是开发一种交互式的、具有多道程序处理能力的分时操作系统，可以取代当时广泛使用的批处理操作系统。

说明： 分时操作系统使一台计算机可以同时为多个用户服务，连接计算机的终端用户以交互式方式发出命令，操作系统采用时间片轮转的方式处理用户的服务请求，并在终端上显示结果（操作系统将 CPU 的时间划分成若干个片段，称为时间片）。操作系统以时间片为单位，轮流为每个终端用户服务，每次服务一个时间片。

可惜，由于 Multics 工程计划所追求的目标太庞大、太复杂，以至于它的开发人员都不知道要做成什么样子，最终以失败收场。

以肯·汤普森为首的贝尔实验室研究人员吸取了 Multics 工程计划失败的经验教训，于 1969 年实现了一种分时操作系统的雏形，1970 年该系统正式取名为 UNIX。想一下英文中的前缀 Multi 和 Uni，就明白了 UNIX 的隐意。Multi 是大的意思，大而繁杂；而 Uni 是小的意思，小而精巧。这是 UNIX 开发者的设计初衷，这个理念一直影响至今。

有意思的是，肯·汤普森当年开发 UNIX 的初衷是运行他编写的一款计算机游戏 Space Travel（太空旅行），这款游戏模拟太阳系的天体运动，由玩家驾驶飞船，观赏景色并尝试在各种行星和月亮上登陆。他先后在多个系统上实验，但运行效果不甚理想，于是决定自己开发一个操作系统，就这样 UNIX 诞生了。

自 1970 年后，UNIX 系统在贝尔实验室内部的程序员之间逐渐流行起来。1972 年，肯·汤普森的同事丹尼斯·里奇发明了传说中的 C 语言，这是一种适合编写系统软件的高级语言，它的诞生是 UNIX 系统发展过程中的一个重要里程碑，它宣告了在操作系统的开发中，汇编语言不再是主宰。到了 1973 年，UNIX 系统的绝大部分源代码都用 C 语言进行了重写，这为提高 UNIX 系统的可移植性打下了基础（之前操作系统多采用汇编语言，对硬件依赖性强），也为提高系统软件的开发效率创造了条件。可以说，UNIX 系统与 C 语言是一对孪生兄弟，具有密不可分的关系。

20 世纪 70 年代初，计算机界还有一项伟大的发明——TCP/IP 协议，这是当年美国国防部接手 ARPAnet 后所开发的网络协议。美国国防部把 TCP/IP 协议与 UNIX 系统、C 语言捆绑在一起，由 AT&T 发行给美国各个大学非商业的许可证，这为 UNIX 系统、C 语言、TCP/IP 协议的发展拉开了序幕，它们分别在操作系统、编程语言、网络协议这三个领域影响至今。肯·汤普森和丹尼斯·里奇因其在计算机领域做出的杰出贡献，于 1983 年获得了计算机科学的最高奖——图灵奖。

随后出现了各种版本的 UNIX 系统，目前常见的有 Solaris、FreeBSD、IBM AIX、HP-UX 等。

我们重点介绍一下 Solaris，它是 UNIX 系统的一个重要分支。Solaris 除了可以运行在 SPARC CPU 平台上，还可以运行在 x86 CPU 平台上。在服务器市场上，Sun 的硬件平台具有高可用性和高可靠性，是市场上处于支配地位的 UNIX 系统。对于难以接触到 Sun SPARC 架构计算机的用户来说，可以通过使用 Solaris x86 来体验世界知名大厂的商业 UNIX 风采。当然，Solaris x86 也可以用于实际生产应用的服务器，在遵守 Sun 的有关许可条款的情况下，Solaris x86 可以免费用于学习研究或商业应用。

FreeBSD 源于美国加利福尼亚大学伯克利分校开发的 UNIX 版本，它由来自世界各地的志愿者开发和维护，为不同架构的计算机系统提供了不同程度的支持。FreeBSD 在 BSD 许可协议下发布，允许任何人在保留版权和许可协议信息的前提下随意使用和发行，并不限制将 FreeBSD 的代码在另一个协议下发行，因此商业公司可以自由地将 FreeBSD 代码融入它们的产品中。苹果公司的 OS X 就是基于 FreeBSD 的操作系统。

FreeBSD 与 Linux 的用户群有相当一部分是重合的，二者支持的硬件环境也比较一致，所采用的软件也比较类似。FreeBSD 的最大特点是稳定和高效，是作为服务器操作系统的不错选择；然而，由于其对硬件的支持没有 Linux 完备，因此并不适合作为桌面系统使用。

其他 UNIX 版本因应用范围相对有限，在此不做过多介绍。

1.3.2　Linux 的诞生

Linux 内核最初是由李纳斯·托瓦兹（Linus Torvalds）在赫尔辛基大学读书时出于个人爱好而编写的，当时他觉得教学用的迷你版 UNIX 操作系统 Minix 太难用了，于是决定自己开发一个操作系统。第一个版本于 1991 年 9 月发布，当时仅有 10000 行代码。

李纳斯·托瓦兹没有保留 Linux 源代码的版权，而是公开了代码，并邀请他人一起完善 Linux。与 Windows 及其他有专利权的操作系统不同，Linux 开放了源代码，任何人都可以免费使用它。

据估计，现在只有 2%的 Linux 核心代码是由李纳斯·托瓦兹自己编写的，虽然他仍然拥有 Linux 内核（操作系统的核心部分），并且保留了选择新代码和需要合并的新方法的最终裁定权。现在大家所使用的 Linux，笔者更倾向于说是由李纳斯·托瓦兹和后来陆续加入的众多 Linux 爱好者共同开发完成的。

李纳斯·托瓦兹无疑是这个世界上最伟大的程序员之一，何况他还发明了全世界最大的程序员交友社区 GitHub（开源代码库及版本控制系统）。

关于 Linux 的 Logo 的由来是一个很有意思的话题，它是一只企鹅如图 1-1 所示。

为什么选择企鹅，而不是选择狮子、老虎或者小白兔？有人说因为李纳斯·托瓦兹是芬兰人，所以选择企鹅；有人说因为其他动物图案都被用光了，李纳斯·托瓦兹只好选择企鹅。

图 1-1　Linux 图标

笔者更愿意相信以下说法：企鹅是南极洲的标志性动物，根据国际公约，南极洲为全人类共同所有，不属于世界上的任何国家，任何国家都无权将南极洲纳入其版图。Linux 选择企鹅图案作为 Logo，其含义是：开放源代码的 Linux 为全人类共同所有，任何公司无权将其私有。

1.3.3　UNIX 与 Linux 不可分割的关系

二者的关系，不是大哥和小弟，"UNIX 是 Linux 的父亲"这个说法更恰当。之所以要介绍它们的关系，是因为要告诉读者，在学习的时候，其实 Linux 与 UNIX 有很多的共通之处，简单地说，如果你已经熟练掌握了 Linux，那么再上手使用 UNIX 会非常容易。

二者也有两个大的区别：其一，UNIX 系统大多是与硬件配套的，也就是说，大多数 UNIX 系统如 AIX、HP-UX 等是无法安装在 x86 服务器和个人计算机上的，而 Linux 则可以运行在多种硬件平台上；其二，UNIX 是商业软件，而 Linux 是开源软件，是免费、公开源代码的。

Linux 受到广大计算机爱好者的喜爱，主要原因有两个：一是它属于开源软件，用户不用支付任何费用就可以获得它和它的源代码，并且可以根据自己的需要对它进行必要的修改，无偿使用，无约束地继续传播；二是它具有 UNIX 的全部功能，任何使用 UNIX 操作系统或想要学习 UNIX 操作系统的人都可以从 Linux 中获益。

开源软件是不同于商业软件的一种模式，从字面上理解，就是开放源代码，大家不用担心里面会搞什么"猫腻"，这会带来软件的革新和安全。

另外，开源其实并不等同于免费，而是一种新的软件盈利模式。目前，很多软件都是开源软件，对计算机行业与互联网影响深远。开源软件本身的模式、概念比较晦涩，本书旨在指导读者应用 Linux，大家简要理解即可。

近年来，Linux 已经青出于蓝而胜于蓝，以超常的速度发展，从一个"丑小鸭"变成了一个拥有庞大用户群的、真正优秀的、值得信赖的操作系统。历史的车轮让 Linux 成为 UNIX 最优秀的传承者。

1.3.4　UNIX/Linux 系统结构

UNIX/Linux 系统可以粗糙地抽象为三个层次（所谓粗糙，就是不够细致、精准，但是便于初学者抓住重点理解），三个层次的关系如图 1-2 所示。底层是 UNIX/Linux 操作系统，一般称为内核层（Kernel）；中间层是 Shell 层，即命令解释层；高层则是应用层。

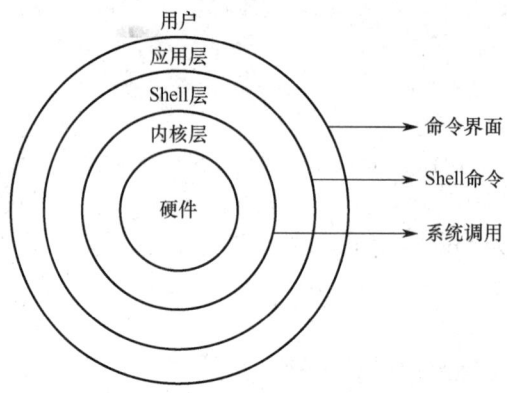

图 1-2　UNIX/Linux 系统结构层次概要

1．内核层

内核层是 UNIX/Linux 系统的核心和基础，它直接附着在硬件平台之上，控制和管理系统内各种资源（硬件资源和软件资源），有效地组织进程的运行，从而扩展硬件的功能，提高资源的利用效率，为用户提供方便、高效、安全、可靠的应用环境。

2．Shell 层

Shell 层是与用户直接交互的界面。用户可以在提示符下输入命令行，由 Shell 解释执行并输出相应结果或者有关信息，所以我们也把 Shell 称作命令解释器，利用系统提供的丰富命令可以快捷而简便地完成许多工作。

3．应用层

应用层提供基于 X Window 协议的图形环境。X Window 协议定义了一个系统所必须具备的功能（就如同 TCP/IP 是一个协议，定义软件所应具备的功能），任何系统能满足此协议及符合 X 协会其他的规范，便可称为 X Window。

现在大多数的 UNIX 系统上（包括 Solaris、HP-UX、AIX 等）都可以运行 CDE（Common Desktop Environment，通用桌面环境，是运行于 UNIX 的商业桌面环境）的用户界面；而在 Linux 上广泛应用的有 Gnome（Gnome 图形界面如图 1-3 所示）、KDE 等。

X Window 与微软的 Windows 图形环境有很大的区别：UNIX/Linux 系统与 X Window 没有必然捆绑的关系，也就是说，UNIX/Linux 可以安装 X Window，也可以不安装；而微软的 Windows 图形环境与内核捆绑密切。UNIX/Linux 系统不依赖图形环境，依然可以通过命令行完成 100%的功能，而且因为不使用图形环境还会节省大量的系统资源。

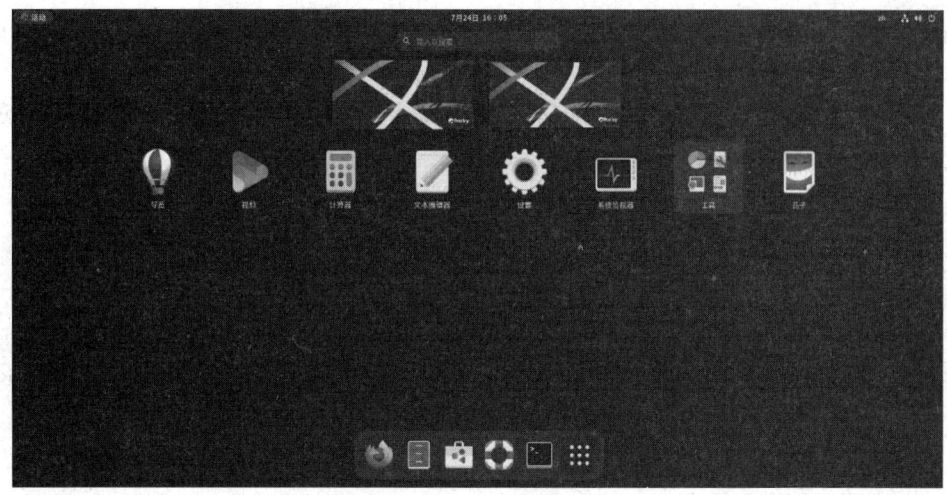

图 1-3　Gnome 图形界面

作为服务器部署，绝大多数 Linux 并不安装或并不启用图形环境，本书的讲解也基本上为 Linux 命令行下的操作。

1.4　详细了解 Linux

接下来我们介绍一下 Linux 操作系统的优缺点、应用领域和发行版本。

1.4.1　天使与魔鬼

Linux 不可比拟的优势如下。

1．开源

Linux 最大的优势就是开源，也就是开放源代码。Windows 和 UNIX 都不是开源系统，连带着它们的应用软件也都不是开源软件。大家回想一下，谁见过 QQ 的源代码程序？估计除了 QQ 的开发工程师，谁也没有见过。闭源软件有显而易见的好处，比如可以盈利，可以避免竞争对手抄袭。

但是 Linux 在这里反其道而行，不光 Linux 系统是开源的，而且 Linux 要求其所有的软件也必须是开源的。强制开源，对开发者是有一定缺点，比如很难盈利。但是对于使用者，绝对是福利！开源系统更加安全，因为如果被植入了攻击程序，全球的开发者都可以看到，基本是不可能的。开源系统也更加稳定，如果代码有 Bug，所有开发者都能看到源代码的前提下，找到 Bug 的概率大幅增加。

大家注意，开源并不等同于免费，虽然绝大多数的开源软件都是免费的。也就是说，开源软件也可以销售，这并不冲突。

2．大量的可用软件及免费软件

Linux 系统上有着大量的可用软件，且绝大多数是免费的，比如声名赫赫的 Apache、

Nginx、PHP、MySQL 等，构建成本低，是 Linux 被众多企业青睐的原因之一。当然，这和 Linux 出色的性能是分不开的，否则，节约成本就没有任何意义了。

但不可否认的是，Linux 在办公应用和游戏娱乐方面的软件相比 Windows 系统还很匮乏，Linux 更适合用在它擅长的服务器领域。

3．良好的可移植性及灵活性

Linux 系统有良好的可移植性，它几乎支持所有的 CPU 平台，这使得它便于裁剪和定制。我们可以把 Linux 放在 U 盘、光盘等存储介质中，也可以在嵌入式领域广泛应用。

如果读者希望不进行安装就体验 Linux 系统，则可以在网上下载一个 Live DVD 版的 Linux 镜像，刻成光盘放入光驱或者用虚拟机软件直接载入镜像文件，设置 CMOS/BIOS 为光盘启动，系统就会自动载入光盘文件，启动进入 Linux 系统。

4．优良的稳定性和安全性

著名的黑客埃里克·雷蒙德（Eric S. Raymond）有一句名言："足够多的眼睛，就可以让所有问题都浮现。"举个例子，假如笔者在演讲，台下人山人海，我中午吃饭不小心，有几个饭粒黏在衣领上了，分分钟就会被大家发现，因为看的人太多了；如果台下就稀稀落落两三个人且距离很远，那就算我衣领上有一大块油渍也不会被发现。Linux 开放源代码，将所有代码放在网上，全世界的程序员都看得到，有什么缺陷和漏洞，很快就会被发现，从而成就了它的稳定性和安全性。

5．支持几乎所有的网络协议及开发语言

经常有初学的朋友问笔者，Linux 是不是对 TCP/IP 协议支持不好、是不是与 Java 的开发环境不兼容之类的问题。前面在 UNIX 发展史中已经介绍了，UNIX 系统是与 C 语言、TCP/IP 协议一同发展起来的，而 Linux 是 UNIX 的一种，C 语言又衍生出了现今主流的语言 PHP、Java、C++等，而哪一个网络协议与 TCP/IP 无关呢？所以，Linux 对网络协议和开发语言的支持都很好。

Linux 的优点在此不一一列举，只说明这几点供读者参考。诚然，Linux 不可能没有缺点，如桌面应用还有待完善、Linux 的标准统一还需要推广、开源软件的盈利模式与发展还有待考验等，不过，瑕不掩瑜。

1.4.2　Linux 的应用领域

Linux 似乎在我们平时的生活中很少看到，那么它应用在哪些领域呢？其实，在生活中随时随地都有 Linux 为我们服务着。

1．服务器主流操作系统

Linux 最主要的应用就是服务器领域，国外接近 80%的服务器采用的是 Linux 系统，而国内占比更高。我们学习 Linux 技术的目的，主要是培养专业的运维工程师，那么出于找工作的考虑，也应该学习使用占比更高的技术，这样在工作的时候拥有的机会才会更多。

为什么大多数服务器会采用 Linux 而不使用 UNIX 或 Windows 呢？这是由于 Linux 的特性造成的，Linux 的特点主要是开源、免费、安全、可靠。其中免费是巨大的优势，而 UNIX 和 Windows 都是收费的，而且价格不菲。服务器一般都会部署很多台，每台服务器的操作系统都需要付费，加在一起，价格是很昂贵的。

Linux 第二个最主要的优势是开源，开源会带来更加安全、稳定的系统，这都是服务器所追求的。

这些原因导致了在服务器操作系统领域（个人办公电脑操作系统 Windows 是绝对霸主），Linux 是占比最高的操作系统，我们的目的是工作，当然要学习 Linux 系统了。

2. 电影工业

1998 年，上映了一部电影《泰坦尼克号》，那些看起来真实、恐怖的豪华巨轮与冰山相撞最终沉没的场面要归功于 Linux，归功于电影特技效果公司里终日处理数据的 100 多台 Linux 服务器。

在过去，SGI 图形工作站支配了整个电影产业，20 世纪 90 年代的影片《侏罗纪公园》中生动的恐龙，正是从 SGI 上孕育出来的，SGI 的操作系统 Irix 就是 UNIX 的一种。当时所有动画制作公司都得看 SGI 的脸色。然而，从 1997 年开始，Linux 开始全面占领好莱坞，娱乐业巨擘迪士尼宣布全面采用 Linux，宣告了 SGI 时代的没落，Linux 时代走向辉煌。

好莱坞精明的电影人热情地拥抱 Linux，其中的原因不言而喻。首先，Linux 作为开源软件，可以节省大量成本；其次，Linux 具有商业软件不具备的功能定制化特点，各家电影厂商都可依据自己的制片需要铺设相关平台。到现在为止，使用 Linux 制作的好莱坞大片已经有几百部了。

3. 嵌入式应用

嵌入式系统是以应用为中心，以计算机技术为基础，并且软硬件可定制，适用于各种应用场合，对功能、可靠性、成本、体积、功耗等有严格要求的专用计算机系统。它一般由嵌入式微处理器、外围硬件设备、嵌入式操作系统及用户的应用程序四个部分组成，用于实现对其他设备的控制、监视或管理等。嵌入式系统几乎涵盖了生活中的所有电器设备，如手机、平板电脑、电视机顶盒、游戏机、智能电视、汽车、数码相机、自动售货机、工业自动化仪表与医疗仪器等。

不得不提的是安卓系统（Android）。安卓系统是基于 Linux 的开源系统，主要适用于便携设备，如智能手机和平板电脑等，是 Google 公司为移动终端打造的真正开放和完整的移动软件。在如今的人工智能领域，安卓系统的占有率已然是傲视群雄。

从安卓手机到智能机器人，从大型网站到美国太空站，Linux 都已涉足其中。Linux 的发展震动了整个科技界，动摇了微软一贯以来的霸权，并且为科技界贡献了一种软件制造的新方式。

Top500 是评定全球 500 台最快的超算系统性能榜单，最新的统计中，世界上 500 台超级计算机几乎全部在运行着 Linux 系统。

1.4.3　Linux 的发行版本

新手往往会被 Linux 众多的发行版本搞得一头雾水，我们首先来解释一下这个问题。

从技术上来说，李纳斯·托瓦兹开发的 Linux 只是一个内核。内核指的是一个提供设备驱动、文件系统、进程管理、网络通信等功能的系统软件，但一个内核并不是一套完整的操作系统，它只是操作系统的核心。一些组织或厂商将 Linux 内核与各种软件和文档包装起来，并提供系统安装界面和系统配置、设定与管理工具，就构成了 Linux 的发行版本。

在 Linux 内核的发展过程中，各种 Linux 发行版本起到巨大的作用，正是它们推动了 Linux 的应用，从而让更多的人开始关注 Linux。因此，把 Red Hat、Ubuntu、SUSE 等直接说成 Linux 其实是不确切的，它们是 Linux 的发行版本，更确切地说，应该叫作"以 Linux 为核心的操作系统软件包"。Linux 的各个发行版本使用的是同一个 Linux 内核，因此在内核层不存在什么兼容性问题，每个版本有不一样的感觉，只是在发行版本的最外层（由发行商整合开发的应用）才有所体现。

Linux 的发行版本可以大体分为两类：一类是商业公司维护的发行版本；另一类是社区组织维护的发行版本。前者以著名的 RedHat 为代表，后者以 Debian 为代表。很难说大量 Linux 版本中哪一款更好，每个版本都有自己的特点。下面为大家介绍四款我国国内应用较多的 Linux 发行版本。

1. Rocky Linux

Rocky Linux 是本书的教学版本，我们在本章一开始就解释了为什么要学习 Rocky Linux 的原因。从 Red Hat 宣布 CentOS 停止开发之后，Rocky Linux 以救世主的方式稳定了 Linux 从业者的军心，使 Rocky Linux 一定会取代 CentOS，成为最主流的 Linux 发行版之一。

2. Red Hat Linux

Red Hat（红帽公司）创建于 1993 年，是目前世界上资深的 Linux 厂商，也是最获认可的 Linux 品牌。

Red Hat 公司的 Linux 产品主要包括 RHEL（Red Hat Enterprise Linux 的递归缩写）和 CentOS（RHEL 的社区克隆版本，免费版本）、Fedora Core（由 Red Hat 桌面版发展而来，免费版本）。RHEL 系统是在我国国内使用人群最多的 Linux 版本，资料丰富，如果你有什么不明白的地方，则容易找到人来请教，而且大多数 Linux 教程是以 RHEL 系统为例来讲解的。

3. Ubuntu Linux

Ubuntu 基于知名的 Debian Linux 发展而来，界面友好，容易上手，对硬件的支持非常全面，是目前最适合做桌面系统的 Linux 发行版本，而且 Ubuntu 的所有发行版本都免费提供。

Ubuntu 的创始人 Mark Shuttleworth 是一个非常具有传奇色彩的人物。他在大学毕业后创建了一家安全咨询公司，1999 年以 5.75 亿美元被收购，他由此一跃成为南非最年轻有为的本土富翁。作为一名狂热的天文爱好者，Mark Shuttleworth 于 2002 年自费乘坐俄罗斯联盟号飞船，在国际空间站中度过了 8 天的时光。之后，Mark Shuttleworth 创立了 Ubuntu 社区，2005 年 7 月 1 日建立了 Ubuntu 基金会，并为该基金会投资 1000 万美元。他说，太空的所见正是他创立 Ubuntu 的精神之所在。如今，他最热衷的事情就是到处为自由开源的 Ubuntu 进行宣传和演讲。

4．SuSE Linux

SuSE Linux 以 Slackware Linux 为基础，原来是德国的 SuSE Linux AG 公司发布的 Linux 版本，1994 年发行了第一版，早期只有商业版本，2004 年被 Novell 公司收购后，成立了 OpenSUSE 社区，推出了自己的社区版本 OpenSUSE。

SuSE Linux 在欧洲较为流行，在我国国内也有较多应用。值得一提的是，它吸取了 Red Hat Linux 的很多特质。

SuSE Linux 可以非常方便地实现与 Windows 的交互，硬件检测非常优秀，拥有界面友好的安装过程、图形管理工具，对于终端用户和管理员来说使用非常方便。

5．Gentoo Linux

Gentoo 最初由 Daniel Robbins（FreeBSD 的开发者之一）创建，首个稳定版本发布于 2002 年。Gentoo 是所有 Linux 发行版本里安装最复杂的，到目前为止仍采用源码包编译安装操作系统。不过，它是安装完成后最便于管理的版本，也是在相同硬件环境下运行最快的版本。

自从 Gentoo 1.0 面世后，它就像一场风暴，给 Linux 世界带来了巨大的惊喜，同时也吸引了大量的用户和开发者投入 Gentoo Linux 的怀抱。

有人这样评价 Gentoo：快速、设计干净而有弹性，其出名是因为高度的自定制性——它是一个基于源代码的发行版。尽管安装时可以选择预先编译好的软件包，但是大部分使用 Gentoo 的用户都选择自己手动编译。这也是为什么 Gentoo 适合比较有 Linux 使用经验的老手使用。但要注意的是，由于编译软件需要消耗大量的时间，如果所有的软件都由自己编译，并安装 KDE 桌面系统等比较大的软件包，则可能需要花费很长时间。

Linux 的发行版本众多，在此不逐一介绍，下面给选择 Linux 发行版本犯愁的朋友一点建议：

- 如果是服务器使用操作系统建议使用 Rocky Linux，此版本几乎和同版本的 RedHat Linux 一致，而且完全免费。
- 如果你资金充足，也是服务器使用，当然也可以使用 RedHat Linux。不过 RedHat Linux 的收费现在真是昂贵至极，价格从 349 美元到 8000 美元之间（这是单台服务器操作系统的价格，如果有多台服务器，每一台服务器都要花费同样的价格购买）。
- 如果你使用 Linux 是从事软件开发，或者仅是需要一个图形桌面的系统，那么建议使用 Ubuntu。Ubuntu 的软件源仓库更新更快，部署软件开发系统极其方便。当然太新的软件及系统，存在安全性与稳定性隐患，并不适合服务器。

以上纯属个人建议，非官方指导意见。其实不论 Linux 的发行版是什么，只要内核一致，它们的功能和命令就基本一致。学习其中的一种，碰到其他的发行版，至少命令都是可以通用的，也能触类旁通。

1.5 本章小结

通过本章的学习，了解 UNIX 与 Linux 的发展历史及关系、Linux 的主要应用领域、Linux 内核与 Linux 发行版本的区别及主流的发行版本、Linux 系统的优缺点；了解操作系统的概念、X Window 图形环境的特点、开源软件的特性；建立对 Linux 系统的认识，知道学习 Linux 时要注意的问题。

第2章 好的开始是成功的一半：Linux 系统安装

学前导读

学习 Linux 的第一个问题是搭建学习环境，以便开始本书的学习过程。很多新手对 Linux 望而生畏，皆因对 Linux 安装的恐惧，害怕 Windows 系统被破坏，害怕硬盘数据丢失……这些都变成了新手的噩梦。本章将介绍如何搭建虚拟机的 Linux 环境、各种安装 Linux 的方法，以及远程管理工具的使用。

本书使用了最新版 Rocky Linux 9.x 为教学版本。虽然 Linux 的发行版本众多，但是还是建议大家按照本书使用的版本进行练习，否则细节上会有区别，不利于初学者进行学习与使用。

自本章开始，请大家边学、边练、边思考、边总结。

2.1 虚拟机软件 VMware 应用

虚拟机软件不止一种，本书介绍和使用的虚拟机软件是 VMware。简单来说，VMware 可以使你在一台计算机上同时运行多个操作系统（如 Windows、Linux、FreeBSD）。在计算机上直接安装多个操作系统，同一个时刻只能运行一个操作系统，切换需要重启才可以；而 Vmware 可以同时运行多个操作系统，可以像 Windows 应用程序一样来回切换。虚拟机系统可以如同真实安装的系统一样操作，甚至可以在一台计算机上将几个虚拟机系统连接为一个局域网或连接到互联网。

在虚拟机系统中，每台虚拟产生的计算机都被称为"虚拟机"，而用来存储所有虚拟机的计算机则被称为"宿主机"，笔者习惯把"宿主机"称为"真实机"。例如，你的计算机的 Windows 即真实机，而 VMware 安装的 Linux 为虚拟机。

2.1.1 虚拟机的优势

使用虚拟机软件 VMware 还有以下两点优势。

1. 减少重要数据丢失的可能

太多的新手，无知者无畏地尝试安装 Linux 系统，从而导致原有的 Windows 系统被破坏，甚至硬盘数据丢失。使用 VMware 则不需要担心这个问题，在虚拟机系统上所做的任何操作，包括硬盘分区、删除或修改数据等，都是在虚拟硬盘中进行的，无论怎么折腾，最坏的结局不过就是重装虚拟机的系统而已。

虚拟机不只是教学工具，对大多数 IT 从业者来讲，虚拟机是伴随职业生涯的重要工具。在生产服务器上的所有重要操作都应该在虚拟机上先进行测试，没有问题之后，才能在生产服务器上执行。这些年来，全球范围内因为误操作导致服务器重要数据丢失的问题层出不穷，甚至在 IT 从业者内部，出现了"从删库到跑路宝典"之类的玩笑。如果所有的 IT 从业者都保持警惕，在进行重要操作前遵守操作规范，先在虚拟机中测试，这样的事件就会大大减少。

2. 可以方便地体验各种系统进行学习或测试

在同一台计算机上，可以通过 VMware 安装多个操作系统，笔者的计算机上就通过 VMware 安装了 CentOS、Windows、Solaris、Ubuntu 等操作系统，方便体验各种不同的操作系统，测试操作系统平台迁移等也非常方便。

如果你只有一台计算机，那么学习 Linux 无法做一些需要多台主机的网络实验。有了 VMware 就可以解决这个问题，用虚拟机和宿主机进行网络通信、文件共享，与真实的网络操作一样！在硬件配置较高的情况下，还可以同时启动两三个甚至更多个虚拟机系统，进行虚拟机系统之间网络应用方面的实验。更多的惊喜是，如果你想试一试 Linux 的 RAID 或 LVM 等需要多块硬盘的服务，或者想体验一下双 CPU 的设置、想试试在 Linux 下添加双网卡，通过 VMware 添加虚拟硬件都可以实现。

2.1.2 虚拟机的安装

注意：如果您的系统是 Windows 11，那么必须安装 VMware 16 及以上版本，否则虚拟机在开机时，系统会蓝屏死机，这是虚拟机与 Windows 11 不兼容造成的。

虚拟机请去官方网站进行下载，推荐使用版本为 VMware Workstation Pro 或 VMware Workstation Player。其中，VMware Workstation Player 版本推荐给个人用户使用，不能用于商业用途，是免费的。其他的 VMware 产品在此不做过多介绍。

虚拟机硬件需求：虚拟机对 CPU 和内存的要求较高，硬盘一般够用就好，具体需求如下。

- CPU：Inter 推荐 8 代 i5 以上，或同等 AMD 的 CPU。
- 内存：最少 8GB，如果需要同时开启多台虚拟机，推荐 16GB 内存。

VMware 软件具体的安装过程，与其他 Windows 软件安装过程类似，就不做详细介绍了。

2.1.3 虚拟机的基本使用

1. 建立虚拟机镜像

VMware 软件安装好之后，启动 VMware 进入主界面，如图 2-1 所示。

第 2 章 好的开始是成功的一半：Linux 系统安装

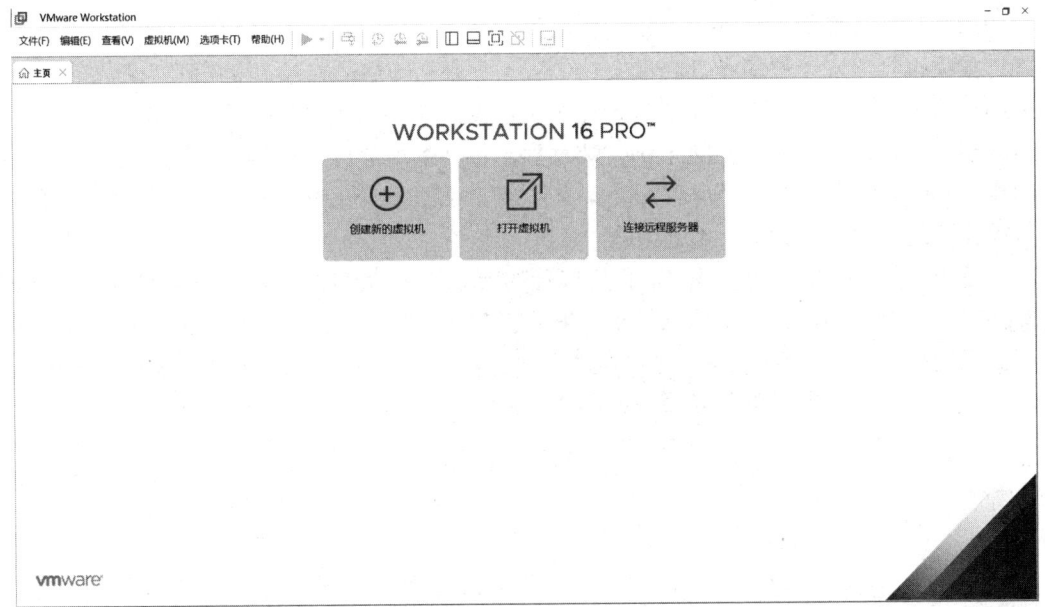

图 2-1 VMware 主界面

此时，如果有已经安装好的虚拟机系统镜像，那么选择"打开虚拟机"，找到系统镜像，打开就可以使用；否则，需要点击"创建新的虚拟机"，建立一个新的虚拟机。我们点击"创建新的虚拟机"，打开"新建虚拟机向导"，如图 2-2 所示。

这里选择"典型（推荐）"，其和"自定义（高级）"的作用相似，但是"自定义（高级）"选项需要详细设置虚拟机的硬件参数，适合对虚拟机更熟悉的人员。我们在这里推荐选择"典型（推荐）"选项。点击"下一步"按钮，进入"安装客户机操作系统"界面，如图 2-3 所示。

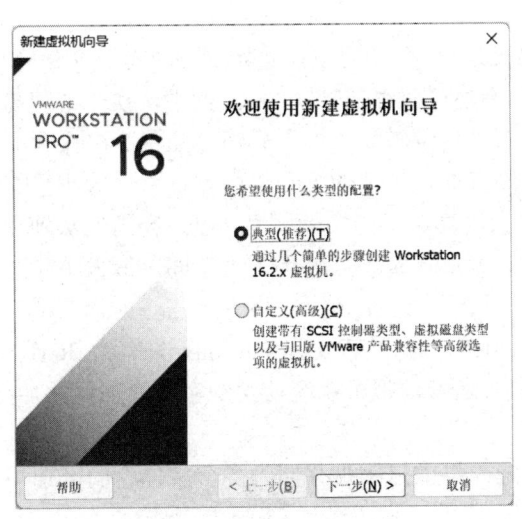

图 2-2 新建虚拟机向导

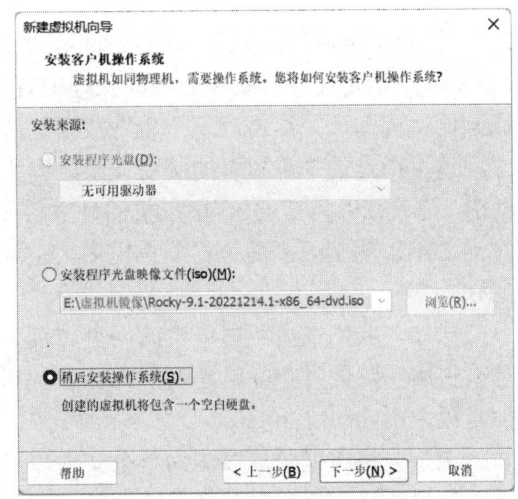

图 2-3 安装客户机操作系统

在这个界面，我们需要选择采用什么安装来源来安装客户机操作系统呢？因为目前我们的计算机已经基本淘汰了光驱，所以第一个选项"安装程序光盘"已经不能选择。

如果选择"安装程序光盘映像文件（iso）"，那么 VMware 会帮助用户自动安装一个最小化的 Linux 操作系统，安装过程完全不需要用户参与。这样做的优点是安装简单，适合初学者；缺点是完全不能干预安装过程，包括系统分区过程等，否则就失去了学习的意义。因此，我们选择"稍后安装操作系统"，点击"下一步"按钮，进入"选择客户机操作系统"界面，如图 2-4 所示。

这里选择要安装的操作系统，我们选择"Linux"。在版本框中，下拉选择"其他 Linux 5.x 内核 64 位"。目前，Rocky Linux 9 对虚拟机来讲太新了，无法找到对应的版本。其实这里选择任何一个 64 位操作系统版本都是可以的，不影响后续使用。点击"下一步"按钮，进入"命名虚拟机"界面，如图 2-5 所示。

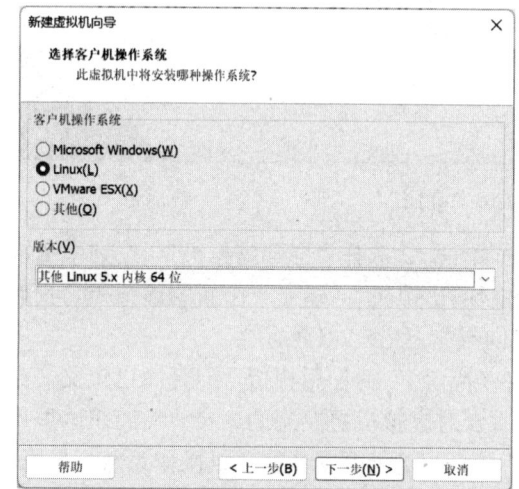

图 2-4　选择客户机操作系统

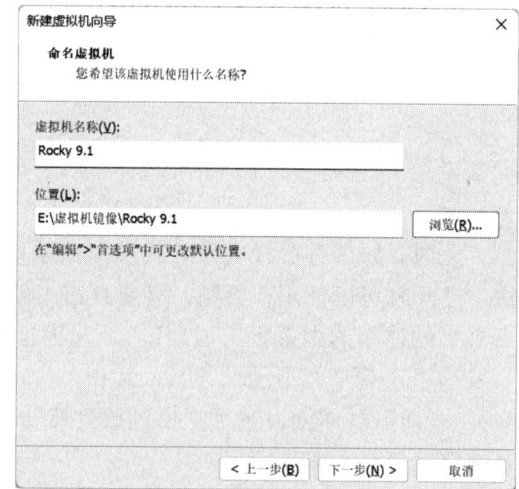

图 2-5　命名虚拟机

"虚拟机名称"用于后续区分不同的虚拟机系统，名字可以随意定义，如"Rocky 9.1"。"位置"是指定虚拟机安装文件的保存位置，不建议保存在默认的 C 盘中，换一个容易找到的位置即可。点击"下一步"按钮，进入"指定磁盘容量"界面，如图 2-6 所示。

这里指定的是虚拟机的硬盘大小，因为没有选定具体的 Linux 版本，默认大小只有 8GB，建议修改为 20GB。虚拟机的硬盘需要占用真实机的实际硬盘，但不会马上从硬盘划走 20GB 的空间，而是实际占用多大空间，就从真实硬盘划走多大空间，最大不超过 20GB。

比如，我们设定了虚拟机的硬盘容量为 20GB，但是新安装的 Linux 只有约 3GB，那么占用实际硬盘空间就是约 3GB。占用空间会随着虚拟机系统使用的空间增加而增加，但是最大不能超过 20GB。

至于"将虚拟磁盘存储为单个文件"还是"将虚拟磁盘存储为多个文件"的区别不大，建议选择"将虚拟磁盘存储为多个文件"。

点击"下一步"按钮，进入"已准备好创建虚拟机"，如图 2-7 所示。

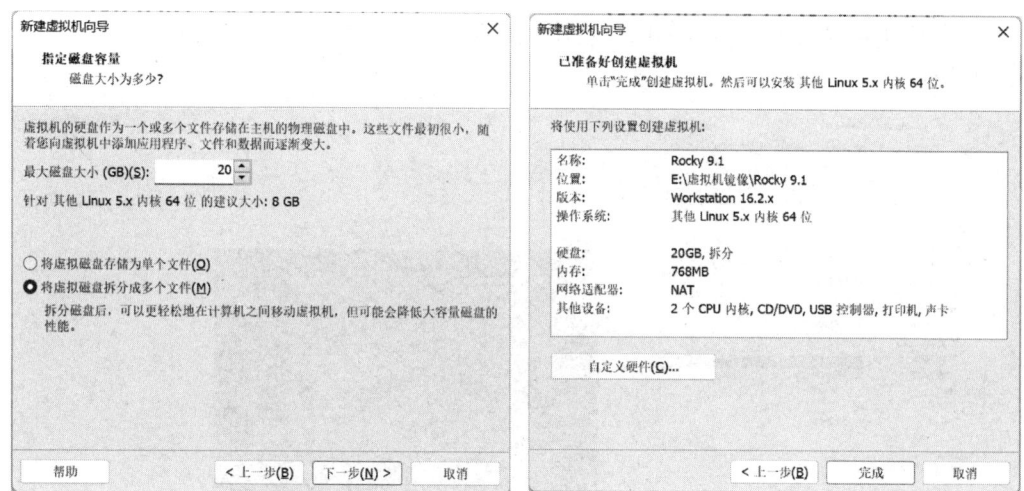

图 2-6 指定磁盘容量　　　　　　图 2-7 已准备好创建虚拟机

在此界面确认虚拟机配置选项，如果没有问题，点击"完成"按钮，虚拟机就会成功建立，如图 2-8 所示。

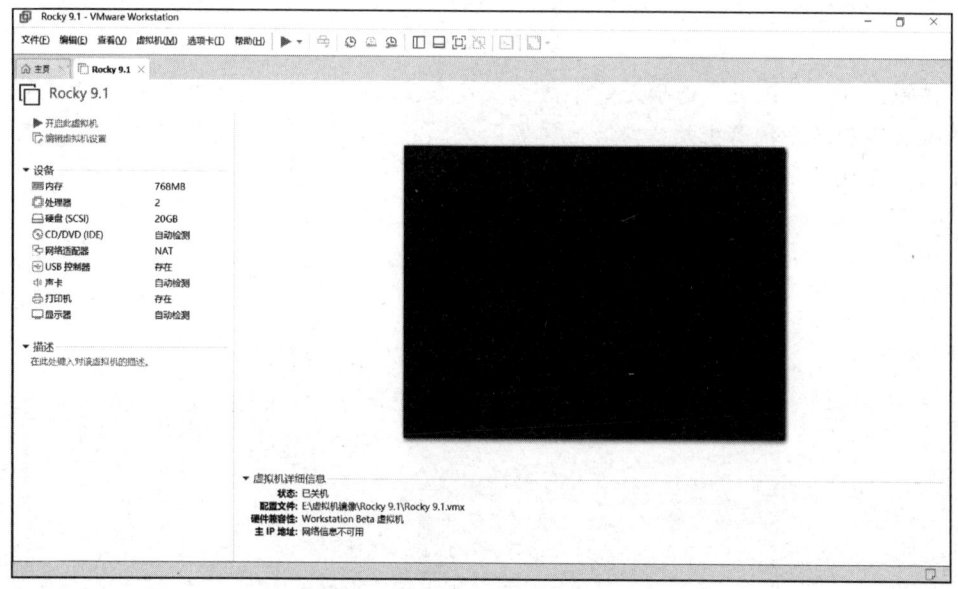

图 2-8　Rocky 9.1 镜像

注意：此时的 Rocky 9.1 镜像只是一个空白镜像，还没有安装好系统，就像你刚买好了计算机，但是没有安装操作系统一样，还不能正常使用，需要手工安装 Linux 操作系统。

2．虚拟机硬件参数调整

虚拟机的硬件都是模拟的，在一定的范围之内是可以进行调整的，我们来看看这些硬件调整的方法。

打开刚刚建立好的虚拟机镜像，点击"虚拟机"，在弹出的菜单中点击"设置"，如图 2-9 所示。

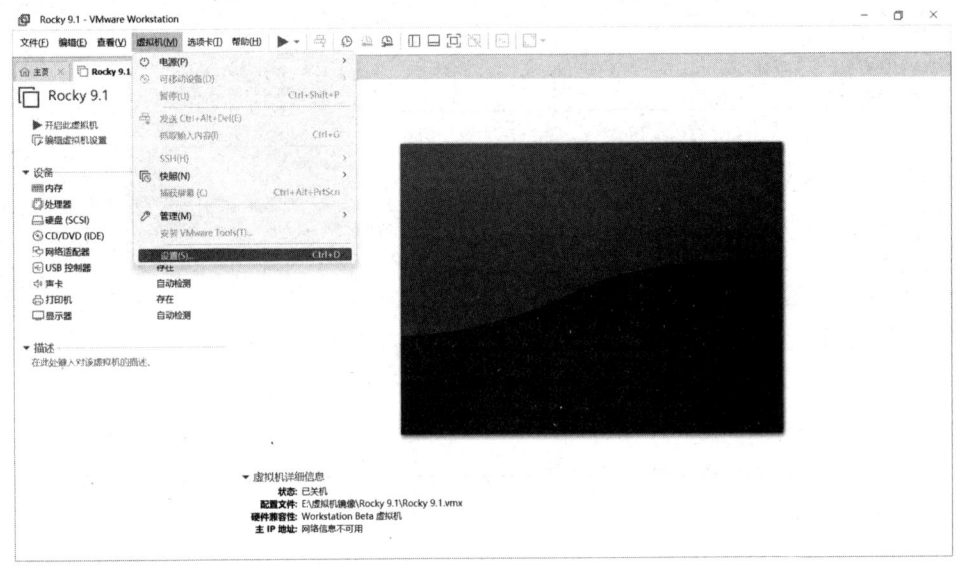

图 2-9　设置选项

注意：这个"设置"选项是每个虚拟机镜像独立的，也就是说我们目前的设置只针对 Rocky 9.1 这个镜像生效，与其他镜像无关。点击之后，我们进入"虚拟机设置"界面，如图 2-10 所示。

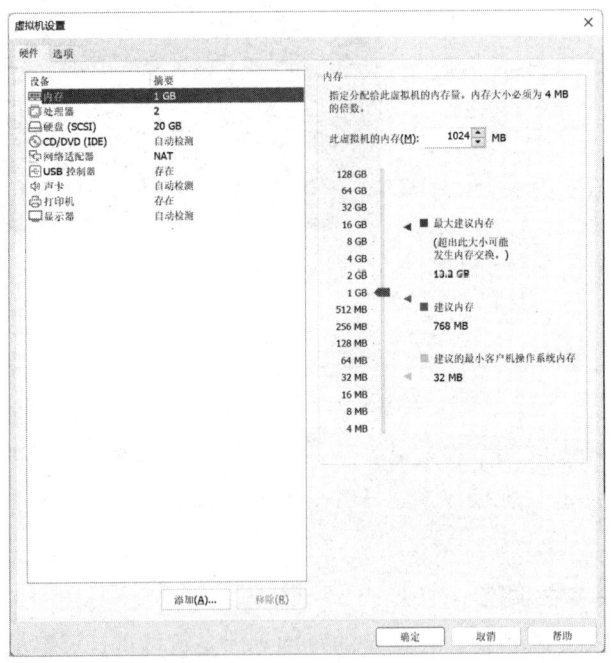

图 2-10　虚拟机设置

第 2 章　好的开始是成功的一半：Linux 系统安装

首先，调整第一个设备选项，即内存。笔者的真实机内存是 16GB，因此能够给虚拟机分配的最大内存为 13.2GB，真实机还需要预留一部分内存供自己使用。我们当然不能真的给虚拟机分配 13.2GB 的内存，如果这样，虚拟机的性能会非常好，但是真实机的性能消耗巨大，会非常卡顿，不建议这样修改。

建议给 Linux 虚拟机分配 1GB 以内的内存，但是不要小于 768MB，否则不能开启图形安装模式，只能字符安装 Linux（纯字符界面安装，不建议使用）。

其次，调整 CPU 处理器性能，即调整第二个设备选项，点击"处理器"，如图 2-11 所示。

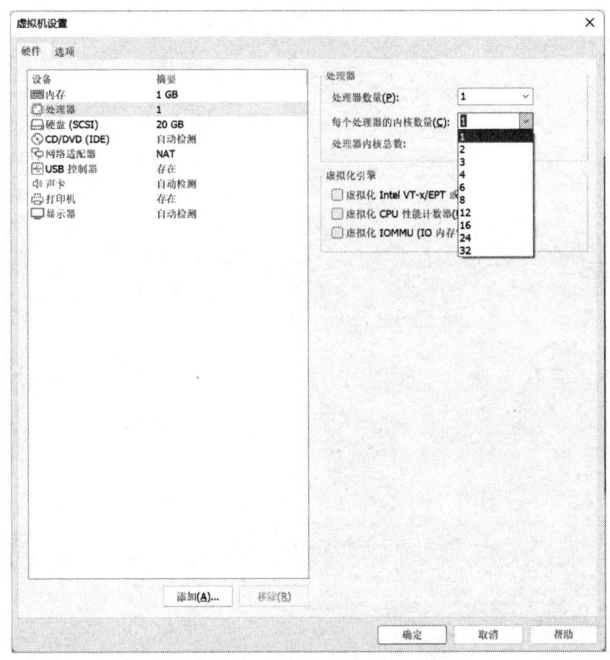

图 2-11　处理器调整

我们目前的 CPU 都是多核多线程的，比如，笔者目前使用的 CPU 是 i9-12700H，默认有 14 核 20 线程，可以粗略地认为相当于 20 个单核 CPU 的性能。

在这个页面调整的就是向虚拟机中导入 CPU 的个数和内核数量，调整这个参数，会提升虚拟机的 CPU 性能，但是会降低真实机的 CPU 性能。如果没有特殊需要，不要调整这个参数，"处理器数量"和"每个处理器的内核数量"两个位置都选择"1"。

第三个设备是"硬盘"选项，能调整的内容不多。我们直接设置第四个"CD/DVD（IDE）"选项，如图 2-12 所示。

"CD/DVD（IDE）"可以选择光驱配置。如果选择"使用物理驱动器"，则虚拟机会使用宿主机的物理光驱；如果选择"使用 ISO 映像文件"，则可以直接加载 ISO 映像文件，点击"浏览"按钮，找到 ISO 映像文件位置即可。

注意：必须选择"启动时连接"前面的"√"，否则光驱是没有通电的，虚拟机将无法正确安装。

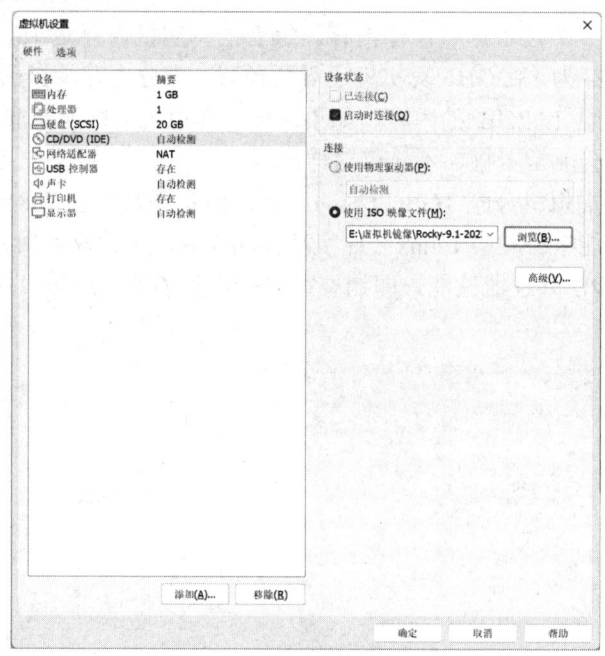

图 2-12 CD/DVD（IDE）选项

接下来我们调整第五个设备选项，点击"网络适配器"，进行虚拟机网络设置，如图 2-13 所示。

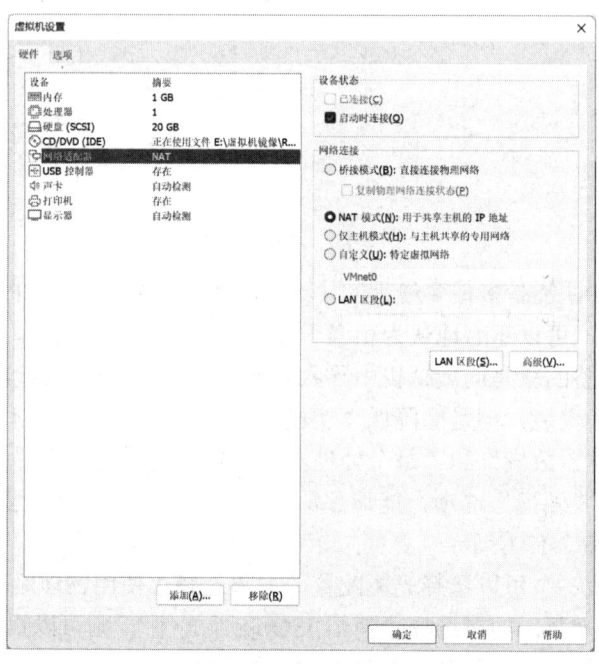

图 2-13 网络适配器配置

在解释这个配置之前，我们再看一张图片，右键点击计算机的网卡图标，选择"网络和 Internet 设置",接着点击"高级网络设置",再点击"更多网络适配器选项",会打开 Windows 的网络连接界面（不同版本的 Windows，点击位置稍有不同，笔者当前使用的版本是 Windows 11），如图 2-14 所示。

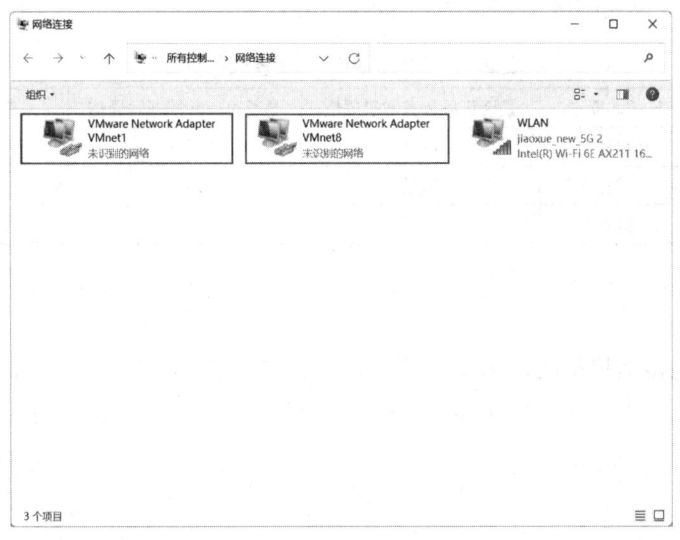

图 2-14 Windows 网络连接

我们会发现当虚拟机正常安装之后，除了真实机的无线网卡 WLAN，Windows 中又出现两块虚拟网卡，分别是"VMnet1"和"VMnet8"。那么虚拟机的几种网络连接方式就和这几块网卡有关。

VMware 提供的网络连接有 5 种，分别是"桥接模式""NAT 模式""仅主机模式""自定义网络"和"LAN 区段"。

- 桥接模式：相当于虚拟机的网卡和真实机的物理网卡都连接到虚拟机软件所提供的 VMnet0 虚拟交换机上，因此虚拟机和真实机是平等的，相当于一个网络中的两台计算机。这种设置既可以保证虚拟机和真实机通信，也可以和局域网内的其他主机通信，还可以连接 Internet，是限制最少的连接方式，推荐新手使用。
- NAT 模式：相当于虚拟机的网卡和真实机的虚拟网卡 VMnet8 连接到虚拟机软件所提供的 VMnet8 虚拟交换机上，因此本机是通过 VMnet8 虚拟网卡通信的。在这种网络结构中，VMware 为虚拟机提供了一个虚拟的 NAT 服务器和一个虚拟的 DHCP 服务器，虚拟机利用这两个服务器可以连接到 Internet。采用 NAT 设置，虚拟机能和宿主机通信，也能连接到 Internet。但是，这种设置不能连接局域网内的其他主机。
- 仅主机模式：宿主机和虚拟机通信使用的是 VMware 的虚拟网卡 VMnet1，看名称就知道，这种连接模式仅能和真实机通信，不能连接局域网，也不能连接 Internet。
- 自定义网络：可以手工选择使用哪块虚拟机网卡。如果选择 VMnet0，就相当于桥接网络；如果选择 VMnet8，就相当于 NAT 网络。

- LAN 区段：这是新版 VMware 新增的功能，类似于交换机中的 VLAN（虚拟局域网），可以在多台虚拟机中划分不同的虚拟网络。

其实虚拟机网络连接模式真正起作用的连接方式是"桥接模式""NAT 模式"和"仅主机模式"。三种模式的区别如表 2-1 所示。

表 2-1 虚拟机网络连接模式的区别

连 接 模 式	连接的网卡	是否可以和真实机通信	是否可以和局域网通信	是否可以连接 Internet
桥接模式	真实网卡	可以	可以	可以
NAT 模式	VMnet8	可以	不能	可以
仅主机模式	VMnet1	可以	不能	不能

关于虚拟机网络配置我们现在先了解这么多，在安装好 Linux 之后，再进行网络连通的实验。

如果我们觉得虚拟机的硬盘不够使用，那么可以非常方便地添加硬盘，只要在虚拟机设置界面，点击"添加"按钮即可，如图 2-15 所示。

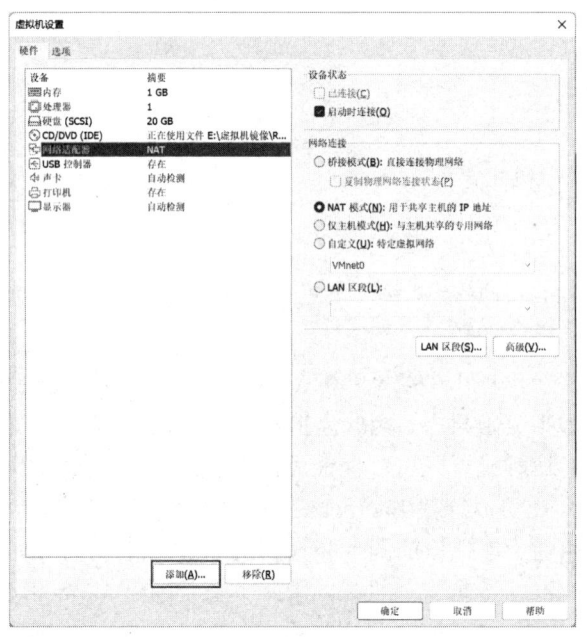

图 2-15 添加硬盘

"添加"选项主要用于添加硬盘，添加硬盘的时候所有的选项默认即可，不需要做多余配置，此处不再赘述。

虚拟机可以方便地调整硬件参数，这比真实机灵活很多，是不是很棒呢？

我们不建议在真实机上安装 Linux 和 Windows 双系统，为什么呢？道理很简单，你不会看到任何服务器是双系统启动的。作为实用主义者，我们并不建议你把时间花在研究双系统或多系统的安装使用上，意义不大。学习过多种系统后发现，虚拟机是最优方案。

3. 快照与克隆

虚拟机还有两个非常好用的功能，这两个功能让虚拟机非常适合实验与学习。我们分别来看看。

（1）快照。

各位同学打游戏吗？打单机游戏吗？打单机游戏时，不小心游戏角色死亡了，怎么办？大家可能马上会回答我"存档和读档啊！"各位同学，快照模式可以理解成虚拟机的存档与读档。我们先来拍摄当前镜像的快照（大家可以理解为存档），拍摄快照可以把虚拟机当前状态保存下来，以防备意外的出现，如图 2-16 所示。

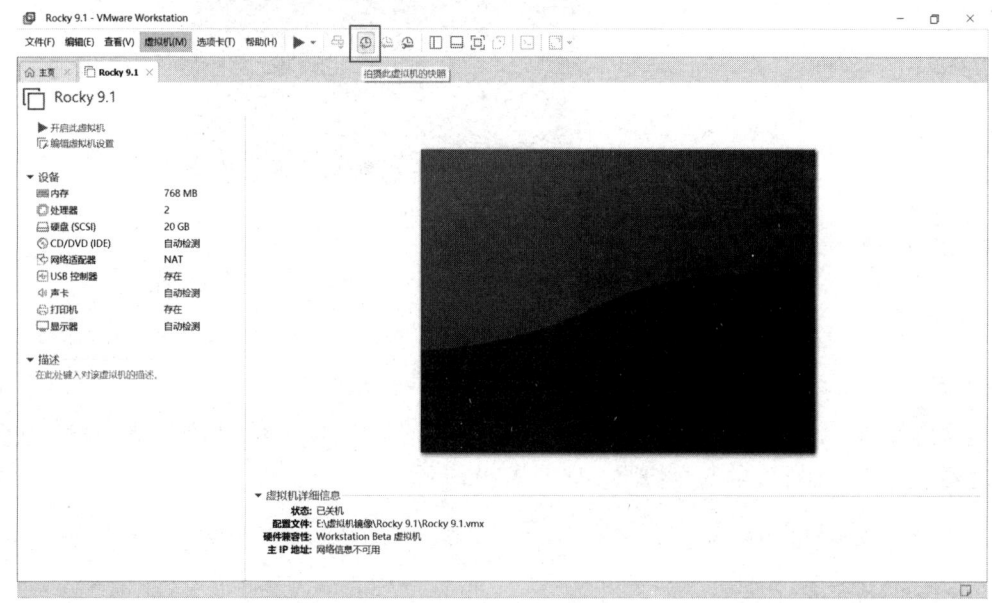

图 2-16 "快照"按钮

点击图 2-16 中的"拍摄此虚拟机的快照"图标（方框所示位置），就会开启拍摄快照的向导，如图 2-17 所示。

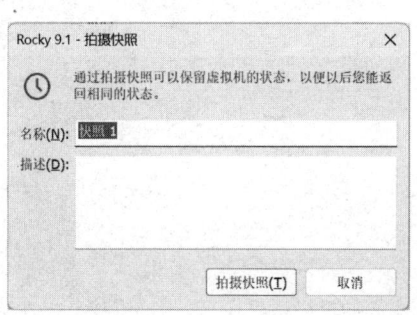

图 2-17 拍摄快照

在这里给你的快照起一个可以区分的名字，默认是"快照 1"，接着点击"拍摄快照"按钮，就可以把虚拟机当前状态保存在"快照 1"当中。

当你的虚拟机出现任何软件故障时，哪怕是不小心把整个系统给删除了，都可以点击"管理此虚拟机的快照"图标按钮进行修复，如图2-18所示。

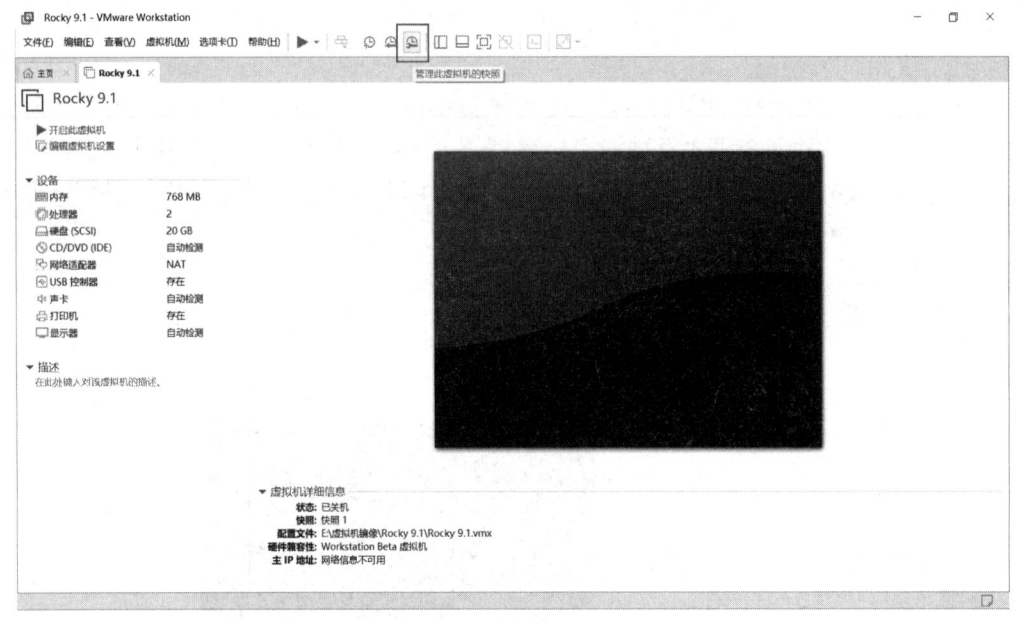

图2-18　管理快照

点击如图2-18中方框所示位置的"管理此虚拟机的快照"图标按钮，就会打开快照管理器，看到之前保存的所有快照，如图2-19所示。

图2-19　快照管理器

在快照管理器中，选择想要恢复的快照（例如，快照1），然后点击"转到"按钮，你的系统就会恢复到当时建立快照的时候,就像游戏读档一样方便!

快照非常适合初学者练习使用,就算在工作中,快照功能也可以让管理员放心地测试危险操作,而不用担心系统会崩溃。

要说快照有什么缺点?我们曾经有学员出现过在生产服务器上操作时,把真实服务器误当作虚拟机,从而进行了危险操作,造成了巨大的损失……因此,笔者还是建议即使虚拟机有快照功能,也请大家遵守服务器操作规范,避免养成不良习惯!

(2)克隆。

我们有时候需要同时启动多台虚拟机进行复杂实验,虽然安装虚拟机镜像,要比安装真实机系统方便一些,但是同样需要浪费一定的时间。

虚拟机的克隆功能就可以完美解决这个问题。克隆功能是指利用现有的虚拟机镜像,快速克隆出独立的系统。只要短短的几秒钟,就可以安装好多台虚拟机镜像系统,非常方便!

在虚拟机界面点击"虚拟机"按键,再点击"管理"按键,接着点击"克隆"按键,如图 2-20 所示。

图 2-20 "克隆"按键

点击"克隆"按键之后,会看到克隆向导,直接点击"下一页"按钮,如图 2-21 所示。

我们会看到"克隆源"界面,这里可以选择是从虚拟机当前状态克隆新虚拟机,还是从指定的快照克隆新虚拟机,这里按照大家的需要自行选择,笔者这里选择"虚拟机中的当前状态"克隆,点击"下一步"按钮,如图 2-22 所示。

在如图 2-22 所示的界面,我们可以选择克隆类型。

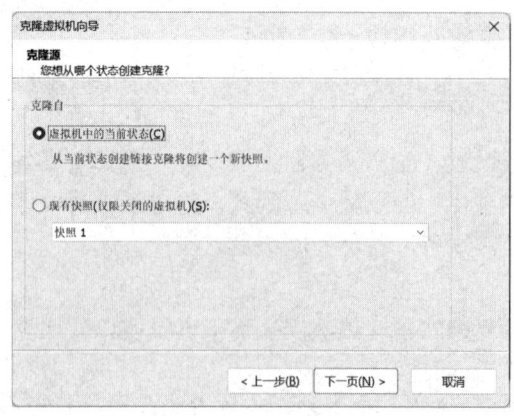
图 2-21　克隆源

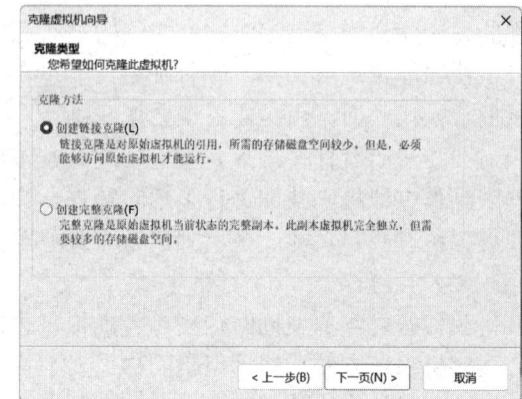
图 2-22　克隆类型

链接克隆：使用链接克隆的优点是克隆出的新虚拟机镜像所占的空间会更小。假设原始虚拟机大小是 5GB，那么新虚拟机只会占用几 MB 的空间。当然新虚拟机所占空间会随着使用时间延长慢慢增大，但是依然会更节省空间。缺点是不能删除原始虚拟机镜像，否则新虚拟机镜像也不能使用。

完整克隆：使用完整克隆，顾名思义新虚拟机镜像占用的空间，就会和原始虚拟机占用空间完全一样，这样更浪费空间。但是删除原始虚拟机镜像，新虚拟机镜像依然可以使用。

具体使用哪种克隆类型，效果区别不大，笔者建议使用"链接克隆"，这样更节省硬盘空间，只是要记住不能删除原始虚拟机镜像。

点击"下一步"按钮，来到如图 2-23 所示的"新虚拟机名称"界面。

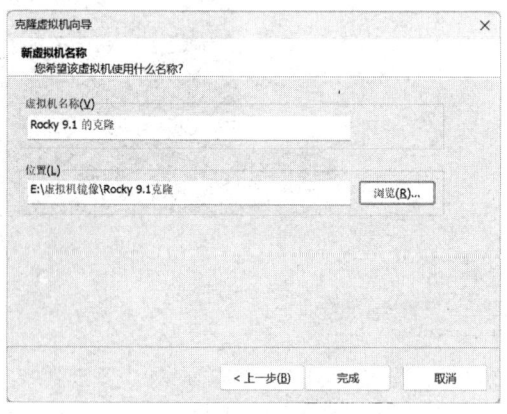
图 2-23　新虚拟机名称

在此界面给克隆的新虚拟机起个名字，并选择保存位置，点击"完成"按钮，新虚拟机就克隆完成了。

2.2　Linux 系统分区

系统分区过程是本章的难点与重点，我们单独来进行讲解。

硬盘是否需要进行分区呢？近些年有一些争议存在，有些人认为，当前个人计算机已经以采用固态硬盘为主，系统分区已经没有提升硬盘读写性能的功能，因此可以不对硬盘进行分区。但是笔者认为，系统分区依然是必要的，理由如下。

理由一：如果硬盘不进行分区，则所有的硬盘空间都放入系统分区中。这就相当于在 Windows 系统中，无论硬盘多大，只分了一个 C 盘一样。这会导致系统盘内数据过多，明显降低系统性能，显然不合理。

理由二：现在服务器硬盘动辄上百 TB，所有数据保存在一个分区中，单从使用角度考虑，也很不方便，增加了查找和使用文件的难度。

系统分区在 Linux 可以拆分成四步。

- 步骤一：选择分区表。
- 步骤二：格式化。
- 步骤三：分区设备文件名。
- 步骤四：挂载。

我们一步步来进行讲解。当然在安装章节中，我们主要介绍分区相关概念，并会在安装界面中，用图形化的方式进行系统分区。至于命令行方式的分区，我们会在第 9 章再详细介绍。

2.2.1 步骤一：选择分区表

操作系统目前主流使用的文件系统有两种，分别是 MBR 分区表和 GPT 分区表。

1. MBR 分区表：主引导记录分区表

（1）MBR 分区表的局限。

MBR 分区表出现的年代较早，当时技术的局限，导致 MBR 分区表有一定的局限性。

- MBR 分区表最大支持 2.1TB 的硬盘（超过 2.1TB 的硬盘，假设硬盘容量是 3TB。不是这块硬盘完全不能使用，而是只能使用其中 2.1TB 的空间，剩余 1TB 左右的空间是不能使用的，当然这是不能接受的）。这个问题是 MBR 分区表不能解决的问题，随着大硬盘的普及，MBR 分区表逐渐进入了生涯末期。
- MBR 分区表每块硬盘最多支持 4 个主分区。这是由于 MBR 分区表会占用 0 磁头、0 柱面、1 扇区。其中，一个扇区的大小是 512B，而描述磁盘分区表（DPT）的位置只有 64B，每个主分区会占用 16B，因此最多只能分 4 个主分区。其实作为初学者，不用管它为什么是这样，只要记住 MBR 分区表最多支持 4 个主分区即可。

（2）MBR 分区表的"补丁"。

技术的发展一定是先实现功能，在使用的过程中发现问题，然后尝试打入"补丁"修补问题。如果"补丁"能解决问题，那么此技术的寿命会延长；如果不能修补问题，就会出现新的技术替代旧技术。分区表目前就是这种情况，MBR 分区表不能支持超过 2.1TB 的硬盘，这个问题只能使用新发展的 GPT 分区表来解决。但是，MBR 分区表

Linux 9 基础知识全面解析

只能分 4 个主分区，这可以通过分区分类来解决。

MBR 分区表每块硬盘只能分 4 个主分区，当硬盘很小的时候，4 个主分区足够使用；但是随着硬盘容量的不断增加，4 个主分区已经不能满足我们的工作需要。开发 MBR 分区表的技术人员想到了解决方案，就是采用 MBR 分区表的分区进行分类。

① 主分区。每块硬盘最多只能分 4 个主分区。

② 扩展分区。
- 扩展分区在一块硬盘上只能有 1 个。
- 扩展分区和主分区是平级的，也就是说，主分区和扩展分区最多只能有 4 个。
- 扩展分区既不能直接写入数据，也不能格式化。
- 扩展分区中需要再划分出逻辑分区，而逻辑分区可以正常使用。

③ 逻辑分区。
- 逻辑分区可以格式化，可以写入数据。
- 在 Linux 系统中，IDE 接口硬盘最多拥有 59 个逻辑分区（加 4 个主分区最多可识别 63 个分区），SCSI 接口硬盘最多拥有 11 个逻辑分区（加 4 个主分区最多可识别 15 个分区）。

MBR 分区表为什么要使用这么复杂的技术，进行分区分类呢？这主要是为了突破 4 个主分区的局限。下面通过示意图来描述三种分区类型的关系。

在图 2-24 中，分区 1、2、3 是主分区，主分区每块硬盘只能分 4 个，要想分更多的分区，就需要预留 1 个位置给扩展分区。主分区最少能分几个呢？如果这块硬盘是系统硬盘，那么最少需要分 1 个主分区，用于安装启动引导程序。如果硬盘仅仅是数据盘，不分主分区也可以。

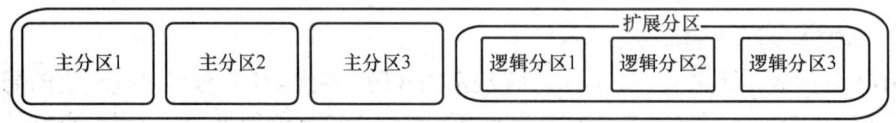

图 2-24　分区类型

分区的第 4 个位置，分配成了扩展分区。扩展分区不能写入数据，也不能格式化，唯一的作用就是包含更多的逻辑分区，这样就突破了主分区只能分 4 个的限制。

2. GPT 分区表：全局唯一标识分区表（GUID Partition Table，GPT）

随着硬盘的容量越来越大，大于 2.1TB 的硬盘逐渐普及，MBR 分区表不能支持大于 2.1TB 的硬盘，我们需要更先进的分区表。GPT 分区表是新一代分区表，最大支持 9.4ZB（1ZB=1024PB，1PB=1024EB，1EB=1024TB）的硬盘，目前看来是绰绰有余的。GPT 分区表理论上支持无限主分区，当前的操作系统（Windows 和 Linux 一致），最多支持 128 个主分区。

那么，我们的操作系统默认采用哪种分区表呢？如果不人为干预，那么操作系统在安装时，会检测系统盘大小，以 2TB（厂商生产硬盘，不会卡在 2.1TB，而是 2TB，3TB 这样生产的）为限，小于 2TB 的硬盘，在安装时默认采用 MBR 分区表；大于 2TB 的硬盘，在安装时默认采用 GPT 分区表。

如果想人为干预分区表的选择,在安装过程中,通过特定命令就可以完成,我们会在后续内容中讲解。

2.2.2 步骤二:格式化

首先,我们需要纠正一个概念:格式化的目的不是清空数据!这是初学者非常容易搞错的概念。

请大家牢牢记住:格式化是为了写入文件系统!

什么是写入文件系统呢?可以把格式化过程想象成柜子打入隔断的过程。分区只是把大硬盘分成了小一点的分区,但是如果文件一窝蜂地堆入分区,查询和使用依然很不方便。那么怎么办呢?我们看看 Linux 系统的文件系统到底是怎么存储数据的。

1. Linux 支持的常见文件系统

Linux 支持的常见文件系统如表 2-2 所示。

表 2-2 Linux 支持的常见文件系统

文件系统	描述
EXT	Linux 中最早的文件系统,由于在性能和兼容性上存在很多缺陷,现在已经很少使用
EXT2	这是 EXT 文件系统的升级版本,Red Hat Linux 7.2 版本以前的系统默认都是 EXT2 文件系统。发布于 1993 年,支持最大 16TB 的分区和最大 2TB 的文件(1TB=1024GB=1024×1024KB)
EXT3	这是 EXT2 文件系统的升级版本,最大的区别就是带日志功能,以便在系统突然停止时提高文件系统的可靠性。支持最大 16TB 的分区和最大 2TB 的文件
EXT4	这是 EXT3 文件系统的升级版。EXT4 在性能、伸缩性和可靠性方面进行了大量改进。EXT4 文件系统的变化可以说是翻天覆地的,如向下兼容 EXT3、最大 1EB 文件系统和 16TB 文件、无限数量子目录、Extents 连续数据块概念、多块分配、延迟分配、持久预分配、快速 FSCK、日志校验、无日志模式、在线碎片整理、Inode 增强、默认启用 barrier 等。它是 CentOS 6.x 的默认文件系统
Btrfs	一般称为 Butter FS,是 2007 年 Oracle 发布的文件系统,支持最大 16EB 的文件系统(分区)和最大 16EB 的文件。拥有强大的扩展性、数据一致性、支持快照和克隆等一系列先进技术。可是很遗憾,Btrfs 读写速度非常缓慢,甚至连 EXT4 或 XFS 文件系统的一半都达不到,这使得 Btrfs 的实用性大大降低。目前,CentOS 7.x 虽然支持 Btrfs 文件系统,但是并不推荐大家使用
XFS	XFS 是一种高性能的日志文件系统,于 2000 年前后移植到 Linux 内核当中。XFS 特别擅长处理大文件,同时提供平滑的数据传输。XFS 最大支持 18EB 的文件系统和 9EB 的单个文件。这是 CentOS 7.x 的默认文件系统
swap	swap 是 Linux 中用于交换分区的文件系统(类似于 Windows 中的虚拟内存),当内存不够用时,使用交换分区暂时替代内存。一般大小为内存的 2 倍,但是不要超过 2GB。它是 Linux 必需的分区
NFS	NFS 是网络文件系统(Network File System)的缩写,是用来实现不同主机之间文件共享的一种网络服务,本地主机可以通过挂载的方式使用远程共享的资源
iso9660	光盘的标准文件系统。Linux 要想使用光盘,必须支持 iso9660 文件系统
fat	fat 是 Windows 下的 fat16 文件系统,在 Linux 中识别为 fat
vfat	vfat 是 Windows 下的 fat32 文件系统,在 Linux 中识别为 vfat。支持最大 32GB 的分区和最大 4GB 的文件

(续表)

文件系统	描述
NTFS	NTFS 是 Windows 下的 NTFS 文件系统，不过 Linux 默认是不能识别 NTFS 文件系统的，如果需要识别，则需要重新编译内核才能支持。它比 fat32 文件系统更加安全，速度更快，支持最大 2TB 的分区和最大 64GB 的文件
ufs	Sun 公司的操作系统 Solaris 和 SunOS 采用的文件系统
proc	Linux 中基于内存的虚拟文件系统，用来管理内存存储目录/proc
sysfs	和 proc 一样，sysfs 也是基于内存的虚拟文件系统，用来管理内存存储目录/sysfs
tmpfs	tmpfs 也是一种基于内存的虚拟文件系统，不过也可以使用 swap 交换分区

目前 Linux 6.x 系列默认采用的是 EXT4 文件系统，Linux 7.x 系列开始采用 XFS 文件系统了，Rocky Linux 9.x 也默认采用的是 XFS 文件系统。

2．EXT4 文件系统原理

我们先来看看 EXT4 文件系统的原理。如果想用一张示意图来描述 EXT4 文件系统，则可以参考如图 2-25 所示的示意图。

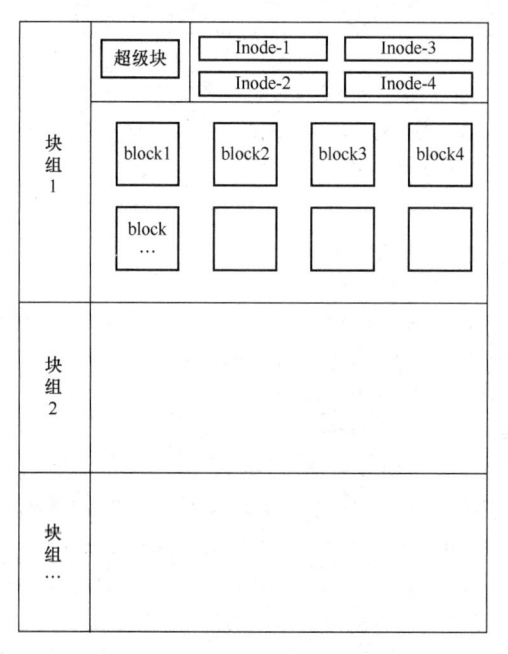

图 2-25 EXT4 文件系统示意图

EXT4 文件系统会把整块硬盘分成多个块组（Block Group），在块组中主要分为以下三部分。

- 超级块（Super Block）：记录整个文件系统的信息，包括 Block 与 Inode 的总量，已经使用的 Inode 和 Block 的数量，未使用的 Inode 和 Block 的数量，Block 与 Inode 的大小，文件系统的挂载时间，最近一次的写入时间，最近一次的磁盘检验时间，等等。
- I 节点表（Inode Table）：Inode 的默认大小为 128B（在 CentOS 7.x 中已经增加了 Inode 的大小，可以是 256B 或 512B），用来记录文件的权限（r、w、x）、文件

的所有者和属组、文件的大小、文件的状态改变时间（ctime）、文件的最近一次读取时间（atime）、文件的最近一次修改时间（mtime）、文件的特殊权限（如SUID、SGID 等）、文件的数据真正保存的 Block 编号。每个文件需要占用一个Inode（大家如果仔细查看，就会发现 Inode 中是不记录文件名的，是因为文件名是记录在文件上级目录的 Block 中的）。
- 数据块（Block）：Block 的大小可以是 1KB、2KB、4KB，默认为 4KB。Block 用于实际的数据存储，如果一个 Block 放不下数据，则可以占用多个 Block。例如，有一个 10KB 的文件需要存储，则会占用 3 个 Block，虽然最后一个 Block 不能占满，但也不能再放入其他文件的数据。这 3 个 Block 有可能是连续的，也有可能是分散的。

大家注意到了吗？在 Inode 中并没有保存文件的文件名，那是因为文件名是上一级目录的数据，所以保存在上一级目录的 Block 中。

3．XFS 文件系统原理

由于 XFS 文件系统的基本原理和 EXT4 文件系统非常相似，如果了解了 EXT4 文件系统，那么 XFS 文件系统也比较容易理解。

XFS 文件系统是一种高性能的日志文件系统，在格式化速度上远超 EXT4 文件系统，现在的硬盘越来越大，格式化的速度越来越慢，使得 EXT4 文件系统的使用受到了限制（其实在运行速度上来讲，XFS 对比 EXT4 并没有明显的优势，只是在格式化的时候，速度差别明显）。另外，XFS 理论上可以支持最大 18EB 的单个分区、9EB 的最大单个文件，这远远超过 EXT4 文件系统。

XFS 文件系统主要分为三个部分。
- 数据区（Data section）：在数据区中，可以划分多个分配区群组（Allocation Groups），这个分配区群组大家就可以看成 EXT4 文件系统中的块组了。在分配区群组中也划分为超级块、I 节点、数据块，数据的存储方式也和 EXT4 类似。因此，了解了 EXT4 文件系统的原理，XFS 文件系统基本是类似的。
- 文件系统活动登录区（Log Section）：在文件系统活动登录区中，文件的改变会在这里记录下来，直到相关的变化被记录在硬盘分区中之后，这个记录才会被结束。那么如果文件系统由于特殊原因被损坏，可以依赖文件系统活动登录区中的数据修复文件系统。
- 实时运行区（Realtime Section）：这个文件系统不建议大家做更改，否则有可能会影响硬盘的性能。

2.2.3　步骤三：分区设备文件名

在 Windows 中，在硬盘分区并格式化之后，只要分配盘符就可以使用了。但在 Linux 中，还需要给分区分配一个分区设备文件名。

在 Linux 从业人员中有一句名言：Linux 系统中一切皆文件。硬件也不例外，每个硬件设备都会有一个文件名，如表 2-3 所示。

表 2-3 硬件设备文件名

硬　　件	设备文件名	硬　　件	设备文件名
IDE 硬盘	/dev/hd[a-d]	软盘	/dev/fd[0-1]
SCSI/SATA/USB 硬盘	/dev/sd[a-p]	打印机（25 针）	/dev/lp[0-2]
M.2 NVMe 硬盘	/dev/nvme0n1p1	打印机（USB）	/dev/usb/lp[0-15]
光驱	/dev/cdrom 或 /dev/sr0	鼠标	/dev/mouse

表 2-3 中描述了 Linux 常见硬件的设备文件名。

1．硬盘接口类型

目前需要掌握的是分区设备文件名，其他硬件的文件名只需要了解一下即可。要想学习分区硬件设备名，我们需要先学习一下硬盘接口类型，因为在 Linux 中，不同的硬盘接口，在 Linux 中的设备文件名不一致。

（1）IDE 硬盘接口（并口）。

IDE（Integrated Drive Electronics，电子集成驱动器）硬盘也称作"ATA 硬盘"或"PATA 硬盘"，ATA100 的硬盘理论上平均传输速度是 100MB/s。IDE 接口主要用于机械硬盘的连接，目前基本已经被淘汰了。

在 Linux 中，IDE 硬盘接口被标识为"hd"，如图 2-26 所示。

图 2-26 IDE 硬盘接口

（2）SCSI 硬盘接口。

SCSI（Small Computer System Interface，小型计算机系统接口）硬盘广泛应用在服务器上，具有应用范围广、多任务、带宽大、CPU 占用率低及支持热插拔等优点。理论传输速度达到 320MB/s。SCSI 硬盘接口和 IDE 硬盘接口基本属于同时代的技术，但是 SCSI 硬盘接口性能更好，但是价格更贵，当年主要用于服务器机械硬盘的连接，目前也属于被淘汰的硬盘接口技术。

在 Linux 中，SCSI 硬盘接口被识别为"sd"，如图 2-27 所示。

（3）SATA 硬盘接口。

SATA 硬盘（Serial ATA，串口硬盘）是速度更高的硬盘标准，具备了更高的传输速度，并具备了更强的纠错能力。SATA 发展到三代，理论传输速度达到 600MB/s。SATA 硬盘接口已经取代 IDE 硬盘接口和 SCSI 硬盘接口，成为主流的机械硬盘接口，也可以用于老式的 SSD 固态硬盘的连接。

第 2 章 好的开始是成功的一半：Linux 系统安装

在 Linux 中，SATA 硬盘接口也被识别为 "sd"，如图 2-28 所示。

图 2-27　SCSI 硬盘接口　　　　　　图 2-28　SATA 硬盘接口

（4）M.2 接口。

M.2 接口是 Intel 推出的一种新的接口规范。M.2 接口可以兼容多种通信协议，如 SATA、PCIe、USB、HSIC、UART、SMBus 等。

M.2 SATA 接口虽然外形变了，但传输协议依然是 SATA 协议，所以理论传输速度和 SATA 接口的一致，能达到 600MB/s 左右。采用 M.2 SATA 接口的固态硬盘，也属于老式的固态硬盘了，外观如图 2-29 所示。

图 2-29　M.2 SATA 接口

大家注意看图，M.2 SATA 接口的金手指是有两个缺口的。

M.2 NVMe（PCIe）接口是目前最先进的固态硬盘接口，目前 PCIe 4.0 协议接口的硬盘的读取速度已经可以达到 7000MB/s，写入速度也接近 6000MB/s。在 Linux 中，M.2 NVMe（PCIe）接口被识别为 "nvme"，外观如图 2-30 所示。

图 2-30　M.2 PCIe 接口

2. 分区设备文件名

认识了常用硬盘接口，我们可以来学习分区设备文件名了。

（1）IDE 接口和 SATA 接口。

IDE 接口的分区设备文件名和 SATA 接口的设备文件名的描述方式非常接近，例如，IDE 接口的第一个硬盘的第一个主分区被描述为/dev/hda1，而 SATA 接口的第一个硬盘的第一个主分区被描述为/dev/sda1。其中的区别只是"hd"代表 IDE 接口，"sd"代表 SATA 接口、SCSI 接口、USB 接口。

我们用 SATA 接口举例，具体描述一下分区设备文件名。

如果我们的分区使用的是如图 2-31 所示的方式，那么/dev/sda1 代表第一块 SATA 硬盘的主分区 1，/dev/sda2 代表主分区 2，/dev/sda3 代表主分区 3，/dev/sda4 代表扩展分区，/dev/sda5 代表逻辑分区 1，/dev/sda6 代表逻辑分区 2，以此类推。

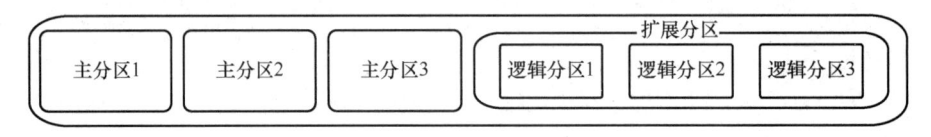

图 2-31 分区设备文件名示意图 1

但是，我们可以手工选择分区类型，如果只分一个主分区，那么情况就如图 2-32 所示。

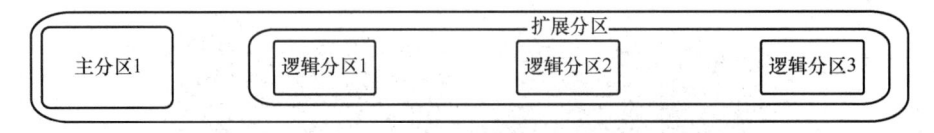

图 2-32 分区设备文件名示意图 2

在这种情况下，/dev/sda1 依然代表第一个块 SATA 硬盘的第一个主分区，/dev/sda2 代表扩展分区。但是，第一个逻辑分区不是**/dev/sda3**，而是**/dev/sda5**。也就是说，分区号 1～4 只能用来表示主分区和扩展分区，逻辑分区在任何分区情况下都是从 5 开始计算的。

（2）M.2 NVMe（PCIe）接口。

M.2 NVMe（PCIe）接口的硬盘一般配合 GPT 分区表使用，这样就不再需要考虑主分区、扩展分区、逻辑分区的区别了。其分区设备文件名会写成/dev/nvme0n1p1，其中，n1 代表第一块硬盘，如果有多块硬盘就命名为 n2、n3，以此类推；p1 代表第一个分区，如果有多个分区就命名为 p2、p3，以此类推。

2.2.4 步骤四：挂载

在 Linux 中的挂载，大家就可以当成 Windows 中的分配盘符，只不过 Windows 的盘符是 C、D、E 等字母，而 Linux 的盘符是目录。在 Linux 中把盘符称为挂载点。这是分区的最后一步，只要给分区分配了挂载点，就可以正常使用分区了。

第 2 章 好的开始是成功的一半：Linux 系统安装

1．Linux 基础分区

Linux 系统安装必须划分的分区有三个。

- /：表示根分区。在硬盘不太大的时候，建议根分区越大越好，主要用于存储数据。但现在的硬盘都以 TB 计量了，这时如果给根分区分配太大的空间，存储太多的数据，是有可能降低系统的性能的。因此，目前不建议根分区越大越好，而是建议给根分区几十 GB，足够使用即可，剩余空间可以分配在真正存储数据的分区（如/home 分区或建立/web 分区，用于存储网页数据）。
- swap：这是 Linux 的虚拟内存分区。
- /boot/：用于存放 Linux 系统启动所需文件。我们建议给/boot 单独分区，分配 500MB 空间。任何系统启动都需要一定的空闲空间，如果不把/boot 单独分区，那么，一旦根目录写满，系统将无法正常启动。

swap 分区的作用可以简单描述为：当系统的物理内存不够用的时候，就需要将物理内存中的一部分空间释放出来，以供当前运行的程序使用。那些被释放的空间可能来自一些很长时间没有什么操作的程序，这些被释放的空间被临时保存到 swap 分区中，等到那些程序要运行时，再从 swap 分区中恢复保存的数据到内存中。这样，系统总是在物理内存不够时，才进行 swap 分区交换。其实，swap 分区的调整对 Linux 服务器，特别是对 Web 服务器的性能至关重要。通过调整 swap 分区，有时可以越过系统性能瓶颈，节省系统升级费用。

现代操作系统都实现了"虚拟内存"这一技术，不但在功能上突破了物理内存的限制，使程序可以操纵大于实际物理内存的空间，更重要的是，"虚拟内存"是隔离每个进程的安全保护网，可以使每个进程都不受其他程序的干扰。

计算机用户经常会遇到这种现象：在使用 Windows 系统时，可以同时运行多个程序，当你切换到一个很长时间没有理会的程序时，会听到硬盘"哗哗"直响。这是因为这个程序的内存被那些频繁运行的程序"偷走"了，被放到了 swap 分区中。因此，一旦该程序被放置到前端，它就会从 swap 分区中取回自己的数据，将其放进内存，然后接着运行。

需要说明一点，并不是所有从物理内存中交换出来的数据都会被放到 swap 分区中（如果这样做，swap 分区就会不堪重负），有相当一部分数据被直接交换到文件系统中。例如，有的程序会打开一些文件，对文件进行读/写（其实每个程序至少要打开一个文件，那就是运行程序本身），当需要将这些程序的内存空间交换出去时，就没有必要将文件部分的数据放到 swap 分区中了，而可以直接将其放到文件中。如果是读文件操作，那么内存数据被直接释放，不需要交换出来，因为当下次需要时，可直接从文件系统中恢复；如果是写文件操作，那么只需要将变化的数据保存到文件中，以便恢复。

分配太多的 swap 分区会浪费硬盘空间，而 swap 分区太小，如果系统的物理内存用完了，系统就会运行得很慢，但仍能运行；如果 swap 分区用完了，系统就会发生错误。例如，Web 服务器能根据不同的请求数量衍生出多个服务进程（或线程），如果 swap 分区用完了，则服务进程无法启动，通常会出现"application is out of memory"的错误，在严重时会造成服务进程的死锁。因此，swap 分区的分配是很重要的。

在通常情况下，swap 分区应大于或等于物理内存的大小，一般官方文档会建议 swap 分区的大小应是物理内存的 2 倍。但现在的服务器的内存通常是 16GB/32GB，是不是 swap 分区也要扩大到 32GB/64GB？其实，大可不必。根据服务器的实际负载、运行情况，以及未来可能的应用来综合考虑 swap 分区的大小即可。例如，桌面系统，只需要较小的 swap 分区；而服务器系统，尤其是数据库服务器和 Web 服务器，则需要更高的 swap 分区。我们推荐的 swap 分区设置如下：

- 4GB 或 4GB 以下内存的系统，最少需要 2GB swap 分区。
- 大于 4GB 而小于 16GB 内存的系统，最少需要 4GB swap 分区。
- 大于 16GB 而小于 64GB 内存的系统，最少需要 8GB swap 分区。
- 大于 64GB 而小于 256GB 内存的系统，最少需要 16GB swap 分区。

swap 分区设置过大只是对硬盘空间的浪费，而对系统性能不会产生太大的影响。另外，万一 swap 分区真的不够使用，我们后续也能够通过命令手工添加 swap 分区，不用担心不够使用的情况。

供学习使用的实验环境，swap 分区不需要超过 2GB。

2．Linux 的常用分区

除根分区和 swap 分区外，其他 Linux 目录也可以单独划分出来的分区如下。

- /usr：存放 Linux 系统所有命令、库、手册页等，类似 Windows 系统引导盘 C 盘的 Windows 目录。
- /home：普通用户的 home 目录，用于存放用户数据。

其他应用分区，如专门划分一个分区"/web/"用于存放 Web 服务器文件；或者创建一个用于本地和远程主机数据备份的分区"/backup/"；初学者创建一个专门用于练习的分区"/test"……都可以视服务器需求来决定。

3．不能单独分区的目录

不过大家需要小心，并不是所有目录都是可以单独分区的，有些目录必须和根目录（/）在一个分区中，这些目录是和系统启动相关的，如果单独分区系统就无法正常启动，如下所示。

- /etc/：配置文件目录。
- /bin/：普通用户可以执行的命令保存目录。
- /dev/：设备文件保存目录。
- /lib/：函数库和内核模块保存目录。
- /sbin/：超级用户才可以执行的命令保存目录。

4．Linux 的目录结构

Linux 是树形目录结构，最高一级目录是根目录（/），根目录下保存一级目录，一级目录下保存二级目录，以此类推，如图 2-33 所示。

Linux 系统的每个目录（除不能单独分区的目录外）都可以划分为分区，包括自己手工建立的新目录。它们从 Linux 层面上看都是根目录的子目录，但是从硬盘层面上看是并列的。也就是说，给"/"分了一个区，也可以给"/home"单独分区，从 Linux 层面上看"/home"目录是"/"目录的子目录，但是从硬盘层面上看"/home"分区有单独的存储空间，在"/home"下写入的内容会写到不同的硬盘存储空间上，如图 2-34 所示。

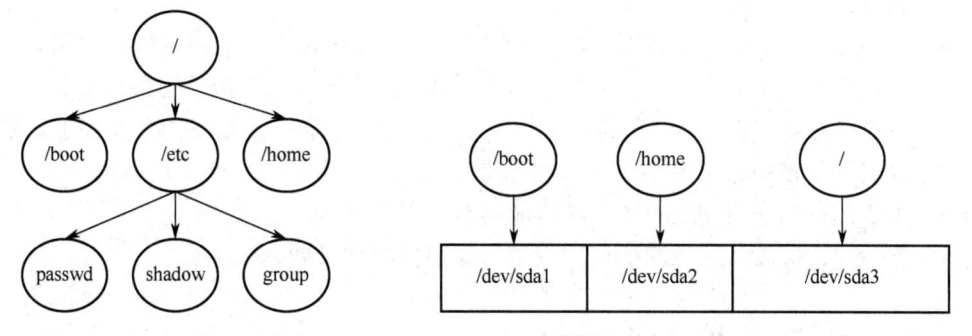

图 2-33 Linux 的目录结构

图 2-34 分区硬盘空间

简单总结一下，Linux 硬盘分区的四个步骤：第一步是分区，把大硬盘分为逻辑上的小硬盘；第二步是分区格式化，也就是给分区写入文件系统；第三步是给分区指定设备文件名；第四步是分配挂载点。

2.3 使用光盘安装 Linux 系统

在真实机系统中，光驱已经基本被淘汰，安装操作系统主要使用的是 U 盘。但是在虚拟机中，依然保留了虚拟光驱，而使用光盘安装虚拟机更加方便，我们在本书中先学习传统的使用光盘安装 Linux 系统的方法，再学习使用 U 盘安装 Linux 系统的方法。

2.3.1 下载 Rocky Linux 9.x 镜像

大家可以在 Rocky Linux 官网下载 Rocky Linux 9.x 的镜像。官网提供不同的版本可以选择下载，如图 2-35 所示。

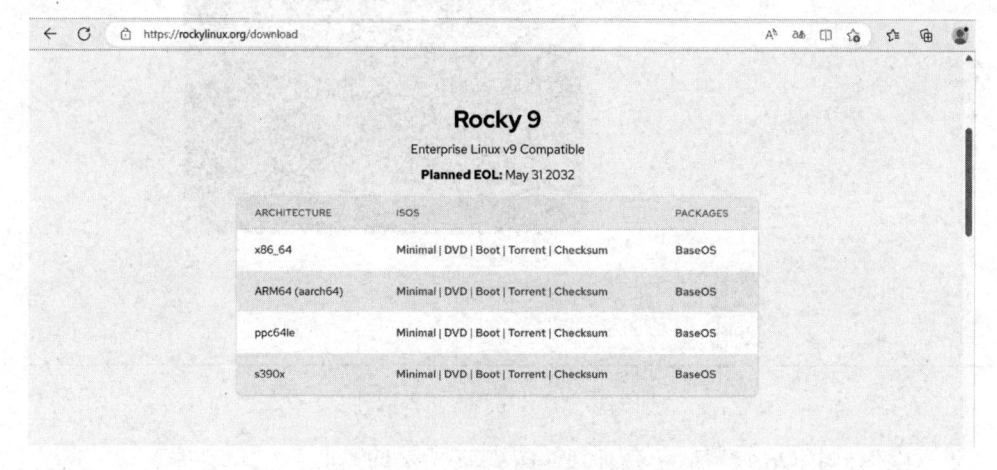

图 2-35 Rocky Linux 官网

几个版本的说明如下，我们建议下载 x86_64 架构中的 DVD 版本。
- DVD 版本：这是 Rocky Linux 的标准版本，里面包含了 Linux 安装使用的绝大多数软件包，推荐下载和安装此版本。
- Minimal：最小化安装版本，里面提供了安装 Linux 所需的最低软件包组合。如果在生产服务器上，我们推荐最小化安装，需要什么软件再手工进行安装，这样占用的系统资源更少。但是这个版本对初学者来讲，很多基本的命令和工具都没有安装，使用起来并不方便，因此推荐初学者使用 DVD ISO 版本。
- Boot：只包含启动 Linux 所需的最基本的软件包。
- Torrent：仅是下载镜像所需的种子，还需要二次下载。

2.3.2　光盘安装 Rocky Linux 9.x

1. 调整启动顺序

按照我们在 2.1 节中所学的方式，把下载好的 Rocky Linux 9.x 的镜像放入虚拟机的光驱中；然后点击"开启此虚拟机"按钮启动虚拟机，在启动界面按 F2 键，进入虚拟机的 BIOS 设置（**注意**：要把鼠标点入虚拟机后，再按 F2 键）。

现在的计算机由于性能强大，虚拟机模拟的启动界面速度非常快，按 F2 键的时间变得非常短暂，用户很难来得及按 F2 键。因此，虚拟机提供了启动直接进入 BIOS 设置的按钮，点击绿色启动三角旁的小箭头，可以看到启动选项，选择"打开电源时进入固件"，如图 2-36 所示。

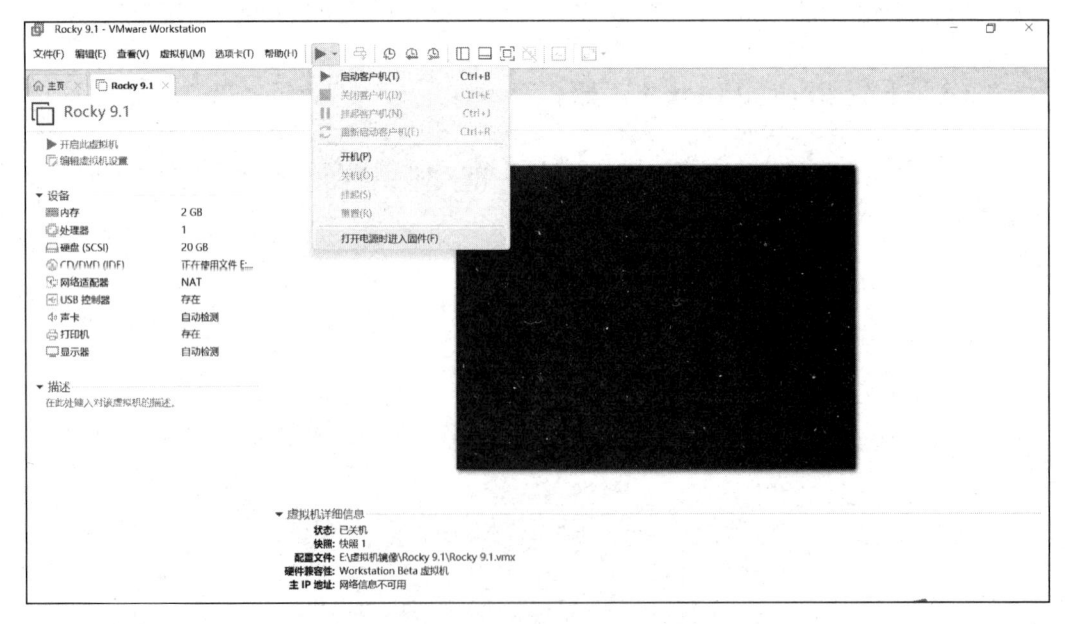

图 2-36　打开电源时进入固件

进入虚拟机 BIOS 设置后，会看到如图 2-37 所示的界面。

第 2 章 好的开始是成功的一半：Linux 系统安装

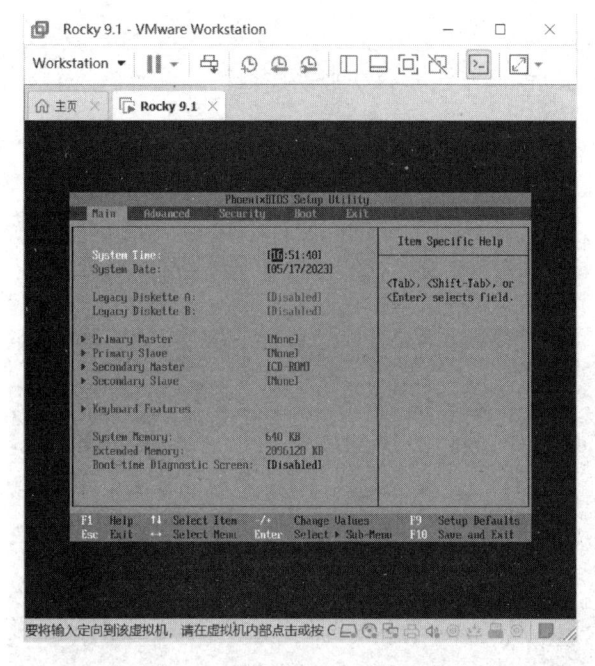

图 2-37 虚拟机 BIOS 设置界面

在此界面中，按箭头移动光标，按"+"或"-"改变键值，按 Esc 键退出，按回车键确定，按 F10 键保存退出。

移动光标到 Boot（启动）项，修改启动顺序。把光标移动到 CD-ROM Drive（光驱）上，按"+"把 CD-ROM Drive 变为第一项，让光盘成为第一启动顺序，如图 2-38 所示。

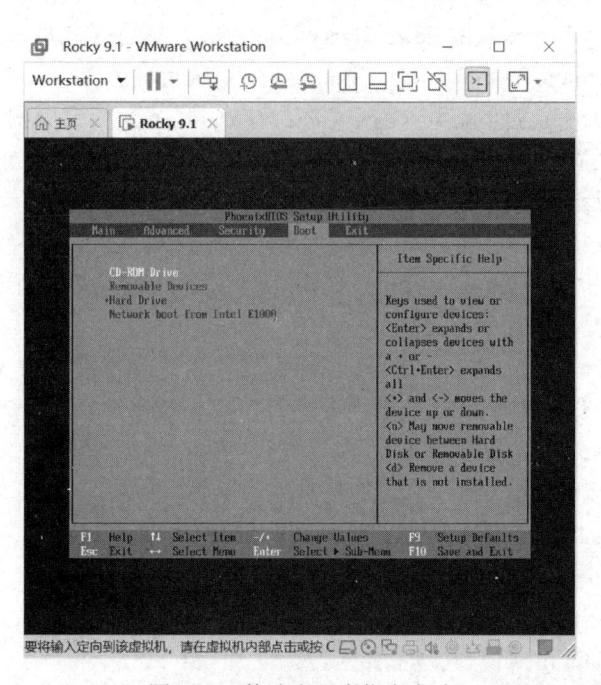

图 2-38 修改光驱为优先启动

务必记得在 Linux 系统安装完成后,第一次重启时,要将启动顺序改为 Hard Drive(硬盘驱动)为第一启动顺序!否则每次启动虚拟机,都将进入 Linux 安装界面。

2. 安装列表

按 F10 键保存退出后,就能看到 Linux 的安装列表界面了,如图 2-39 所示。

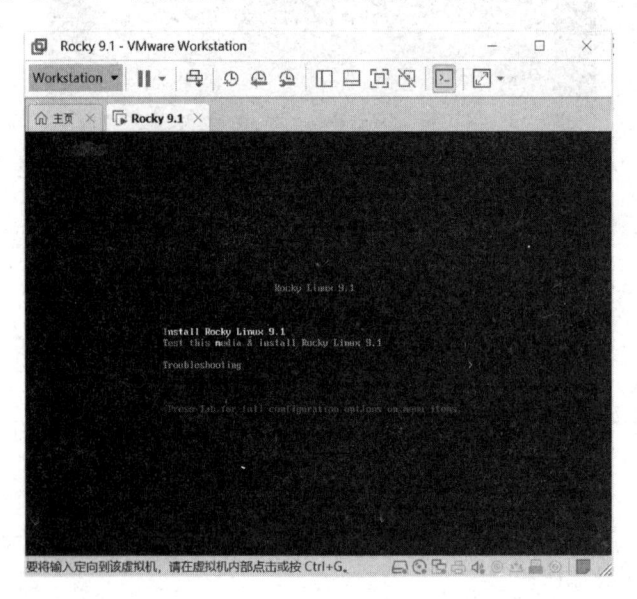

图 2-39 Linux 安装列表

在安装列表界面上有三个选项。

- Install Rocky Linux 9.x:安装 Rocky Linux 9.x,请选择此项安装。
- Test this media & install Rocky Linux 9.x:测试光盘镜像并安装 Rocky Linux 9.x。此选项会检测光盘镜像是否完整、是否有数据丢失,如果检测正常,则继续安装。检测过程耗时非常长,并没有什么意义,不建议选择此选项(此选项是默认选项,如果不进行选择,等待 60 秒后,会进入此安装选项)。
- Troubleshooting:故障排除。此选项用于 Linux 系统故障修复。

如果我们选择了"Troubleshooting"选项,会看到如图 2-40 所示的界面。

这里有这样几个选项:

- Install Rocky Linux 9.x using text mode:使用字符界面模式安装 Rocky Linux 9.x。如果用这个选项安装,则会采用纯字符模式安装,这样会使安装难度大幅提升。不推荐采用此模式安装 Linux(如果虚拟机内存小于 768MB,会自动进入字符界面模式)。
- Rescue a Rocky Linux system:进入系统修复模式。
- Run a memory test:内存检测。
- Boot from local drive:从本地硬盘启动。
- Return to main menu:返回主界面。

这些选项是进行 Linux 高级安装操作的选项,如"Rescue a Rocky Linux system"这

第 2 章 好的开始是成功的一半：Linux 系统安装

个选项就是修复 Linux 系统错误使用的，我们会在启动章节讲解修复模式的使用，这里可以先忽略这些选项。

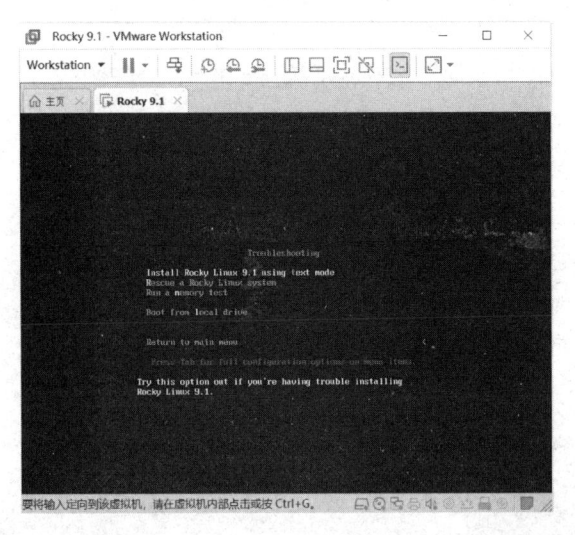

图 2-40 故障修复

我们这里选择"Install Rocky Linux 9.x using text mode"，采用图形界面开始安装 Linux。

注意：在虚拟机系统和真实机系统之间，鼠标是不能同时起作用的。如果从真实机进入虚拟机，则需要把鼠标点入虚拟机；当从虚拟机返回真实机时，需要按下 Ctrl+Alt 快捷键返回。

3．安装语言选择

采用图形界面安装 Linux 后，会自动进入安装语言选择界面，如图 2-41 所示。

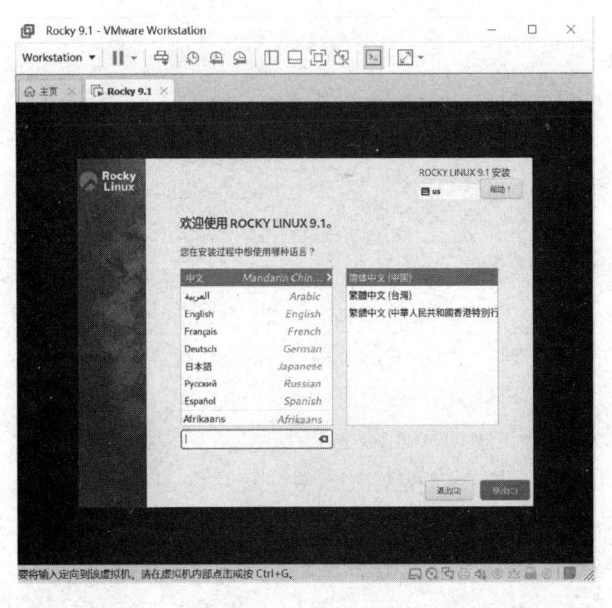

图 2-41 安装语言选择

这里选择的语言,既是安装过程的语言环境,也是系统安装好之后的默认语言环境。系统默认的语言环境,在安装好之后也可以调整,为了便于学习,我们在这里选择"简体中文",之后按"继续"按钮,进入下一个界面。

4. 安装信息摘要

接下来,我们会看到安装信息摘要界面,Rocky Linux 9.x 的安装信息摘要界面,沿用了 CentOS 7.x 的风格,所有信息都在同一个界面中配置,如图 2-42 所示。

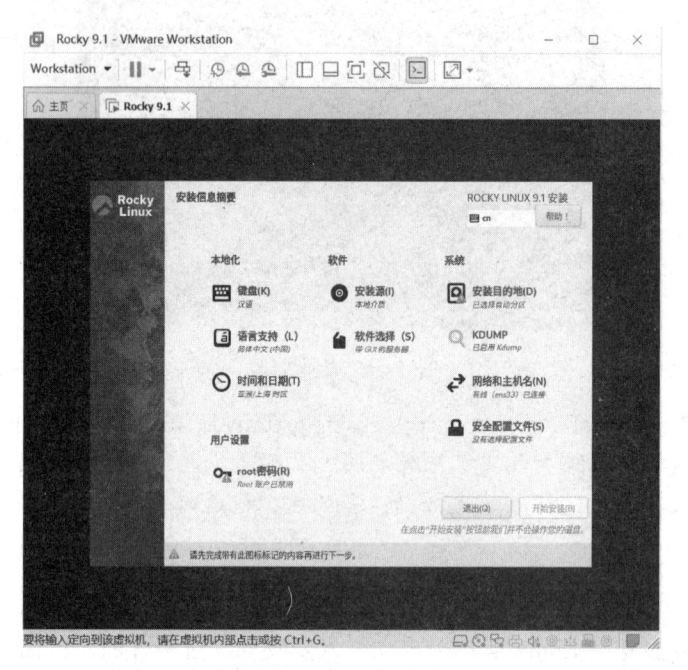

图 2-42 安装信息摘要界面

(1) "本地化" 配置。

第一组是 "本地化" 配置:包含 "键盘" "语言支持" "时间和日期" 配置。其中,"键盘" 配置不需要修改;"语言支持" 配置里面是安装 Linux 系统支持的语言,默认支持英文,而我们既然选择了简体中文,那么 Linux 会同时支持英文和简体中文;"时间和日期" 配置的是时区与时间。这几个界面配置的内容都很好理解,而且基本不需要修改,这里就不再单独截图了。

(2) "软件" 配置。

第二组是 "软件" 配置:包含 "安装源" 和 "软件选择" 两个配置选项。

① "安装源" 选项。

我们先看看 "安装源" 选项,如图 2-43 所示。

在 "安装源" 界面中,主要是配置 Linux 系统软件的来源,Linux 目前支持光盘安装源、U 盘安装源和网络安装源等。系统自动检测,发现了安装光盘,因此这里的安装源是 sr0,也就是光驱的设备文件名(见表 2-3)。

这里还可以选择网络安装源,这主要是用于网络无人值守安装的选项,学习此知识

第 2 章 好的开始是成功的一半：Linux 系统安装

点，需要具备一定的网络基础、Linux 服务基础、Linux 集群基础，并不适合初学者，本书不再介绍网络无人值守安装的方法。

图 2-43 安装源配置

选择完"安装源"，点击"完成"按钮，又会返回"安装信息摘要"界面。

② "软件选择"选项。

接下来，点击"软件选择"选项，可以进入"软件选择"界面，如图 2-44 所示。

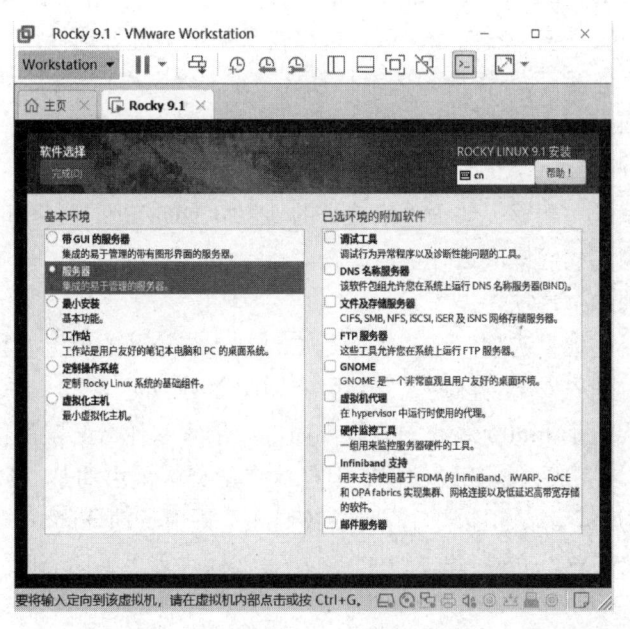

图 2-44 软件选择

在"软件选择"界面，我们可以看到以下几个选项。
- 带 GUI 的服务器：这是包含图形界面的服务器选项，适合对字符界面不熟悉的用户。
- 服务器：适合服务器管理的软件安装，此选项没有图形界面，是纯字符界面，但是常用命令和软件都已经安装完成。
- 最小安装：最小安装符合服务器管理理念："最小安装，用什么装什么。"但是不适合初学者，一些常用命令默认没有安装，需要手动安装。
- 工作站：适合个人计算机使用的图形界面，会安装常用办公工具，不推荐使用。
- 定制操作系统：按照个人习惯定制 Linux，适合对 Linux 比较熟悉的人员。
- 虚拟化主机：会安装传统虚拟化功能，用于云计算虚拟化服务器。

笔者并不推荐安装图形界面的 Linux，主要原因是生产服务器为了追求稳定、安全、可靠，不会采用图形界面作为服务器的操作系统界面，不符合企业使用需要。

如果你是一个熟练的 Linux 使用者，或者是给生产服务器安装 Linux 系统，那么我们推荐"最小安装"。最小安装除了必备软件，其他都不安装，你需要什么功能，手动安装什么功能。这样做可以节约资源，系统也更加稳定；并且所有软件都是经过管理员同意安装的，不会出现莫名其妙的软件，系统也更加安全。但是，最小安装需要使用者对 Linux 比较熟悉，并不适合初学者。

我们推荐安装"服务器"环境，本书也会采用此环境进行实验。这种环境虽然比最小安装稍大，更占资源，启动的软件也更多。但是，常用的软件与命令都已经安装，适合初学者。如果你是第一次接触 Linux，推荐和本书的安装环境保持一致，这样今后的实验都可以按照本书完成。

如果你对 Linux 系统比较熟悉，可以按照自身的需求进行选择。

我们选择"服务器"，不需要勾选附加软件，点击"完成"按钮，我们又会返回"安装信息摘要"界面。

(3)"系统"配置。

第三组是"系统"配置：包含"安装目的地""KDUMP""网络和主机名""安全配置文件"四个选项，我们依次进行学习。

①"安装目的地"选项。

先看"安装目的地"选项，这其实就是 Linux 系统分区的位置，我们点击"安装目的地"选项，会看到"安装目标位置"界面，如图 2-45 所示。

这个界面其实就是 Linux 系统的分区界面，如果大家什么配置都不修改，直接点击"完成"按钮也可以完成系统分区过程。但是，自动分区采用的是"LVM"分区方式，而 LVM 需要等到后续章节才能学习，目前我们还是采用手动分区。

我们在"存储配置"位置，选择"自定义"，然后进入"手动分区"界面，如图 2-46 所示。

第 2 章 好的开始是成功的一半：Linux 系统安装

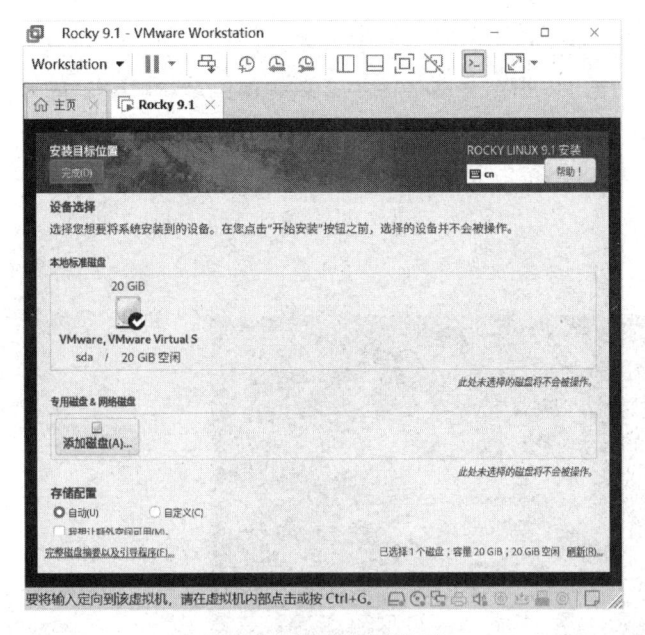

图 2-45 安装目标位置

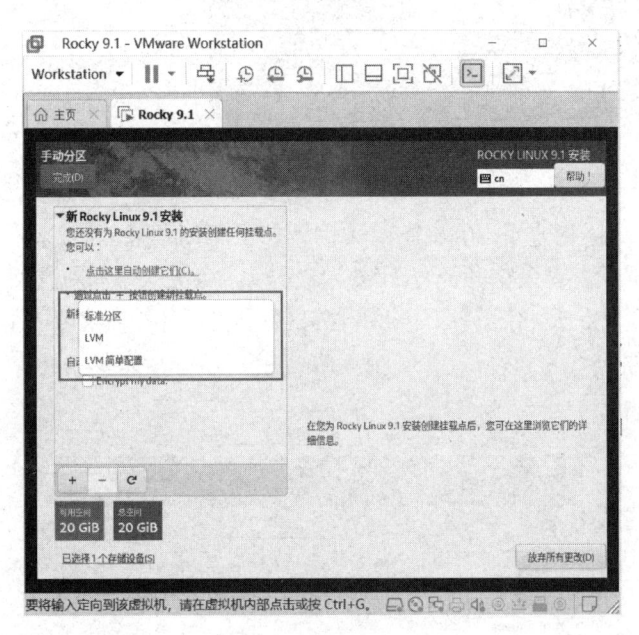

图 2-46 手动分区

在"手动分区"界面，我们点击"分区方案"（方框标识位置），可以看到 Rocky Linux 9.x 支持：标准分区、LVM、LVM 简单配置三个选项，我们选择"标准分区"。选择之后，也可以点击"点击这里自动创建它们"，进行自动分区。

我们既然是学习阶段，那么就不要自动分区了，我们点击"+"，手动新建分区，如图 2-47 所示。

"挂载点"选项，系统推荐一些挂载点，包括我们强调的必须分区"/boot 分区""根分区""swap 分区""/boot 分区",这里是虚拟机,完全可以分这三个必需分区即可。

期望容量,这里可以指定分区的大小,默认单位是"MB"。如果在"期望容量"这里什么都不填写,相当于把所有剩余容量都分配给指定分区。

我们先分一个/boot 分区,举个例子,如图 2-48 所示。

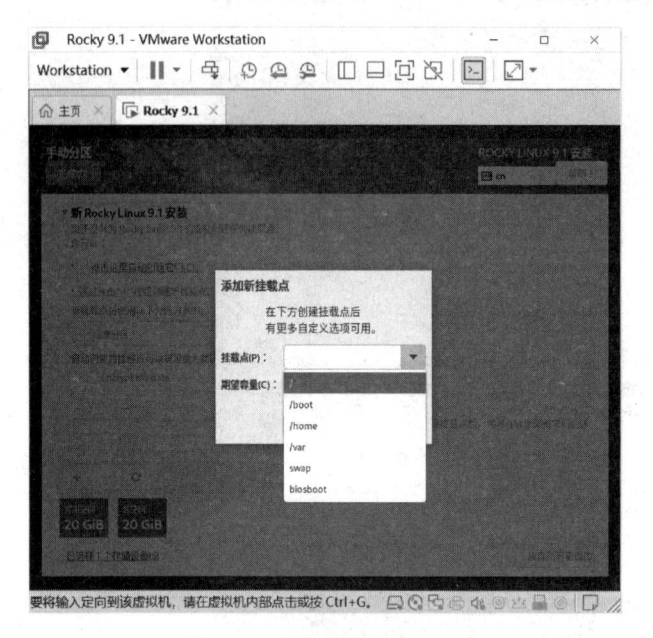

图 2-47　添加新挂载点　　　　　　　　　　图 2-48　/boot 分区

笔者给/boot 分区指定了 300MB 的大小,如果不写单位,默认单位就是 MB。如果不写大小,就是把所有剩余空间都分配给指定分区。点击"添加新挂载点",/boot 分区就建立好了。按照这个方法,接着分好"swap 分区"和"根分区"就可以了,如图 2-49 所示。

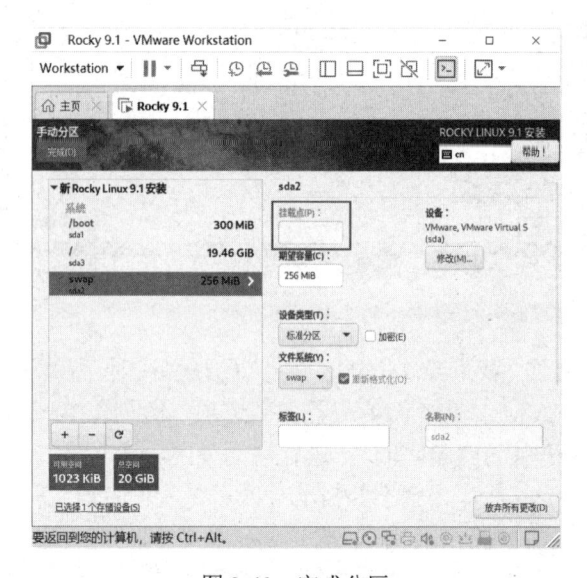

图 2-49　完成分区

第 2 章　好的开始是成功的一半：Linux 系统安装

这里注意一下"swap 分区"是没有挂载点的（方框标注位置），因为虚拟内存是直接给系统内核调用的，不需要用户直接访问，所以不需要挂载点。

点击"完成"按钮，系统会提示"更改摘要"，用于确认是否进行分区，选择"接受更改"，界面会返回"安装信息摘要"界面。

② "KDUMP"选项。

接下来我们解释一下"KDUMP"选项，如图 2-50 所示。

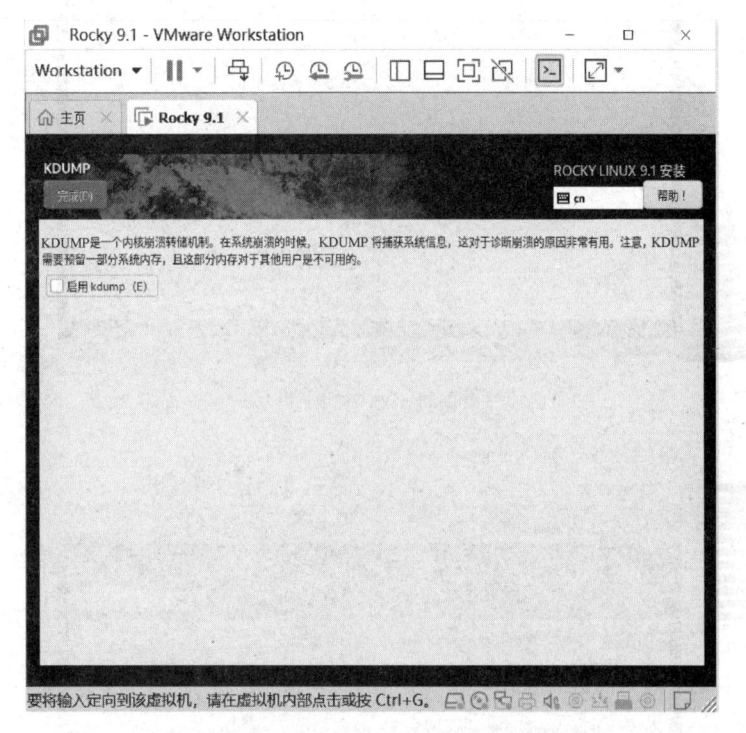

图 2-50　"KDUMP"选项

"KDUMP"选项，用于开启或关闭 Linux 内核崩溃存储机制。其功能类似于 Windows 非法关机之后，提示是否需要给官方发送错误代码的功能。"KDUMP"选项用于帮助官方记录和分析 Linux 崩溃信息，用于提升系统稳定性。这个功能对普通用户来讲，没有明显的作用，还会消耗系统资源，建议关闭。

点击"完成"按钮，会返回"安装信息摘要"界面。

③ "网络和主机名"选项。

接下来，我们看看"网络和主机名"选项，如图 2-51 所示。

这个选项用来配置 Linux 的网络信息和系统主机名，我们在安装好之后，采用命令行模式进行配置，这里就不再解释图形界面的使用了。

点击"完成"按钮，会返回"安装信息摘要"界面。

④ "网络安全配置文件"选项。

我们看看"系统"配置中，最后一个功能"安全配置文件"，如图 2-52 所示。

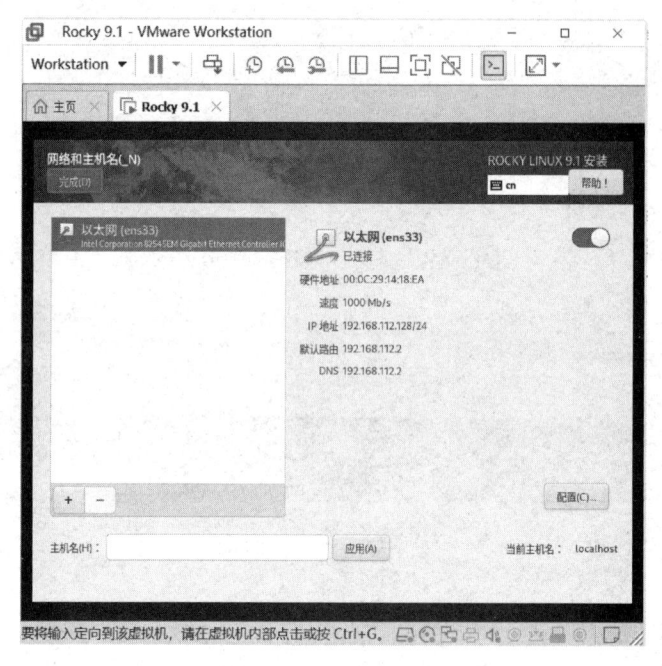

图 2-51　网络和主机名

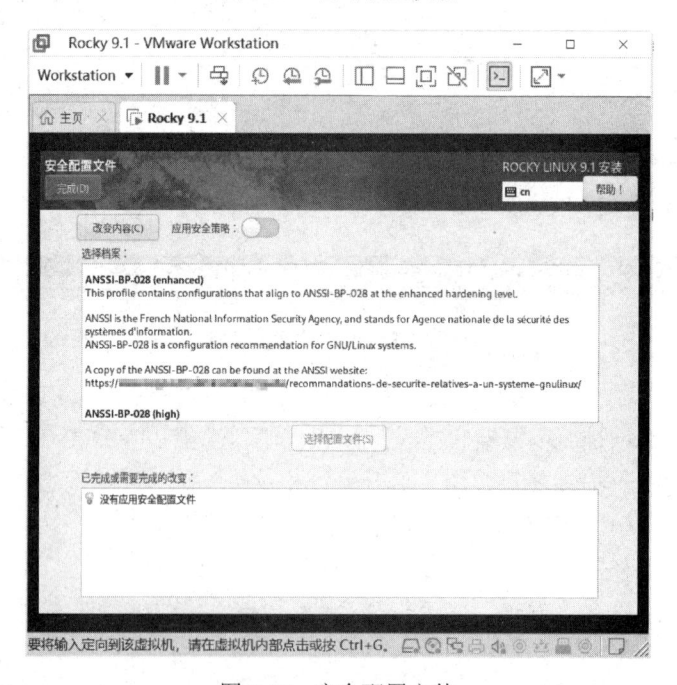

图 2-52　安全配置文件

此功能开启的是 Linux 的安全增强组件 SELinux，它会使 Linux 系统的安全性能大幅度提升，是从 CentOS 5.x 系列开始加入 Linux 的重要安全组件。但是，SELinux 组件非常强大，如果不正确配置，会导致 Linux 的绝大多数网络服务不能正常使用，我们在后续的章节中会讲解 SELinux 的使用，在系统安装时，建议大家关闭。

点击"完成"按钮，会返回"安装信息摘要"界面。
（4）"用户设置"配置。
第四组是"用户设置"配置：在这组配置中，只有一个功能选项"root 密码"，如图 2-53 所示。

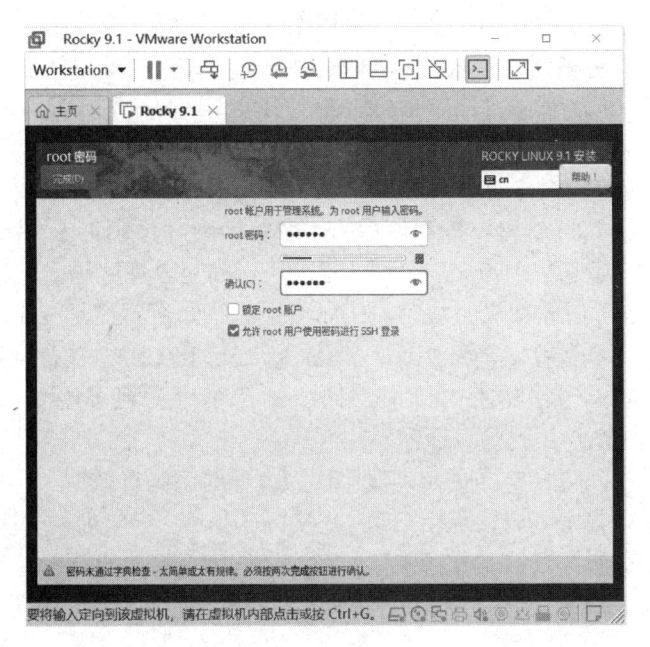

图 2-53 root 密码

Linux 的管理员账户是"root"，这个选项用于给 root 用户设置密码。如果勾选"锁定 root 账户"，则默认 root 账户被锁定，不能使用，当然也不需要设置密码。建议不要锁定 root 用户，我们学习 Linux 使用的时候，需要使用 root 用户权限。勾选"允许 root 用户使用密码进行 SSH 登录"，则会允许 root 用户远程登录，否则不允许。

需要给 root 用户设置密码，那么什么样的密码是合理密码呢？一般的书籍中认为，密码只需要符合复杂性要求，就是合理密码。笔者觉得仅符合复杂性的密码并不合理，例如，密码"qungd$h2874_YWBFgfa173592zn"是否合理呢？如果只考虑复杂性要求，那么这个密码是合理的。但是，这个密码也太长了，实在无法记忆，这会对使用带来困扰。笔者认为合理密码需要符合"密码三原则"，我们来学习一下密码三原则。

- 复杂性：复杂性需要符合以下几个条件。
  - 密码长度大于 8 位：密码位数越长，被暴力破解（暴力破解指的是穷举法，不是真的使用暴力来威胁别人）的可能性越小，安全性也就越高。当然，密码太长，并不方便记忆与使用，因此我们认为 8 位密码是一个合理的长度。
  - 密码中需要大写字母、小写字母、数字和特殊符号，四种符号最少包含三种。
  - 不能使用和个人相关的信息作为密码。例如，你的身份证号码、电话号码、家庭门牌号码等都不能作为密码，这样非常容易被熟悉你信息的人猜出密码。
  - 不能使用现有的英文单词作为密码。比如，"hello world"就不能作为密码，因为母语是英语的读者，很容易猜出这样的英文单词。同时，如果采用暴力破解（穷举法不断尝试）的方式来破解密码，现有的英文单词也会被优先尝试。

- 易记忆性：在工作中运维工程师有可能需要同时维护成百上千台，甚至上万台服务器，理论上每台服务器都应该使用不同的密码。当然，如果服务器数量真的太多了，每台服务器使用单独的密码并不现实，这时一般采用的是每组服务器（比如数据库服务器密码一致、Web 服务器密码一致等）使用同样的密码。就算是每组服务器密码一致，密码数量也可能会有几十上百个，这时易记忆就显得至关重要了。关于易记忆，我们给出如下建议。
  - 可以是一句对你有意义的话，然后通过变形作为合理密码。例如，"我们学习云计算"，就可以把这句话的拼音首字母拼起来变成"wmxxyjs"，再通过合理变形变成"wmxx_YJS"，这就可以作为合理密码，而且比较容易记忆。
  - 可以是一句你喜欢的歌词，比如"知否？知否？应是绿肥红瘦"，通过变形（字母 z 和数字 2 非常接近）变成"zf2fys_LFHS"，就是合理密码。
  - 可以是一句你熟悉的诗词，比如"停车坐爱枫林晚"，通过变形，变成"tc2a_FLW"，就是合理密码。
- 时效性：密码应该定期更换，我们认为合理的密码有效期，不应该超过 180 天，也就是每半年密码应该更换一次（在实际工作中，半年更换一次密码实在太过烦琐，我们一般采用的是掌握密码的核心工程师离职，再更换密码的策略）。

所有的配置完成后，点击"开始安装"，系统就会进行安装，如图 2-54 所示。

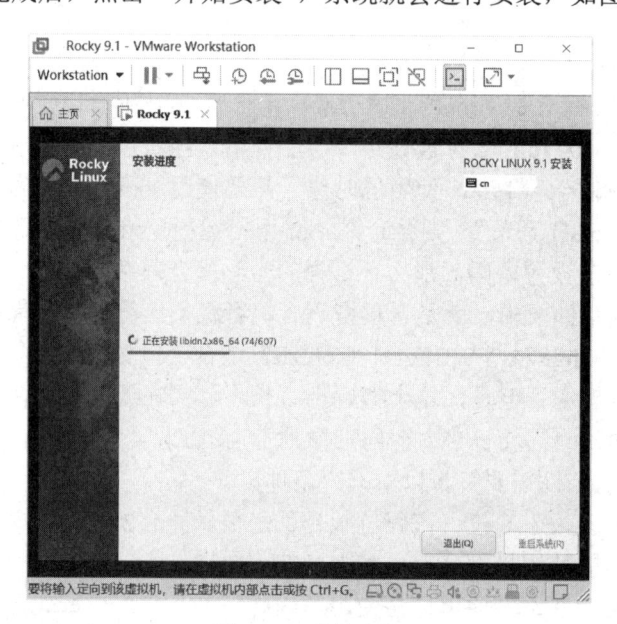

图 2-54　系统安装

安装进度条全部安装完成后，点击"重启系统"就可以完成 Linux 系统的安装过程。记得初始安装完成的时候，给系统建立快照，以防范误操作导致系统崩溃。

初次安装成功后，会进入 Linux 字符界面，如图 2-55 所示。

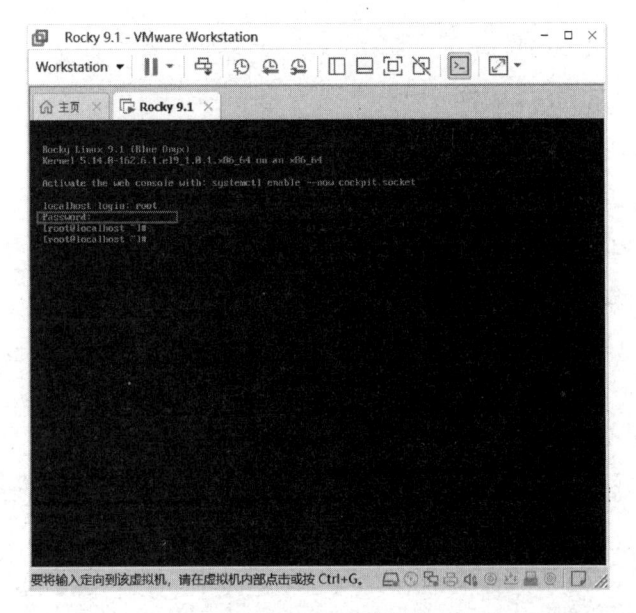

图 2-55 初始登录

登录 Linux 时，需要输入账户和密码，注意密码位置是没有提示的（方框标注位置），这是正常的。

学员一般第一次登录 Linux 字符界面，都会发出惊叹，惊叹于这个系统的古老与陌生。其实纯字符界面，就是这个样子，我们会一步一步学习它的使用。

2.4 U 盘安装 Linux 系统

在真实机系统中，光驱已经被淘汰了，如果想要安装 Linux，需要使用 U 盘作为安装介质。使用 U 盘安装 Linux，步骤和光盘不太一样，需要一定的配置，下面我们来进行学习。

2.4.1 准备工作

制作 U 盘启动盘前，需要做一些准备工作：
- 准备一个容量足够大的 U 盘。如果用来安装 Rocky Linux 9.x 系统，则需要一个至少 8GB 容量的 U 盘。
- 制作启动的工具软件，如 UltraISO（软碟通）。这类软件非常多，大家可以使用自己喜欢的工具。
- Rocky Linux 9.x 镜像，可以去官网下载。

2.4.2 制作 U 盘启动盘

我们用 UltraISO 软件举例制作 U 盘启动盘的过程，此类软件众多，大家可以按照自己的喜好来制作 U 盘启动盘。

1．下载安装 UltraISO 软件

去官网下载最新版本的 UltraISO 软件，下载免费试用版即可。

2．安装 UltraISO

安装方式和 Windows 中常见的软件类似，此处不再赘述。

3．制作启动盘

启动 UltraISO 软件，选择"文件"→"打开"命令，找到下载好的 Rocky Linux 9.x 的镜像，如图 2-56 所示。

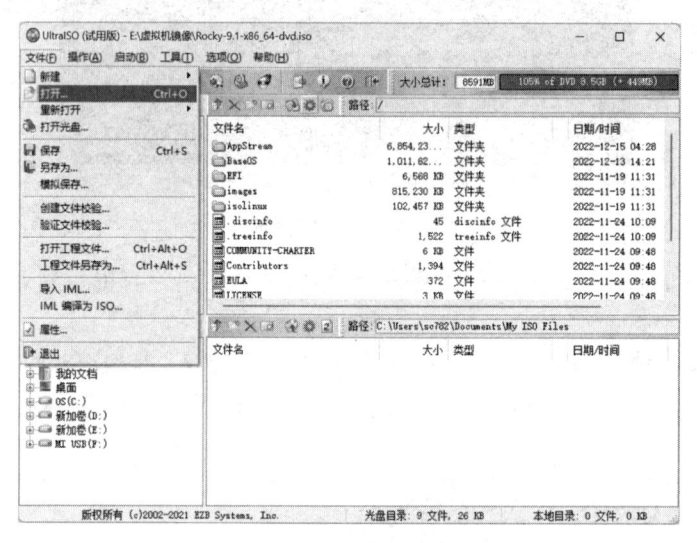

图 2-56　打开镜像文件

接下来选择"启动"→"写入硬盘映像"，准备向 U 盘中写入系统，如图 2-57 所示。

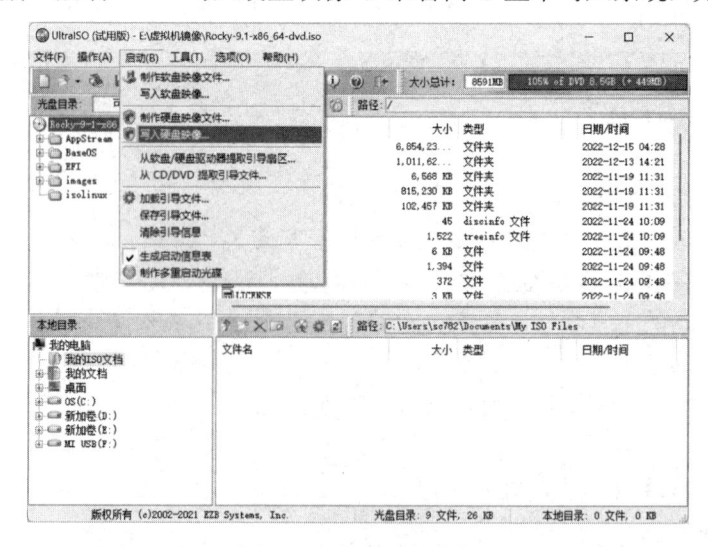

图 2-57　写入硬盘映像

点击"写入硬盘映像"之后，我们会看到"写入硬盘映像"界面，如图 2-58 所示。

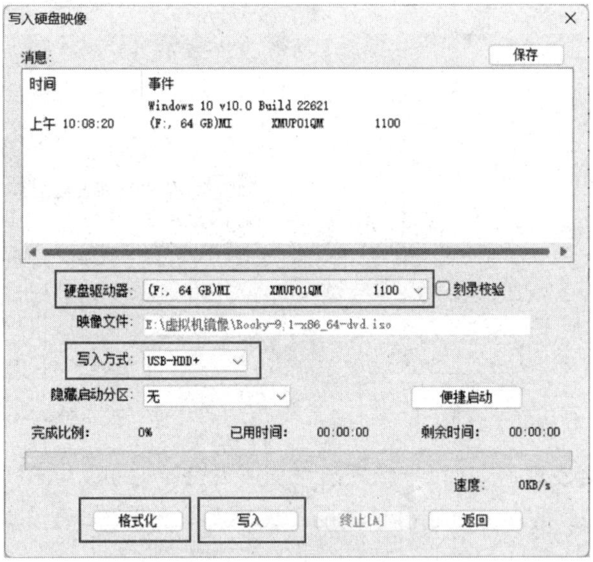

图 2-58 "写入硬盘映像"界面

在此界面中，首先需要选择"硬盘驱动器"，在下拉表单中选择你的 U 盘盘符，注意不要选错了，否则会丢失数据（方框标注位置）。在"写入方式"选项中，使用默认的"USB-HDD+"方式，这是绝大多数硬盘都识别的 U 盘启动方式（方框标注位置）。接下来记得先点击"格式化"按钮，格式化完成之后，再点击"写入"按钮（方框标注位置）。等待写入完成，U 盘启动盘就制作完成了。

从 Linux 6.5 版本开始，之后的版本就通过 U 盘安装，不再需要把 ISO 文件复制进 U 盘了，这样就再也不用担心 FAT32 文件系统无法保存超过 4GB 的单个文件的问题了。

2.4.3　使用 U 盘安装 Linux

如果是真实机使用 U 盘安装 Linux，只要把 U 盘插入计算机，进入 BIOS 系统，修改启动顺序为 U 盘优先启动，就可以开启 U 盘安装了。一旦看到安装界面，后续过程和光盘安装 Linux 一致，这里就不再重复了。

如果是虚拟机使用 U 盘安装，那么是需要进行一定配置的，比真实机更麻烦一点，我们用虚拟机演示一下具体步骤。

虚拟机使用 U 盘安装系统，需要先把 U 盘添加为虚拟机硬盘。具体步骤：鼠标右击虚拟机图标→选择"以管理员身份运行"（虚拟机需要断电状态）→点击"虚拟机"按钮→"设置"→"添加"→"硬盘"→"SCSI"接口→"使用物理磁盘"，如图 2-59 所示。

点击"下一步"按钮，进入选择物理磁盘界面，这时需要选择 U 盘，把 U 盘添加为虚拟硬盘，如图 2-60 所示。

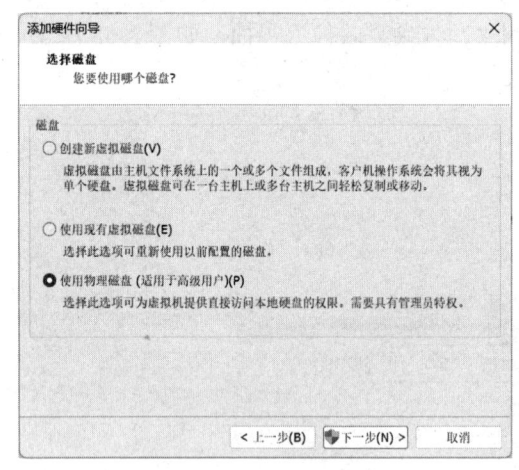

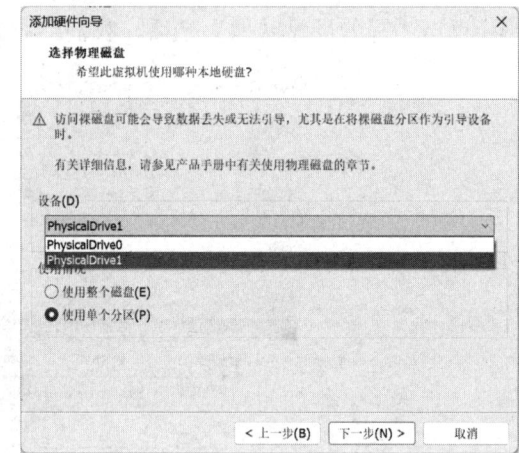

图 2-59　使用物理磁盘　　　　　　　　　图 2-60　选择物理磁盘

在这个界面中会发现，虚拟机把物理磁盘描述为"PhysicalDrive0"和"PhysicalDrive1"，这很难确认哪个是 U 盘。可以选择下面的"使用单个分区"，点击"下一步"按钮，如图 2-61 所示。

通过容量，我们就可以确定"PhysicalDrive1"就是 U 盘了。点击"下一步"按钮，再点击"完成"按钮，就可以把 U 盘添加为虚拟机的硬盘。

接着在 BIOS 启动界面，启动顺序把 U 盘模拟的硬盘设置为第一启动顺序，如图 2-62 所示。

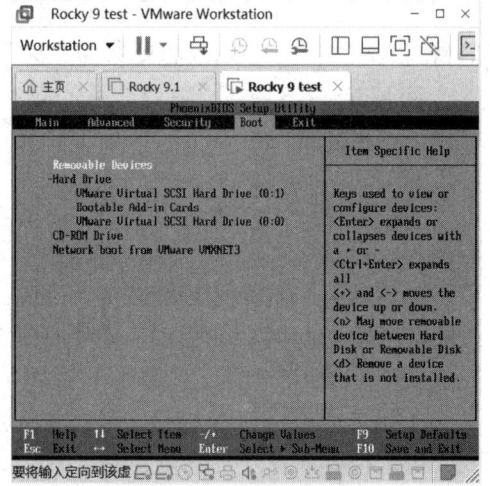

图 2-61　选择磁盘分区　　　　　　　　　图 2-62　选择 U 盘优先启动

在笔者的虚拟机中，U 盘模拟硬盘的接口是 SCSI 接口，而系统默认硬盘的接口是 NVMe 接口，因此很容易确认哪块硬盘是 U 盘的模拟硬盘。通过键盘的"+"，把 U 盘模拟硬盘调整到第一启动顺序，然后保存退出。

然后我们就能看到如图 2-39 所示的 Linux 安装选择列表界面了，在此界面需要通过箭头把光标移动到"Install Rocky Linux 9.x"图标上，按"Tab"键，会出现"启动内核选项",如图 2-63 所示。

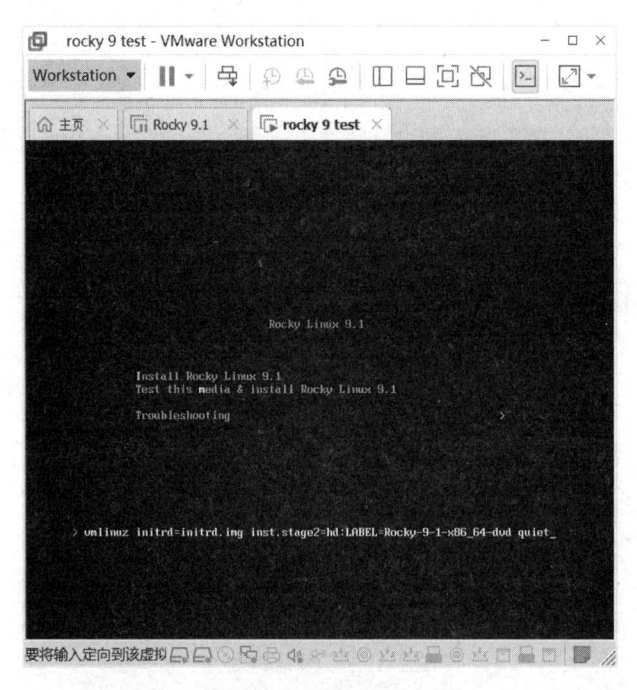

图 2-63 启动内核选项

把此选项中的语句"vmlinuz initrd=initrd.img inst.stage2=hd:LABEL=Rocky-9-1-x86_64-dvd quiet"修改为"vmlinuz initrd=initrd.img inst.stage2=hd:/dev/sdb4 quiet"。不同的系统，U 盘识别的硬盘分区设备文件名可能会有所不同，一般默认是/dev/sdb4，如图 2-64 所示。

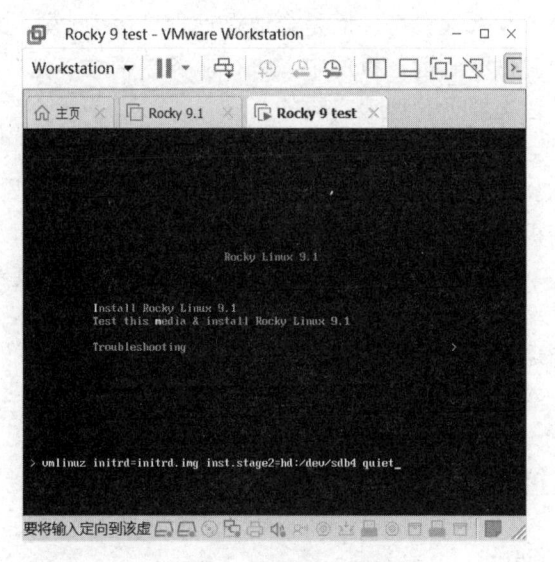

图 2-64 修改启动参数

修改完成之后，按回车键确定，使用此内核参数进行系统启动。

正常启动之后，系统会进入图形界面安装模式，首先进入的界面是安装语言选择界面，如图 2-65 所示。

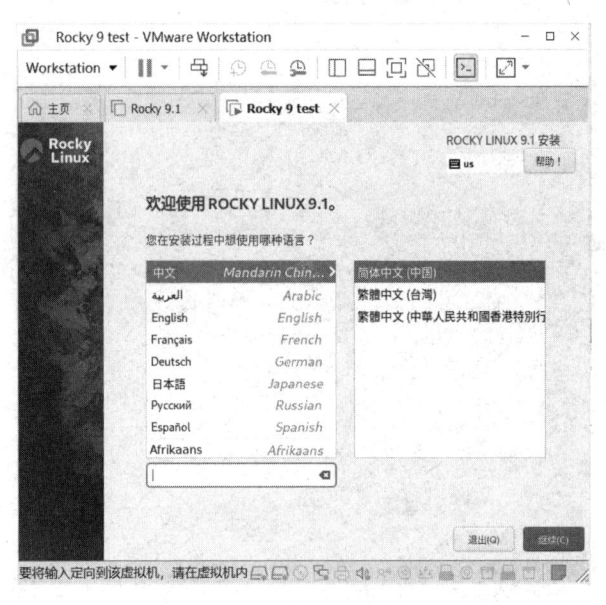

图 2-65 安装语言选择

之后的安装步骤和光盘安装步骤一致，此处不再赘述。

2.5 远程管理工具

服务器一般不会放在本地机房，而是会放在远程机房中，这时我们要登录管理服务器，不可能总是扛着键盘跑到远程机房中，进行服务器管理，这样做的效率太低了。服务器管理，主要是靠远程登录管理来完成的。

在 Linux 中远程登录管理，服务器端主要使用的是 SSH 协议，客户端主要使用的是远程登录工具，如 Xshell、SecureCRT 等工具。我们在以后的实验中，会把虚拟机当作服务器端，而把真实机当作客户端。这时 Linux 的虚拟机需要启动 SSH 服务，此服务 Linux 默认已经启动，可以连接。我们需要配置的是在客户端（真实机）中安装 Xshell、SecureCRT 等工具。

注意：要想正确连接远程管理工具，需要服务器端（虚拟机）正确地配置 IP 地址，并正确地配置虚拟机网络连接模式。

2.5.1 远程连接工具介绍

1. 安全漂亮的 Xshell

Xshell 是目前最常用的远程管理工具，自带免费的家庭版本，只需要在官网下载注册一下用户名和邮箱即可。

Xshell 工具最大的优点是有免费的家庭版，足够我们使用，笔者推荐使用此工具，本书之后的实验也会使用 Xshell 工具。

2．功能强大的 SecureCRT

如果需要一款功能强大的远程管理工具，那么笔者强烈推荐 SecureCRT，它将 SSH（Secure Shell）的安全登录、数据传送性能与 Windows 终端仿真提供的可靠性、可用性和可配置性结合在一起。

比如，管理多台服务器，使用 SecureCRT，可以很方便地记住多个地址，并且还可以设置自动登录，方便远程管理，效率很高。缺点是 SecureCRT 需要付费，不付费注册不能使用。

除了这两种远程连接工具，还有其他类似工具，大家可以使用自己喜欢的工具，不用强求。

2.5.2　虚拟机桥接模式配置

在 2.1.3 节中，我们已经介绍了虚拟机三种连接模式的基本情况。表 2-1 中，也总结了三种连接模式的区别。

我们先来学习一下桥接模式的配置步骤。

1．查询真实机 IP 地址

当设置为桥接模式时，虚拟机是利用真实网卡对外通信的，相当于虚拟机和真实网卡在同一个局域网内。局域网通信的基本要求是，IP 地址的网段必须一致。我们需要检查一下真实网卡的 IP 地址，在配置虚拟机 IP 地址的时候，虚拟机的 IP 地址网段必须和真实机的 IP 地址网段一致。

在 Windows 的搜索栏中输入 cmd，打开命令行界面，然后执行 ipconfig 命令，可以查询 Windows 网卡的 IP 地址，如图 2-66 所示。

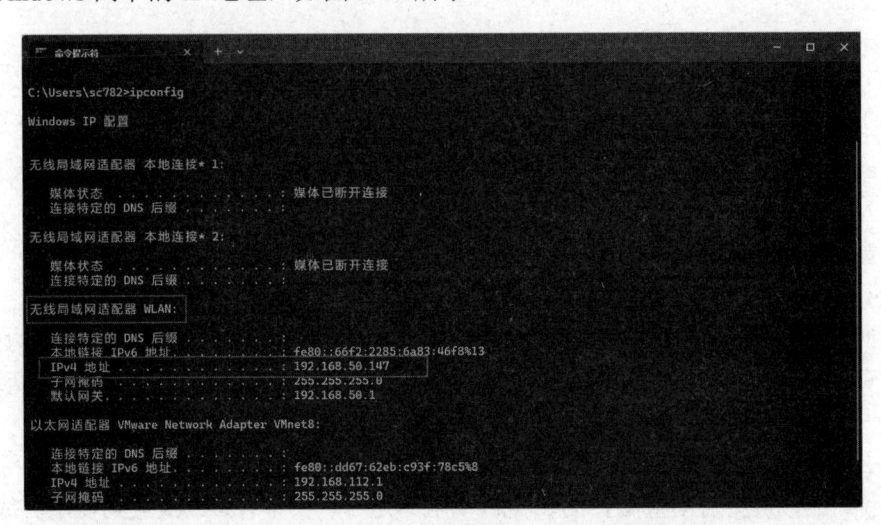

图 2-66　ipconfig 命令

注意：这是 Windows 的命令。我们可以看到，笔者的计算机使用的是无线网卡，此网卡的 IP 地址是 192.168.50.147（方框标识位置）。

查询真实机网卡 IP 地址的目的是在局域网内进行通信，需要 IP 地址的网段必须一致，局域网内所有计算机 IP 地址的前三组数字（当前是 192.168.50）必须一致。因此，我们需要先查询真实机的 IP 地址，以便后续配置虚拟机的 IP 地址。

注意：每台计算机真实机的 IP 地址都不一样，因此，需要查询之后确定。

2. 设置虚拟机网络连接模式：桥接模式

（1）设置虚拟机网络连接模式为桥接模式。

打开虚拟机→点击"虚拟机"→"设置"→"网络适配器"→选择"网络连接"为"桥接模式"，如图 2-67 所示。

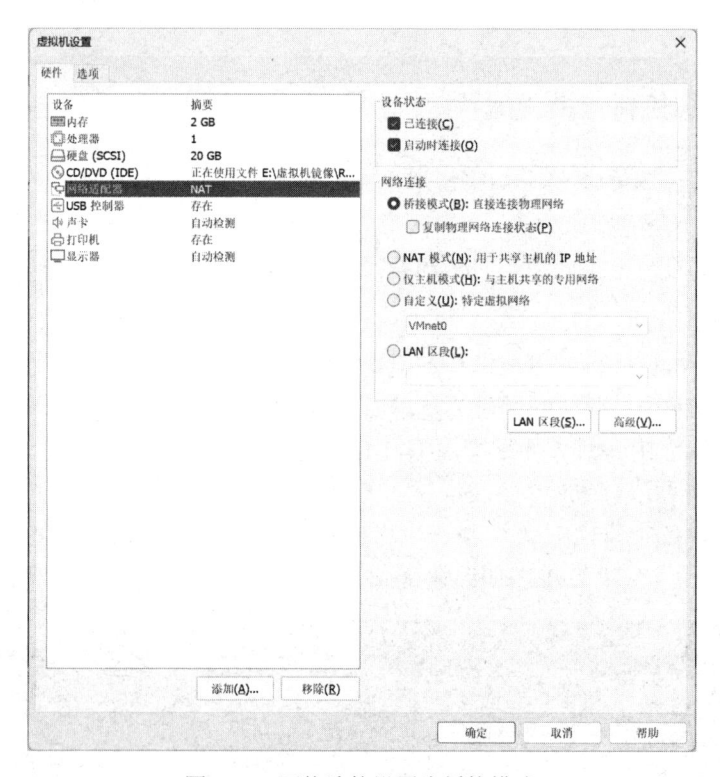

图 2-67　网络连接设置为桥接模式

注意：不要忘记点击"确定"按钮。

（2）桥接到指定网卡（无线网卡或有线网卡）。

我们已经解释过了，桥接模式虚拟机会利用真实网卡对外通信。但是我们的计算机有几块真实网卡呢？现在我们主要使用的是笔记本电脑，笔记本电脑一般拥有两块真实网卡，一块有线网卡，一块无线网卡。

那么，虚拟机对外通信到底会使用有线网卡，还是会使用无线网卡？答案是："自动"！也就是说，虚拟机会自动检测你的真实机使用的是哪块网卡，如果检测到使用有线网卡，虚拟机会使用有线网卡；反之，会使用无线网卡。

第2章 好的开始是成功的一半：Linux 系统安装

但是，自动检测非常不准确，经常会导致虚拟机不能进行正常网络通信，因此我们需要手动指定桥接的网卡。如果你的真实机正在使用有线网卡，虚拟机需要桥接到有线网卡！如果真实机正在使用无线网卡，则虚拟机需要桥接到无线网卡！

笔者的真实机主要使用的是无线网卡，我们来配置虚拟机如何桥接到无线网卡：打开虚拟机→点击"编辑"→"虚拟网络编辑器"→"更改设置"（得到管理员权限），如图 2-68 所示。

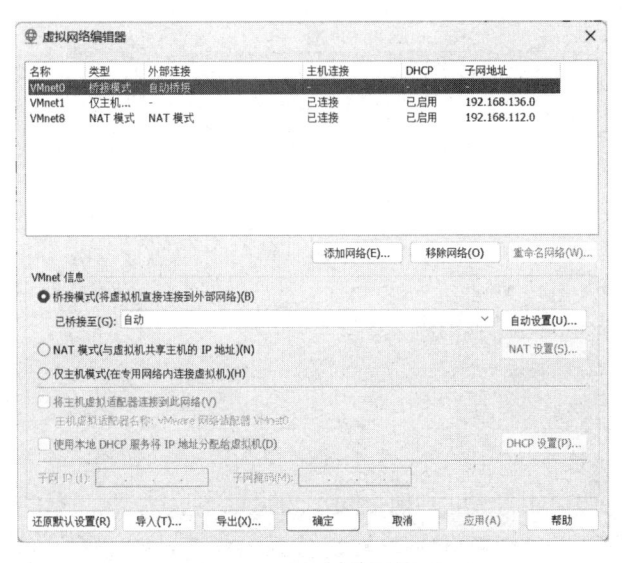

图 2-68 虚拟网络编辑器

其中，VMnet0 就是桥接网卡，我们能看到桥接模式默认显示"已桥接至：自动"。自动选项容易出问题，我们需要手动桥接到无线网卡（如果您的计算机使用的是有线网卡，则需要桥接到有线网卡），如图 2-69 所示。

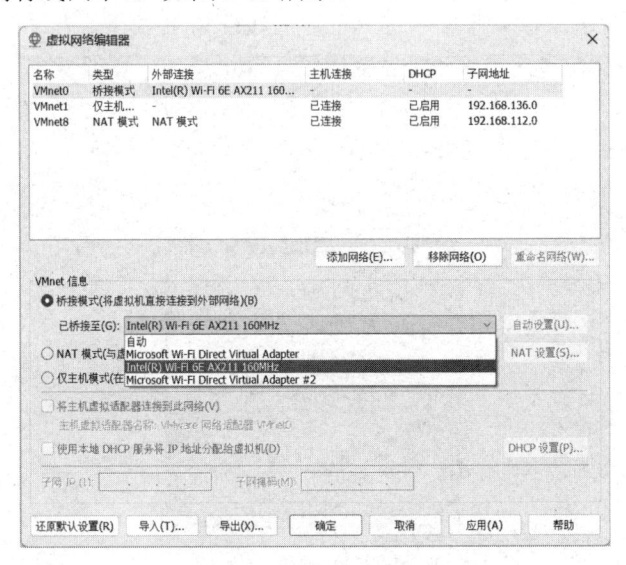

图 2-69 桥接到无线网卡

笔者的无线网卡名称是"Inter(R)Wi-FI 6E AX211 160MHz",点击"选择"按钮,不要忘记点击"确定"按钮。

不同计算机的无线网卡名称不一样,可以在 Windows 的"网络和 Internet 设置"中查询。

3. 配置虚拟机的 IP 地址

(1) 虚拟机 IP 地址信息。

计算机连接网络,需要正确地配置"IP 地址""子网掩码""网关""DNS 地址"这四个网络地址信息。在笔者的计算机中(不同计算机配置会发生变化),这四个网络地址可以这样配置。

- IP 地址:192.168.50.148。IP 地址的前三组数字 192.168.50(大家自己的真实机查询出网段是什么,这里就配置什么,每个人不一样),必须和真实机一致,这也是提前查询真实机 IP 地址的原因。最后一组数字 148,不能和局域网内其他计算机相同,可用范围是 1~254(0 是网络地址,255 是单网段广播地址,都不能使用),否则四组地址都一样,会发生 IP 地址冲突。
- 子网掩码:255.255.255.0。如果不进行子网掩码划分,那么 C 类 IP 的默认子网掩码就是 255.255.255.0,大家都按照此配置即可。
- 网关:192.168.50.1。网关一般是当前网段的第一个 IP(就是 Wi-Fi 路由器的 IP 地址)。网关的网段(也就是 IP 地址的前三组数字)必须和真实机网段一致。
- DNS 地址:8.8.8.8。DNS 地址可以自行配置,只要能用即可。

(2) nmtui 工具。

在 Linux 中,永久配置 IP 地址信息,需要修改网卡配置文件/etc/NetworkManager/system-connections/ens33.nmconnection,但是根据我们当前所学的知识,还不能手动修改此网卡配置文件。

那怎么办呢?Linux 准备了窗口模式的工具来配置 IP 地址,方便使用。从 CentOS 7.x 开始,网卡的图形化配置工具从 setup 变成了 nmtui 工具。在低版本的 CentOS 7.x 中,最小安装并不包含 nmtui 工具,需要单独安装 NetworkManager-tui 软件包;而在 Rocky Linux 9.x 中,nmtui 工具已经安装了,不再需要手动安装。

在 Linux 命令行中,直接运行 nmtui 工具,会开启一个图形化工具,如图 2-70 所示。

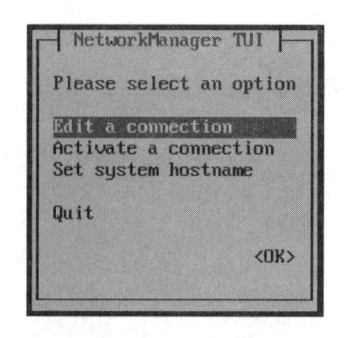

图 2-70 nmtui 界面

在这个工具中，有以下几个选项：
- Edit a connection（编辑连接）：这就是配置网络参数，如 IP 地址、子网掩码、网关、DNS 的地方。
- Activate a connection（启用连接）：这是激活网卡的选项。
- Set system hostname（设置系统主机名）：这是设置系统主机名的选项。

我们选择"Edit a connection（编辑连接）"，会进入网卡选择界面，如图 2-71 所示。

在 Rocky Linux 中，网卡默认文件名为"ens33"，在网卡上按回车键，会进入编辑连接界面，如图 2-72 所示。

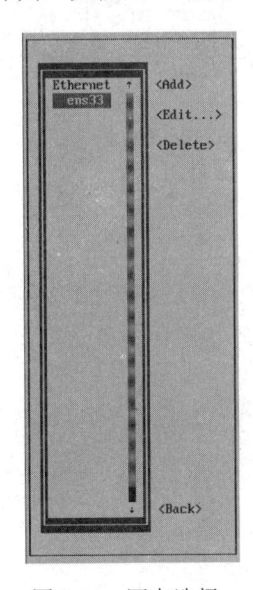

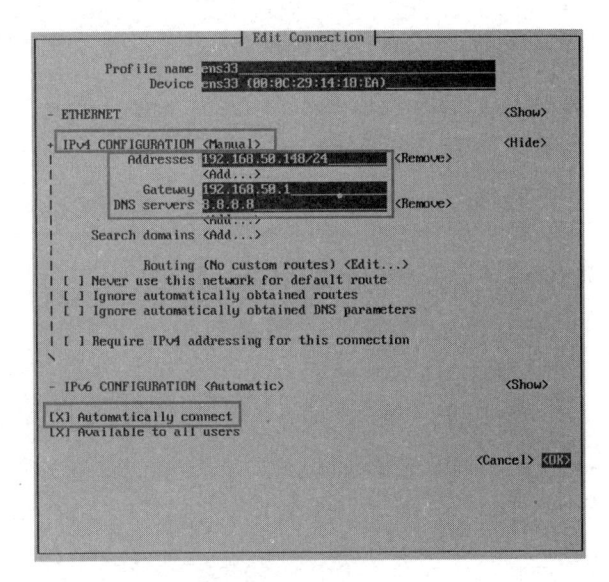

图 2-71　网卡选择　　　　图 2-72　编辑连接

在编辑连接界面中，与 Windows 类似，配置合理的 IP 地址、子网掩码、网关、DNS 等网络参数。我们只需要修改以下三个位置即可（方框标注位置）。
- IPv4 CONFIGURATION（IPv4 配置）：这里配置网卡连接方式，从"Automatic（自动配置）"修改为"Manual（手动配置）"。
- Addresses（IP 地址）：这里配置合理的 IP 地址，但是子网掩码采用了"/24"的方式表示，"/24"代表的就是 255.255.255.0 这个子网掩码。"/24"是网络设备对子网掩码的标准表示方式，代表连续的 24 个 1（255 换算成二进制是 11111111，3 个 255 就是 24 个连续的 1）。这里还要配置网关和 DNS。
- Automatically connect（自动连接）：这里代表的是激活此网卡的意思，按空格选择。如果选择了这里，一会儿就不需要单独激活了。

配置完成之后，按"Tab"键选择"OK"按钮，会返回"网卡选择界面"，再选择"Back"按钮，会返回"nmtui"界面。我们既然已经选择了"Automatically connect（自动连接）"，就不用单独激活网卡了，选择"quit"按钮，返回命令行界面。

（3）读取网卡配置文件，生效 IP 地址。

接下来需要执行以下命令：

```
[root@localhost ~]# nmcli connection load /etc/NetworkManager/system-connections/
ens33.nmconnection
#读取网卡配置文件
[root@localhost ~]# nmcli connection up ens33
#启动网卡，使配置文件生效
[root@localhost ~]# ifconfig
#查询 IP 地址是否生效，我们可以看到加粗的位置，IP 已经生效
ens33: flags=4163<UP,BROADCAST,RUNNING,MULTICAST>  mtu 1500
        inet 192.168.50.148  netmask 255.255.255.0  broadcast 192.168.50.255
        inet6 fe80::20c:29ff:fe14:18ea  prefixlen 64  scopeid 0x20<link>
        ether 00:0c:29:14:18:ea  txqueuelen 1000  (Ethernet)
        RX packets 2689  bytes 356805 (348.4 KiB)
        RX errors 0  dropped 0  overruns 0  frame 0
        TX packets 1124  bytes 99109 (96.7 KiB)
        TX errors 0  dropped 0  overruns 0  carrier 0  collisions 0

lo: flags=73<UP,LOOPBACK,RUNNING>  mtu 65536
        inet 127.0.0.1  netmask 255.0.0.0
        inet6 ::1  prefixlen 128  scopeid 0x10<host>
        loop  txqueuelen 1000  (Local Loopback)
        RX packets 56  bytes 8492 (8.2 KiB)
        RX errors 0  dropped 0  overruns 0  frame 0
        TX packets 56  bytes 8492 (8.2 KiB)
        TX errors 0  dropped 0 overruns 0  carrier 0  collisions 0
```

（4）使用 Xshell 登录 Linux。

打开 Xshell 工具，选择工具栏中"文件"选项→点击"新建"，打开"新建会话属性"对话框，如图 2-73 所示。

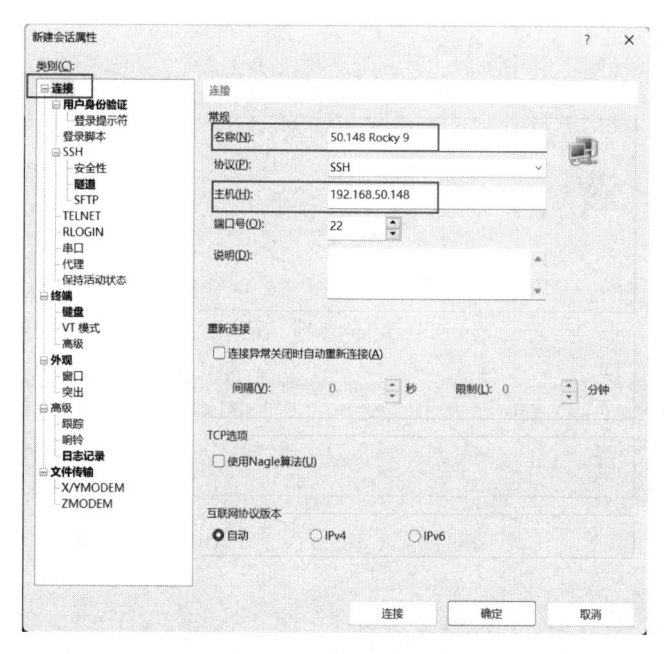

图 2-73 "新建会话属性"对话框

在此界面中，主要编辑以下内容（方框标注位置）。

- 名称：用于区分不同的远程连接，可以自定义。
- 主机：指定被连接主机的 IP 地址。我们这里需要连接虚拟机，因此指定的 IP 是 192.168.50.148。

接下来，点击"用户身份验证"选项，如图 2-74 所示。

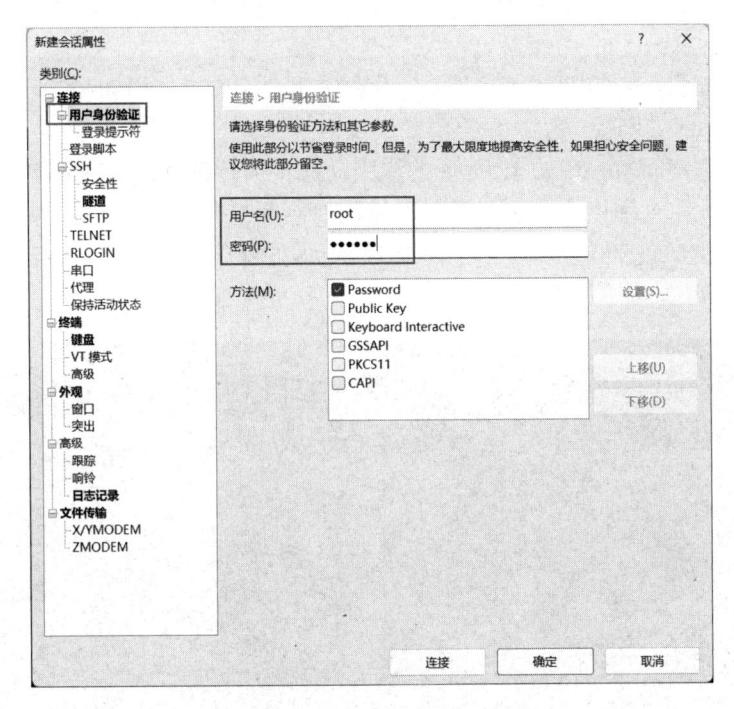

图 2-74 "用户身份验证"选项

在这里，我们输入 Linux 的"用户名"和"密码"，点击"连接"按钮就可以登录 Linux 系统了。第一次登录的时候，需要下载 Linux 的公钥，点击"接受并保存"按钮即可。

这时候，我们就可以使用 Xshell 来远程管理 Linux 虚拟机了。远程工具有很多优点，比如，可以调整字体大小、调整背景颜色，以及从真实机复制粘贴数据。这些功能都是非常常用的功能，而且并不难理解，此处不再赘述，大家自己来研究一下吧！

总结一下桥接模式的配置步骤，共三步。

- 查询真实机 IP 地址。
- 虚拟机网络连接模式设置为：桥接模式。
- 设置虚拟机 IP 地址。在设置时注意虚拟机 IP 地址网段必须和真实机 IP 地址网段一致。

Xshell 工具的使用是远程工具的使用，可以不把 Xshell 工具的使用当成桥接配置的步骤之一。

2.5.3 虚拟机 NAT 模式配置

我们来学习一下虚拟机 NAT 模式的配置方式。刚刚我们总结了桥接模式的配置步骤，其实 NAT 模式的配置步骤和桥接模式基本一致，只是细节位置不一样，我们来学习一下。

NAT 模式的配置，也是三个步骤。

（1）查询 VMnet8 的 IP 地址。

我们已经知道，NAT 模式连接的是 VMnet8 网卡，如果使用 NAT 模式，虚拟机的网段需要和 VMnet8 的网段一致，而不再是真实网卡了。

需要大家查询 VMnet8 的 IP 地址的原因：每个人计算机中的这个 IP 地址都是不同的，需要按照大家查询出的地址配置，不能照抄笔者的配置。

这时就需要查询 VMnet8 网卡的 IP 地址，查询方法同样是在 Windows 命令行界面中执行 ipconfig 命令，如图 2-75 所示。

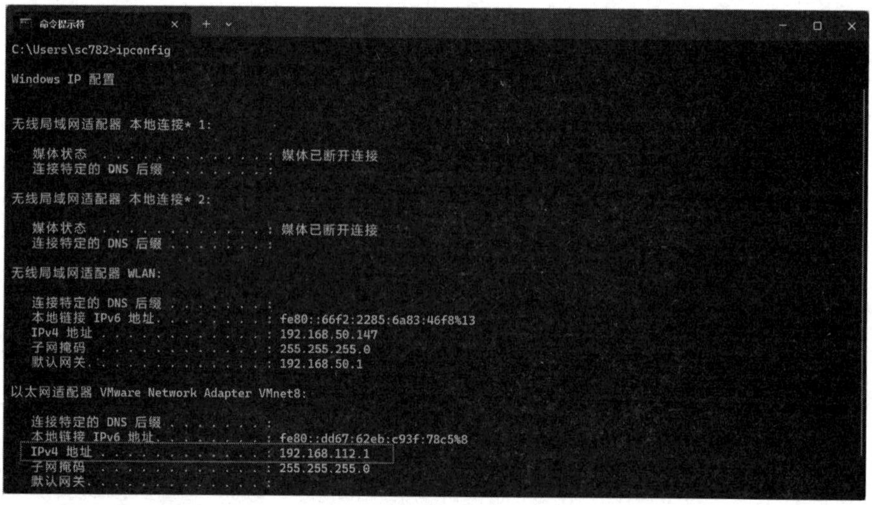

图 2-75 VMnet8 的 IP 地址

我们可以确认 VMnet8 网卡的地址是：192.168.112.1（方框标注位置）。

（2）虚拟机网络连接模式设置为：NAT 模式。

打开虚拟机→点击"虚拟机"→"设置"→"网络适配器"→选择"网络连接"为"NAT 模式"→"确定"，如图 2-76 所示。

（3）设置虚拟机 IP 地址。

这里需要注意，我们设置的虚拟机 IP 地址网段，必须和 VMnet8 的 IP 地址网段一致。也就是说 VMnet8 的 IP 地址是 192.168.112.1，那么虚拟机的 IP 地址的前三组数字，必须是 192.168.112，但是最后一组数字范围是 3～254（1 被 VMnet8 占用，2 被网关占用）。

下面是笔者打算配置的 IP 地址信息。

- IP 地址：192.168.112.148。每个人的网段不一样，需要按照你查询出的 VMnet8 地址配置网段。

第 2 章 好的开始是成功的一半：Linux 系统安装

图 2-76 NAT 模式

- 子网掩码：255.255.255.0。这是 C 类 IP 地址的默认子网掩码，如果不进行子网掩码划分，就采用这个掩码。
- 网关：192.168.112.2。这是虚拟机自己决定的，如果没有特殊需求，就是"2"这个 IP。
- DNS：8.8.8.8。这个 DNS 地址可以按照习惯自定义，如果你不知道它的作用，照此进行 IP 配置即可。

设置如图 2-77 所示。

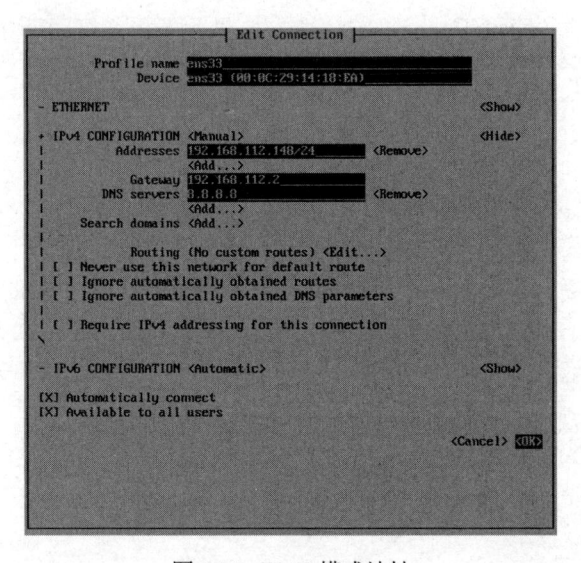

图 2-77 NAT 模式地址

配置完成之后，同样需要执行启动网卡的命令：

```
[root@localhost ~]# nmcli connection load /etc/NetworkManager/system-connections/ens33.nmconnection
#读取网卡配置文件
[root@localhost ~]# nmcli connection up ens33
#启动网卡，使配置文件生效
[root@localhost ~]# ifconfig
#查询 IP 地址。粗体位置可以看到 IP 地址生效
ens33: flags=4163<UP,BROADCAST,RUNNING,MULTICAST>  mtu 1500
        inet 192.168.112.148  netmask 255.255.255.0  broadcast 192.168.112.255
        inet6 fe80::20c:29ff:fe14:18ea  prefixlen 64  scopeid 0x20<link>
        ether 00:0c:29:14:18:ea  txqueuelen 1000  (Ethernet)
        RX packets 2966  bytes 392582 (383.3 KiB)
        RX errors 0  dropped 0  overruns 0  frame 0
        TX packets 1273  bytes 114568 (111.8 KiB)
        TX errors 0  dropped 0 overruns 0  carrier 0  collisions 0

lo: flags=73<UP,LOOPBACK,RUNNING>  mtu 65536
        inet 127.0.0.1  netmask 255.0.0.0
        inet6 ::1  prefixlen 128  scopeid 0x10<host>
        loop  txqueuelen 1000  (Local Loopback)
        RX packets 64  bytes 9256 (9.0 KiB)
        RX errors 0  dropped 0  overruns 0  frame 0
        TX packets 64  bytes 9256 (9.0 KiB)
        TX errors 0  dropped 0 overruns 0  carrier 0  collisions 0
```

这时 NAT 模式连接就配置完成了。由于 IP 地址发生了变化，Xshell 需要重新建立连接，才能重新连接。

仅主机模式配置和 NAT 模式基本一致，只是连接的网卡变成了 VMnet1 网卡，因此需要查询的地址变成了查询 VMnet1 的地址。这里就不再详细说明了。

2.6 本章小结

本章详细讲解了虚拟机的安装使用、Linux 的光盘安装方式、Linux 的 U 盘安装方式，以及远程工具的连接使用。

其中，难点内容应该是 Linux 系统分区和 Linux 的 IP 地址配置。Linux 系统分区我们讲解得稍微深入了一些，这样有利于后续相关知识解释原理，而不只是死记硬背。IP 地址配置主要难在绝大多数初学者的网络基础知识相对匮乏，这部分知识需要大家自己进行学习。

第 3 章　新手宝典：给初学者的 Linux 服务器管理建议

学前导读

新手学习 Linux 最容易出现的问题是，总带着 Windows 的思维来看待 Linux 的学习，结果差之毫厘，谬以千里。

对新手来说，服务器总带着那么一点儿神秘色彩。维护服务器最怕的是什么？其实，往往不是黑客的攻击，不是病毒和木马，而是管理员的误操作。

一个初学者，可怕的不是无知，而是不知道危险在哪里。

在本章中，笔者会给 Linux 初学者一些服务器管理和维护的建议。记住，人能学会的往往不是经验，而是教训，但是对于管理服务器，你失误的机会很可能没有那么多……

3.1　初识 Windows 和 Linux 的区别

Windows 和 Linux 的区别，肯定不是我们总结的这几个。我们总结的是初学者最容易混淆或者问得最多的问题，提前进行一下说明，便于大家对 Linux 有一个初步的认知。

1．Linux 严格区分大小写

Linux 是严格区分大小写的，这一点和 Windows 不同，所以操作时要注意区分大小写，包括文件名和目录名、命令、命令选项、配置文件设置选项等。

2．Linux 中所有内容以文件形式保存，包括硬件设备

Linux 中所有内容都是以文件的形式保存和管理的，硬件设备也是文件，这和 Windows 完全不同，Windows 是通过设备管理器来管理硬件的。Linux 的设备文件保存在/dev/目录中，硬盘文件是/dev/sd[a-p]，光盘文件是/dev/hdc 等。

总结下来就一句话：在 Linux 中，一切皆文件。

3．Linux 不依靠扩展名区分文件类型

Windows 是依赖扩展名区分文件类型的，比如，".txt"是文本文件、".exe"是执行文件、".ini"是配置文件、".mp4"是小电影等。但 Linux 不是靠扩展名来区分文件类型的，而是靠权限位标识来确定文件类型的，而且文件类型的种类也不像 Windows 中那么多，常见的文件类型只有普通文件、目录、链接文件、块设备文件、字符设备文件等。Linux 的可执行文件不过就是普通文件被赋予了可执行权限而已。

但 Linux 中的一些特殊文件还要求写"扩展名",但是大家要小心,并不是 Linux 一定要靠扩展名来识别文件类型,写扩展名是为了帮助管理员来区分不同的文件类型。这样的文件扩展名主要有以下几种。

- 压缩包:Linux 下常见的压缩文件名有*.gz、*.bz2、*.zip、*.tar.gz、*.tar.bz2、*.tgz 等。为什么压缩包一定要写扩展名呢?其实很好理解,如果不写清楚扩展名,那么管理员不容易判断压缩包的格式,虽然有命令可以帮助判断,但是直观一点更加方便。另外,就算没写扩展名,在 Linux 中一样可以解压缩,不影响使用。
- 二进制软件包:CentOS 中所使用的二进制安装包是 RPM 包,所有的 RPM 包都用".rpm"扩展名结尾,目的同样是让管理员一目了然。
- 程序文件:Shell 脚本一般用"*.sh"扩展名结尾,其他还有用"*.c"扩展名结尾的 C 语言文件等。
- 网页文件:网页文件一般使用"*.html""*.php"等结尾,不过这是网页服务器的要求,而不是 Linux 的要求。

总体来说,我们还是建议在 Linux 中写入扩展名,这并不是 Linux 的强制要求,而是方便用户来进行使用。

4.Linux 中所有的存储设备都必须在挂载之后才能使用

Linux 中所有的存储设备都有自己的设备文件名,这些设备文件必须在挂载之后才能使用,包括硬盘、U 盘和光盘。挂载其实就是给这些存储设备分配盘符,只不过 Windows 中的盘符用英文字母表示,而 Linux 中的盘符则是一个已经建立的空目录。我们把这些空目录叫作挂载点(可以理解为 Windows 的盘符),把设备文件(如/dev/sdb)和挂载点(已经建立的空目录)连接的过程叫作挂载。这个过程是通过挂载命令实现的,具体的挂载命令请参阅第 9 章。

5.Windows 下的程序不能直接在 Linux 中使用

Linux 和 Windows 是不同的操作系统,可以安装和使用的软件也是不同的,所以能够在 Windows 中安装的软件是不能在 Linux 中安装的。这样做有好处吗?当然有,那就是能够感染 Windows 的病毒和木马都对 Linux 无效。这样做有坏处吗?也有,那就是所有的软件要想在 Linux 中安装,必须单独开发针对 Linux 的版本,或者依赖模拟器软件运行。

很多软件也会同时推出针对 Windows 和 Linux 的版本,如大家熟悉的即时通信软件 QQ。

3.2 Linux 服务器的管理和维护建议

下面这些服务器操作规范和建议初学者可能不容易看懂,因为我们还没有完整地学习一遍 Linux,但是这些经验之谈对服务器的管理和维护都非常重要,大家可以在阅读完本书后,再回过头来阅读这部分内容,一定会有新的体验。当然,限于我们的知识和能力,这些地方也可能有疏漏和不足,欢迎大家指正。

1．了解 Linux 目录结构

Linux 是一个非常严谨的操作系统，每个目录对存放何种文件都有明确的要求。作为管理员，首先要了解这些目录的作用，然后严格按照目录要求进行操作。

Linux 中的目录有很多，在此列出根目录下主要的一级目录和几个常见的二级目录的作用，如表 3-1 所示。

表 3-1 常见目录的作用

目录名	目录的作用
/	根目录。Linux 最高一级目录
/bin/	存放系统命令的目录，普通用户和超级用户都可以执行。是/usr/bin/目录的软链接
/sbin/	存放系统命令的目录，只有超级用户才可以执行。是/usr/sbin/目录的软链接
/usr/bin/	存放系统命令的目录，普通用户和超级用户都可以执行
/usr/sbin/	存放系统命令的目录，只有超级用户才可以执行
/boot/	系统启动目录。保存与系统启动相关的文件，如内核文件和启动引导程序（grub）文件等
/dev/	设备文件保存位置
/etc/	配置文件保存位置。系统内所有采用默认安装方式（rpm 安装）的服务配置文件全部保存在此目录中，如用户信息、服务的启动脚本、常用服务的配置文件等
/home/	普通用户的家目录。在创建用户时，每个用户要有一个默认登录和保存自己数据的位置，这就是用户的家目录，所有普通用户的家目录是在/home/下建立一个和用户名相同的目录。如用户 user1 的家目录就是/home/user1/
/lib/	系统调用的函数库保存位置。是/usr/lib/的软链接
/lib64/	64 位函数库保存位置。是/usr/lib64/的软链接
/media/	挂载目录。系统建议是用来挂载媒体设备的，如软盘和光盘
/mnt/	挂载目录。早期 Linux 中只有这一个挂载目录，并没有细分。现在系统建议这个目录用来挂载额外的设备，如 U 盘、移动硬盘和其他操作系统的分区
/opt/	第三方安装的软件保存位置。这个目录是放和安装其他软件的位置，源码包都可以安装到这个目录中。不过还是推荐把源码包安装到/usr/local/目录中
/proc/	虚拟文件系统。该目录中的数据并不保存在硬盘上，而是保存在内存中。主要保存系统的内核、进程、外部设备状态和网络状态等。如/proc/cpuinfo 是保存 CPU 信息的，/proc/devices 是保存设备驱动的列表的，/proc/filesystems 是保存文件系统列表的，/proc/net 是保存网络协议信息的，等等
/sys/	虚拟文件系统。和/proc/目录相似，该目录中的数据都保存在内存中，主要保存与内核相关的信息
/root/	root 的家目录。普通用户的家目录在/home/下，root 用户的家目录直接在"/"下
/run/	系统运行时产生的数据，如 ssid、pid 等相关数据。/var/run/是此目录的软链接
/srv/	服务数据目录。一些系统服务启动之后，可以在这个目录中保存所需要的数据
/tmp/	临时目录。系统存放临时文件的目录，在该目录下，所有用户都可以访问和写入。我们建议不要在此目录中保存重要数据，可以将其用于实验
/usr/	系统软件资源目录。注意 usr 不是 user 的缩写，而是 "UNIX Software Resource" 的递归缩写，所以不是存放用户数据的目录，而是存放系统软件资源的目录。/usr/目录是重要的系统目录
/usr/lib/	应用程序调用的函数库保存位置

(续表)

目 录 名	目录的作用
/usr/local/	源码包安装的保存位置。我们一般建议将源码包软件安装在这个位置，例如安装源码包的 Apache，安装目录一般就是/usr/local/apache2/目录
/usr/share/	应用程序的资源文件保存位置。如帮助文档、说明文档和字体目录
/usr/src/	源码包源程序的保存位置。我们手工下载的源码包和内核源码包都可以保存到这里。不过笔者更习惯把手工下载的源码包保存到/usr/local/src/目录中，把内核源码保存到/usr/src/kernels/目录中
/usr/src/kernels/	内核源码保存位置。最小化安装没有安装内核源码包，这个目录是空的
/var/	动态数据保存位置。主要保存缓存、日志，以及软件运行所产生的文件
/var/www/html/	RPM 包安装的 Apache 网页主目录
/var/lib/	程序运行中需要调用或改变的数据保存位置。如 MySQL 的数据库保存在/var/lib/mysql/目录中
/var/lib/mysql/	RPM 包安装的 MySQL 数据库保存位置
/var/log/	系统日志保存位置
/var/run/	一些服务和程序运行后，它们的 PID（进程 ID）保存位置。是/run/目录的软链接
/var/spool/	放置队列数据的目录。就是排队等待其他程序使用的数据，比如邮件队列和打印队列
/var/spool/mail/	新收到的邮件队列保存位置。系统新收到的邮件会保存在此目录中
/var/spool/cron/	系统的定时任务队列保存位置。系统的计划任务会保存在这里

我们已经了解了 Linux 根目录下主要的一级目录和几个常见的二级目录的作用，建议大家遵守目录规范来管理和使用 Linux 服务器。比如笔者在做实验和练习时，需要创建一些临时文件，应该保存在哪里呢？答案是用户的家目录或/tmp/临时目录。但是要小心有些目录中不能直接修改和保存数据，比如/proc/和/sys/目录，因为它们保存在内存中，如果写入数据，你的内存会越来越小，直至死机；/boot/目录也不能保存额外的数据，因为/boot/分区作为启动分区，本身空间也不大，如果还往/boot/分区中保存额外数据，当没有空闲空间时，就会导致系统不能正常启动，造成严重故障。

总之，Linux 的操作要符合 Linux 目录规范，这是 Linux 中所需遵守的第一项操作规范。

2．远程服务器关机及重启时的注意事项

为什么远程服务器不能关机？很简单，远程服务器没有放置在本地，关机后，谁可以帮你按开机电源键启动服务器？虽然计算机技术日新月异，但是像插入电源和开机这样的工作还是需要手动进行的。如果服务器放在远程 IDC 机房，一旦关机，就只能求助 IDC 机房的管理人员帮你开机了。

远程服务器重启时需要注意两点。

1）远程服务器在重启前，要中止正在执行的服务。

计算机的硬盘最怕在高速存储时断电或重启，非常容易造成硬盘损坏。因此，在重启前先终止你的服务，甚至可以考虑暂时断开对外提供服务的网络。可能你会觉得服务器有这么娇贵吗？我的笔记本电脑经常被强行关机，也没有发现硬盘损坏啊？这是因为你的个人计算机没有很多人访问，强制断电时硬盘并没有进行数据交换。

2）重启命令的选用。

Linux 可以识别的重启命令有很多种，但是建议大家使用"shutdown -r now"命令重启。这条命令在重启时，会正常保存和中止服务器中正在运行的程序，是安全重启命令。而且最好在重启前执行几次"sync"命令，这条命令是数据同步命令，可以让暂时保存在内存中的数据同步到硬盘上。

总之，重启和关机也是服务器需要注意的操作规范，因为不正确的重启和关机造成服务器故障的不在少数。

3．不要在服务器访问高峰时运行高负载命令

这一点大家很好理解，在服务器访问高峰，如果使用一些对服务器压力较大的命令，则有可能会造成服务器响应缓慢甚至死机。

哪些命令是高负载命令呢？其实，如果大家使用过 Windows 操作系统，则也会留意到一些操作会给计算机带来较大的运算压力，道理都是一样的，如复制大量的数据、压缩或者解压缩大文件、大范围的硬盘搜索等。

什么时间算访问高峰期呢？我们一般认为 17:00-24:00 算访问高峰期。当然，每台服务器具体提供的服务不同，访问高峰期有时也会有所出入。比如，服务器主要是供美国用户访问的，那就要考虑时差的问题；或者服务器提供的服务很特殊，访问高峰期可能也不同。

一般我们建议在凌晨 4:00-5:00 执行这些命令。我们需要在凌晨上班吗？当然不是……我们可以使用系统的计划任务，让操作自动在指定的时间段执行。

4．远程配置防火墙时，小心自己不要被防火墙封禁

首先要说明一下防火墙是什么、有什么具体的作用。防火墙是指将内网和外网分开，并依照数据包的 IP 地址、MAC 地址、端口号、底层协议和数据包中的数据来判断是否允许数据包通过的网络设备。防火墙可以是硬件防火墙设备，也可以是服务器上安装的防火墙软件。

简单来讲，防火墙就是根据数据包自身的参数来判断是否允许数据包通过的网络设备。我们的服务器要想在公网中安全地使用，就需要使用防火墙过滤有害的数据包。但是在配置防火墙时，如果管理员对防火墙不是很熟悉，就有可能把自己的正常访问数据包和有害数据包全部过滤掉，导致自己也无法正常登录服务器，如防火墙关闭了远程连接的 SSH 服务的端口。

防火墙配置完全是靠手工命令完成的，配置规则和配置命令相对也比较复杂，万一设置的时候心不在焉，悲剧就发生了。

如何避免这种尴尬的情况发生呢？最好的方法当然是在服务器本地配置防火墙，这样就算不小心把自己的远程登录给过滤了，还可以通过本机登录来进行恢复。如果服务器已经在远程登录了，要配置防火墙，最好在本地测试完善后再进行上传，这样会把发生故障的概率降到最低。虽然在本地测试好了，但是传到远程服务器上时仍有可能发生问题。于是笔者想到一个笨办法：如果需要远程配置防火墙，先写一个系统定时任务，

让它每 5 分钟清空一下防火墙规则，就算写错了也还有反悔的机会，等测试没有问题了再删除这个系统定时任务。

总之，大家可以使用各种方法，只要留意不要在配置防火墙时，自己被防火墙封禁。

5．制定合理的密码规范并定期更新

前面我们介绍了设置密码需要遵守复杂性、易记忆性和时效性的三原则，这里就不再重复解释了。

另外，需要注意密码的保存。日常使用的密码，我们最简单的原则是不要写下来。但是我们的服务器可能有很多，不可能所有的服务器都使用同样的密码，最好每台服务器的密码都不尽相同，但是在实际的工作中也不现实。一般的做法是给服务器分类，每类服务器的密码一致，这样可以有效地减少密码的数量。但是在有大量服务器的情况下，密码的数量还是很可怕的。比如，当年笔者从事游戏运维的时候，有超过 2000 台服务器，再加上交换机和路由器等网络设备，虽然采用了每类服务器相同密码的方法，但是密码的总数量还是超过了 100 个……把密码一次性记忆下来基本上是一项不可能完成的任务。该如何保存这些密码呢？只能通过文档来保存，当然这些文档不能是明文保存的，而是要加密的。

总之，合理的密码还要有合适的保存方式，这些在构建服务器架构的时候都是必须考虑的内容。

6．合理分配权限

服务器管理有一个最简单的原则：给予用户最小的权限。

初次接触服务器的人会很困惑，我们所有同事都使用管理员 root 账户登录多好，省的还要学习如何添加用户、设置权限。这样操作，如果是对个人计算机来讲问题不大，如日常使用的 Windows 桌面系统，但如果是服务器，就会出现重大的安全隐患。在实际的工作中，因为给内部员工分配的权限不合理而导致数据泄密，甚至触犯法律的情况屡见不鲜。因此，在服务器上，合理的权限规划必不可少！就算只有你是这台服务器的 root，我们也建议在管理服务器时，能使用普通用户完成的操作都建议使用普通用户完成，确实完成不了的操作要么进行授权，要么再切换到 root 执行。因为 Linux 上的 root 用户权限实在过大，一旦误操作，后果很严重。

在实际的工作中，越是重要的服务器，对权限的管理越严格。原则上，在能够完成工作的前提下，分配的权限越小越安全。当然，权限越小，你需要做的规划和权限分配任务就越多，但是服务器也越可靠。

7．定期备份重要数据和日志

没有备份的服务器，就是行走在悬崖的边缘！

有的人，手机坏了或丢了，通讯录就没了；自己电脑的硬盘坏了，上面的资料就再也找不到了，没有备份的意识。个人的损失往往可以承受，但是公司服务器的损失可能会非常惊人。

有的人知道备份重要，但是因为懒惰或忘记，结果后悔莫及。很多事情都是知易行

难的，备份来不得半点侥幸心理。如果公司的主要盈利项目是在互联网上的业务，数据的丢失就有可能造成公司的直接利益损失。

3.3　本章小结

通过本章的学习，大家了解了 Linux 与 Windows 在使用上的不同，诸如 Linux 严格区分大小写、Linux 上一切皆文件等概念会贯穿我们后续的学习；粗略了解了 Linux 主要的目录结构，知道了 Linux 操作过程中的数据存储、使用规则和建议；了解了 Linux 服务器管理和维护过程中需要注意的各种事项。

第4章 万丈高楼平地起：Linux 常用命令

学前导读

学习 Linux 需要掌握众多命令，这是很多习惯 Windows 系统操作的朋友感觉最困难的地方，更何况 Linux 的命令众多，初学者往往浅尝辄止、望而却步。

分享经验的意义就在于，我们可以告诉你初学时需要掌握的命令、选项、参数，而不需要你准备一本 Linux 命令字典。本章旨在讲解学习 Linux 初期最常使用的命令，也是学习 Linux 的基础。从图形操作一下子变成命令行操作，初学者可能会不太适应，但这是学习 Linux 的必经之路。

4.1 命令基本格式说明

从这一章开始，我们不会再看到图形界面了，接下来我们要专注学习命令行界面了。对服务器来讲，图形界面会占用更多的系统资源，而且会安装更多的服务、开放更多的端口，这对服务器的稳定性和安全性都有负面影响。其实，服务器是一个连显示器都没有的家伙，要图形界面干什么呢？

说到这里，有很多人会很崩溃。笔者就经常听到有人说 Linux 是落后于时代的"老古董"，其实，对服务器来讲，稳定性、可靠性、安全性才是最主要的。而简单易用不是服务器需要考虑的事情，因此学习 Linux，这些枯燥的命令是必须学习和记忆的内容。

4.1.1 命令提示符

登录系统后，第一眼看到的内容是：

```
[root@localhost ~]#
```

这就是 Linux 系统的命令提示符。那么，这个提示符的含义是什么呢？
- []：这是提示符的分隔符号，没有特殊含义。
- root：显示的是当前的登录用户，笔者现在使用的是 root 用户登录。
- @：分隔符号，没有特殊含义。
- localhost：当前系统的简写主机名（完整主机名是 localhost.localdomain）。
- ~：代表用户当前所在的目录，代表家目录的意思。
- #：命令提示符，Linux 用这个符号标识登录的用户权限等级。如果是超级用户，提示符就是"#"；如果是普通用户，提示符就是"$"。

家目录是什么？Linux 系统是纯字符界面，用户登录后，要有一个初始登录的位置，这个初始登录位置就称为用户的家。超级用户的家目录是/root/。普通用户的家目录是/home/用户名/。

用户在自己的家目录中拥有完整权限，因此我们也建议操作实验可以放在家目录中进行。我们切换一下用户所在目录，看看有什么效果。

```
[root@localhost ~]# cd /usr/local/
[root@localhost local]#
```

仔细看，如果切换用户所在目录，那么命令提示符中的"~"会变成用户当前所在目录的最后一个目录（不显示完整的所在目录/usr/local/，只显示最后一个目录local）。

4.1.2 命令的基本格式

接下来看看 Linux 命令的基本格式：

```
[root@localhost ~]# 命令 [选项] [参数]
```

命令格式中的[]代表可选项，也就是有些命令可以不写选项或参数也能执行。那么，我们就用 Linux 中最常见的 ls 命令来解释一下命令的格式。如果按照命令的分类，那么 ls 命令应该属于目录操作命令。

```
[root@localhost ~]# ls
anaconda-ks.cfg
```

1．选项的作用

ls 命令之后不加选项和参数也能执行，不过只能执行最基本的功能，即显示当前目录录下的文件名。那么加入一个选项，会出现什么结果呢？

```
[root@localhost ~]# ls -l
总用量 4
-rw-------. 1 root root 1066 5月 18 19:45 anaconda-ks.cfg
```

如果加一个"-l"选项，则可以看到显示的内容明显增多了。"-l"是长格式（long list）的意思，也就是显示文件的详细信息。至于"-l"选项的具体含义，我们稍后再详细讲解。可以看到选项的作用是调整命令功能。如果没有选项，那么命令只能执行最基本的功能；而一旦有选项，则可以显示更加丰富的数据。

Linux 的选项又分为短格式选项（-l）和长格式选项（--all）。短格式选项是英文的简写，一般用一个减号调用，例如：

```
[root@localhost ~]# ls -l
```

而长格式选项是英文完整单词，一般用两个减号调用，例如：

```
[root@localhost ~]# ls --all
```

一般情况下，短格式选项是长格式选项的缩写，也就是一个短格式选项会有对应的长格式选项。当然也有例外，比如 ls 命令的短格式选项"-l"就没有对应的长格式选项。具体的命令选项可以通过后面我们要学习的帮助命令来进行查询。

2．参数的作用

参数是命令的操作对象，一般文件、目录、用户和进程等可以作为参数被命令操作。例如：

```
[root@localhost ~]# ls -l anaconda-ks.cfg
总用量 4
-rw-------. 1 root root 1453 10月 24 00:53 anaconda-ks.cfg
```

但是为什么一开始 ls 命令可以省略参数？那是因为有默认参数。命令一般都需要加入参数，用于指定命令操作的对象是谁。如果可以省略参数，则一般都有默认参数。例如：

```
[root@localhost ~]# ls
anaconda-ks.cfg
```

这个 ls 命令后面没有指定参数，默认参数是当前所在位置，因此会显示当前目录下的文件名。

总结一下：命令的选项用于调整命令功能，而命令的参数是这个命令的操作对象。

4.2 目录操作命令

Linux 中目前可以识别的命令有上万条，如果没有分类，那么学习起来一定痛苦不堪。所以我们把命令进行分类，主要是为了方便学习和记忆。我们先来学习最为常用的与目录相关的操作命令。

4.2.1 ls 命令

ls 是最常见的目录操作命令，主要作用是显示目录下的内容。这个命令的基本信息如下。
- 命令名称：ls。
- 英文原意：list directory contents。
- 所在路径：/usr/bin/ls。
- 执行权限：所有用户。
- 功能描述：列出目录下的内容。

对命令的基本信息进行说明：英文原意有助于理解和记忆命令；所在路径可以帮助判断是所有用户可以执行，还是只有超级用户可以执行；执行权限是命令只能被超级用户执行，还是可以被所有用户执行；功能描述指的是这个命令的基本作用。

本章主要讲解基本命令，基本信息有助于大家记忆，本章所有命令都会加入命令的基本信息。在后续章节中，大家要学会通过帮助命令、搜索命令来自己查询这些信息，此处不再赘述。

1. 命令格式

```
[root@localhost ~]#ls [选项] [文件名或目录名]
选项：
    -a:显示所有文件
    --color=when:支持颜色输出，when 的值默认是 always（总显示颜色），也可以是
                never（从不显示颜色）和 auto（自动）
    -d: 显示目录信息，而不是目录下的文件
```

```
-h：人性化显示，按照我们习惯的单位显示文件大小
-i：显示文件的 I 节点号
-l：长格式显示
```

学习命令，主要学习的是命令选项，但是每个命令的选项非常多，比如 ls 命令就支持五六十个选项，我们不可能讲解每个选项，也没必要讲解每个选项，本章只能讲解最为常用的选项，即可满足我们日常操作使用。

2. 常见用法

例子 1："-a"选项

-a 选项中的 a 是 all 的意思，也就是显示隐藏文件。例如：

```
[root@localhost ~]# ls
anaconda-ks.cfg
#ls 命令只能看到 anaconda-ks.cfg 一个文件
[root@localhost ~]# ls -a
. .. anaconda-ks.cfg .bash_history .bash_logout .bash_profile .bashrc
.cshrc .lesshst .tcshrc .viminfo
#而 ls -a 可以看到"."开头的隐藏文件
```

可以看到，加入"-a"选项后，显示出来的文件明显变多了。而多出来的这些文件都有一个共同的特性，就是以"."开头。在 Linux 中以"."开头的文件是隐藏文件，只有通过"-a"选项才能查看。

说到隐藏文件的查看方式，曾经有学生问我："为什么在 Linux 中查看隐藏文件这么简单？倘若如此，隐藏文件还有什么意义呢？"其实，他理解错了隐藏文件的含义。隐藏文件不是为了把文件藏起来不让其他用户找到，而是为了告诉用户这些文件都是重要的系统文件，如非必要，不要乱动！因此，不论是 Linux 还是 Windows 都可以非常简单地查看隐藏文件，只是在 Windows 中绝大多数的病毒和木马都会把自己变成隐藏文件，给用户带来了错觉，以为隐藏文件是为了不让用户发现。

例子 2："-l"选项

```
[root@localhost ~]# ls -l
总用量 4
-rw-------. 1 root root 1453 10月 24 00:53 anaconda-ks.cfg
#权限      引用计数 所有者 所属组 大小 文件修改时间     文件名
```

我们已经知道"-l"选项用于显示文件的详细信息，那么"-l"选项显示的这 7 列分别是什么含义呢？

- 第 1 列：权限。具体权限的含义将在 4.5 节中讲解。
- 第 2 列：引用计数。文件的引用计数代表该文件的硬链接（参考 4.3.8 节）个数，而目录的引用计数代表该目录有多少个一级子目录。
- 第 3 列：所有者，也就是这个文件属于哪个用户。默认所有者是文件的建立用户。
- 第 4 列：所属组。默认所属组是文件建立用户的有效组，一般情况下就是建立用户的所在组。指定文件的所有者和所属组，是为了指定文件的基本权限，便于文件的管理。
- 第 5 列：大小。默认单位是字节。

- 第 6 列：文件修改时间。文件状态修改时间或文件数据修改时间都会更改这个时间，注意这个时间不是文件的创建时间。
- 第 7 列：文件名。

例子 3："-d"选项

如果我们想查看某个目录的详细信息，例如：

```
[root@localhost ~]# ls -l /root
总用量 4
-rw-------. 1 root root 1066  5月 18 19:45 anaconda-ks.cfg
```

这个命令会显示目录下的内容，而不会显示这个目录本身的详细信息。如果想显示目录本身的信息，就必须加入"-d"选项。

```
[root@localhost ~]# ls -ld /root
dr-xr-x---. 2 root root 167  6月  2 11:03 /root
#查看目录本身详细信息，而不是查看目录下的内容
```

例子 4："-h"选项

"ls -l"显示的文件大小是字节，但是我们更加习惯的是千字节用 KB 显示，兆字节用 MB 显示，而"-h"选项就是按照人们习惯的单位显示文件的大小，例如：

```
[root@localhost ~]# ls -lh
总用量 4.0K
-rw-------. 1 root root 1.5K 10月 24 00:53 anaconda-ks.cfg
```

例子 5："-i"选项

每个文件都有一个被称作 Inode（I 节点）的隐藏属性，可以看成系统搜索这个文件的 ID，而"-i"选项就是用来查看文件的 Inode 号的，例如：

```
[root@localhost ~]# ls -i
33574991 anaconda-ks.cfg
```

从理论上来说，每个文件的 Inode 号都是不一样的，当然也有例外（如硬链接）。

4.2.2　cd 命令

cd 是切换所在目录的命令，这个命令的基本信息如下。

命令名称：cd。
英文原意：Change the current directory to dir。
所在路径：Shell 内置命令。
执行权限：所有用户。
功能描述：切换当前目录。

Linux 的命令按照来源方式分为两种：Shell 内置命令和外部命令。所谓 Shell 内置命令，就是 Shell 自带的命令，这些命令是没有单独的执行文件的；而外部命令就是由程序员单独开发的，是外来命令，因此会有命令的执行文件。Linux 中的绝大多数命令是外部命令，而 cd 命令是一个典型的 Shell 内置命令，因此 cd 命令没有执行文件所在路径。

1．命令格式

```
[root@localhost ~]#cd [目录名]
```

cd命令是一个非常简单的命令,仅有的两个选项-P和-L的作用非常有限,很少使用。-P(大写)是指如果切换的目录是软链接目录,则进入其原始的物理目录,而不是进入软链接目录;-L(大写)是指如果切换的目录是软链接目录,则直接进入软链接目录。

2. 常见用法

例子1:基本用法

cd命令切换目录只需在命令后加目录名称即可。例如:

```
[root@localhost ~]# cd /usr/local/src/
[root@localhost src]#
#进入/usr/local/src/目录
```

通过命令提示符,我们可以确定当前所在目录已经切换。

例子2:简化用法

cd命令可以识别一些特殊符号,用于快速切换所在目录,cd命令的特殊符号如表4-1所示。

表4-1 cd命令的特殊符号

特殊符号	作用	特殊符号	作用
~	代表用户的家目录	.	代表当前目录
-	代表上次所在目录	..	代表上级目录

这些简化用法可以加快命令切换,我们来试试。

```
[root@localhost src]# cd ~
[root@localhost ~]#
```

"cd ~"命令可以快速回到用户的家目录,cd命令直接按回车键也能快速切换到家目录。

```
[root@localhost ~]# cd /etc/
[root@localhost etc]# cd
[root@localhost ~]#
#直接使用cd命令,也回到了家目录
```

再试试"cd -"命令。

```
[root@localhost ~]# cd /usr/local/src/
#进入/usr/local/src/目录
[root@localhost src]# cd -
/root
[root@localhost ~]#
#"cd -"命令回到进入src目录之前的家目录
[root@localhost ~]# cd -
/usr/local/src
[root@localhost src]#
#再执行一遍"cd -"命令,又回到了/usr/local/src/目录
```

再来试试"."和".."。

```
[root@localhost ~]# cd /usr/local/src/
#进入测试目录
[root@localhost src]# cd ..
```

```
#进入上级目录
[root@localhost local]# pwd
/usr/local
#pwd是查看当前所在目录的命令，可以看到我们进入了上级目录/usr/local/
[root@localhost local]# cd .
#进入当前目录
[root@localhost local]# pwd
/usr/local
#这个命令不会有目录的改变，只是告诉大家"."代表当前目录
```

3．绝对路径和相对路径

cd命令本身并不难，但是这里有两个非常重要的概念，就是绝对路径和相对路径。初学者由于对字符界面不熟悉，所以有大量的错误都是对这两个路径没有搞明白，比如进错了目录、打开不了文件、打开的文件和系统文件不一致等。下面我们先来区分一下这两个路径。

首先，我们先要弄明白什么是绝对、什么又是相对。其实我们一直说现实生活中没有绝对的事情，没有绝对的大，也没有绝对的小；没有绝对的快，也没有绝对的慢。这只是由于参照物的不同或认知的局限，导致会暂时认为某些东西可能是绝对的、不能改变的。

但在Linux的路径中是有绝对路径的，那是因为Linux有最高目录，也就是根目录。如果路径是从根目录开始，一级一级指定的，那么使用的就是绝对路径，也就是切换目录的参照物是根目录。例如：

```
[root@localhost ~]# cd /usr/local/src/
[root@localhost src]# cd /etc/rc.d/init.d/
```

这些切换目录的方法使用的就是绝对路径。

所谓相对路径，就是指从当前所在目录开始切换目录，也就是切换目录的参照物是当前所在目录。例如：

```
[root@localhost /]# cd etc/
#当前所在路径是/目录，而/目录下有etc目录，因此可以切换
[root@localhost etc]# cd etc/
-bash: cd: etc/: 没有那个文件或目录
#而同样的命令，因为当前所在目录改变了，所以即使是同一个命令也会报错，除非在/etc/目录中还有一个etc目录
```

虽然绝对路径输入更加烦琐，但是更准确，报错的可能性也更小。对初学者而言，笔者还是建议大家使用绝对路径。本书为了使命令更容易理解，也会尽量使用绝对路径。

再举个相对路径的例子，假设我们当前在root用户的家目录中。

```
[root@localhost ~]#
```

那么，该如何使用相对路径进入/usr/local/src/目录呢？

```
[root@localhost ~]# cd ../usr/local/src/
```

从我们当前所在路径算起，加入".."代表进入上一级目录，而上一级目录是根目录，而根目录中有 usr 目录，就会一级一级地进入 src 目录了。

4.2.3 mkdir 命令

mkdir 是创建目录的命令，其基本信息如下。
- 命令名称：mkdir。
- 英文原意：make directories。
- 所在路径：/usr/bin/mkdir。
- 执行权限：所有用户。
- 功能描述：创建空目录。

1. 命令格式

```
[root@localhost ~]# mkdir [选项] 目录名
选项：
    -p: 递归建立所需目录
```

mkdir 也是一个非常简单的命令，其主要作用就是新建一个空目录。

2. 常见用法

例子 1：建立目录

```
[root@localhost ~]#mkdir cangls
[root@localhost ~]# ls
anaconda-ks.cfg  cangls
```

我们建立一个名为 cangls 的目录，通过 ls 命令可以查看到这个目录已经建立。

注意：我们在建立目录的时候使用的是相对路径，因此这个目录被建立在当前目录下。

例子 2：递归建立目录

如果想建立一串空目录，可以吗？

```
[root@localhost ~]# mkdir lm/movie/jp/cangls
mkdir: 无法创建目录"lm/movie/jp/cangls": 没有那个文件或目录
```

小明想建立一个保存电影的目录，结果这条命令报错，没有正确执行。这是因为这 4 个目录都是不存在的，mkdir 默认只能在已经存在的目录中建立新目录。而如果需要建立一系列的新目录，则需要加入"-p"选项，递归建立才可以。例如：

```
[root@localhost ~]# mkdir -p lm/movie/jp/cangls
[root@localhost ~]# ls
anaconda-ks.cfg  cangls  lm
[root@localhost ~]# ls lm/
movie
#这里只查看一级子目录，其实后续的 jp 目录、cangls 目录都已经建立
```

所谓的递归建立就是一级一级地建立目录。

4.2.4 rmdir 命令

既然有建立目录的命令就一定会有删除目录的命令 rmdir，其基本信息如下。

- 命令名称：rmdir。
- 英文原意：remove empty directories。
- 所在路径：/usr/bin/rmdir。
- 执行权限：所有用户。
- 功能描述：删除空目录。

1. 命令格式

```
[root@localhost ~]# rmdir [选项] 目录名
选项：
    -p: 递归删除目录
```

2. 常见用法

```
[root@localhost ~]#rmdir cangls
```

就这么简单，命令后面加目录名称即可。既然可以递归建立目录，当然也可以递归删除目录。例如：

```
[root@localhost ~]# rmdir -p lm/movie/jp/cangls/
```

但 rmdir 命令的作用十分有限，因为只能删除空目录，所以一旦目录中有内容就会报错。例如：

```
[root@localhost ~]# mkdir test
#建立测试目录
[root@localhost ~]# touch test/boduo
[root@localhost ~]# touch test/longze
#在测试目录中建立两个文件
[root@localhost ~]# rmdir test/
rmdir: 删除 "test/" 失败：目录非空
```

这个命令比较"笨"，所以我们不太常用。后续我们不论删除的是文件还是目录，都会使用 rm 命令（见 4.4.1 节）。

4.2.5 tree 命令

tree 命令以树形结构显示目录下的文件，其基本信息如下。

- 命令名称：tree。
- 英文原意：list contents of directories in a tree-like format。
- 所在路径：/usr/bin/tree。
- 执行权限：所有用户。
- 功能描述：显示目录树。

tree 命令非常简单，用法也比较单一，就是显示目录树，例如：

```
[root@localhost ~]# tree  /etc/
/etc/
├── abrt
│   ├── abrt-action-save-package-data.conf
│   ├── abrt.conf
```

```
|   ├── gpg_keys.conf
|   └── plugins
|       ├── CCpp.conf
|       ├── oops.conf
|       ├── python.conf
|       ├── vmcore.conf
|       └── xorg.conf
├── adjtime
├── aliases
├── aliases.db
……省略部分内容……
```

4.3 文件操作命令

其实计算机的基本操作大多数可以归纳为"增删改查"4 个字，文件操作也不例外。只是修改文件数据需要使用文件编辑器，如 Vim 编辑器，而 Vim 编辑器不是一两句话可以说明白的，我们会在第 5 章中详细讲解。在学习文件操作命令时，如果需要修改文件内容，则会暂时使用"echo 9527>> test"（这条命令会向 test 文件末尾追加一行"9527"数据）这样的方式来修改文件。

4.3.1 touch 命令

touch 的意思是触摸，如果文件不存在，则会建立空文件；如果文件已经存在，则会修改文件的时间戳（访问时间、数据修改时间、状态修改时间都会改变）。千万不要把 touch 命令当成新建文件的命令，牢牢记住这是触摸的意思。这个命令的基本信息如下。

- 命令名称：touch。
- 英文原意：change file timestamps。
- 所在路径：/usr/bin/touch。
- 执行权限：所有用户。
- 功能描述：修改文件的时间戳。

1. 命令格式

```
[root@localhost ~]# touch [选项] 文件名或目录名
选项：
    -a: 只修改文件的访问时间（Access Time）
    -c: 如果文件不存在，则不建立新文件
    -d: 把文件的时间修改为指定的时间
    -m: 只修改文件的数据修改时间（Modify Time）
```

Linux 中的每个文件都有三个时间，分别是访问时间（Access Time）、数据修改时间（Modify Time）和状态修改时间（Change Time）。这三个时间可以通过 stat 命令来进行查看。touch 命令触摸文件后，能修改文件的访问时间，也能修改文件的状态修改时间，还能修改文件的数据修改时间。这里只能理解为 touch 命令的特殊情况，我们讲解 stat 命令时再具体举例。

注意：在 Linux 中，文件没有创建时间（Rocky Linux 9.4 以上的版本，Liunx 开始记录文件的创建时间了）。

2. 常见用法

```
[root@localhost ~]#touch bols
#建立名为 bols 的空文件
```

如果文件不存在就会建立文件。

```
[root@localhost ~]#touch bols
[root@localhost ~]#touch bols
#而如果文件已经存在，那么也不会报错，只是会修改文件的访问时间
```

4.3.2 stat 命令

在 Linux 中，文件有访问时间、数据修改时间和状态修改时间，而没有创建时间。stat 是查看文件详细信息的命令，而且可以看到文件的这三个时间，其基本信息如下。

- 命令名称：stat。
- 英文原意：display file or file system status。
- 所在路径：/usr/bin/stat。
- 执行权限：所有用户。
- 功能描述：显示文件或文件系统的详细信息。

1. 命令格式

```
[root@localhost ~]# stat [选项] 文件名或目录名
选项：
    -f：查看文件所在的文件系统信息，而不是查看文件的信息
```

2. 常见用法

例子 1：查看文件的详细信息

```
[root@localhost ~]# stat anaconda-ks.cfg
  文件: anaconda-ks.cfg
  大小: 1066         块: 8          IO 块: 4096   普通文件
设备: 803h/2051d Inode: 51059886    硬链接: 1
权限: (0600/-rw-------)  Uid: (    0/    root)   Gid: (    0/    root)
环境: system_u:object_r:admin_home_t:s0
最近访问: 2023-05-18 19:45:05.231917324 +0800        →文件访问的时间
最近更改: 2023-05-18 19:45:05.320750840 +0800        →文件数据修改时间
最近改动: 2023-05-18 19:45:05.320750840 +0800        →文件状态修改时间
创建时间: 2023-05-18 19:45:05.231917324 +0800        →文件的建立时间
#如果安装时选择了中文，则很多命令的输出都是中文的，一目了然
```

注意：在 Rocky Linux 9 系统中，终于开始记录文件的创建时间了！这个时间在使用过程中，还是很有用的，但是旧版 Linux 中并不记录创建时间。

第4章 万丈高楼平地起：Linux 常用命令

例子 2：查看文件系统信息

如果使用"-f"选项，就不再是查看指定文件的信息，而是查看这个文件所在文件系统的信息，例如：

```
[root@localhost ~]# stat -f anaconda-ks.cfg
  文件："anaconda-ks.cfg"
    ID: 80300000000 文件名长度: 255      类型: xfs
块大小: 4096        基本块大小: 4096
    块: 总计: 5097728     空闲: 4595693     可用: 4595693
Inodes: 总计: 10200576    空闲: 10154452
```

例子 3：三种时间的含义

stat 命令会看到四种时间，如下所示。

- 最近访问：是文件的最后一次访问时间（Access Time）。
- 最近更改：是文件的最后一次数据修改时间（Modify Time）。
- 最近改动：是文件的最后一次状态修改时间（Change Time），也就是没改文件内容，只是修改了文件权限、所有者、所属组等状态信息。
- 创建时间：是文件的建立时间。

查看系统当前时间，如下：

```
[root@localhost ~]# date
2023 年 06 月 02 日 星期五 11:27:46 CST
#查看系统时间
```

再查看 bols 文件的三种时间，可以看到和当前时间是有差别的，如下：

```
[root@localhost ~]# stat bols
  文件: bols
  大小: 0         块: 0        IO 块: 4096    普通空文件
设备: 803h/2051d Inode: 51059901    硬链接: 1
权限: (0644/-rw-r--r--)  Uid: (    0/    root)  Gid: (    0/    root)
环境: unconfined_u:object_r:admin_home_t:s0
最近访问: 2023-06-02 11:29:20.807928450 +0800
最近更改: 2023-06-02 11:29:20.807928450 +0800
最近改动: 2023-06-02 11:29:20.807928450 +0800
创建时间: 2023-06-02 11:27:44.183747999 +0800
```

而如果用 cat 命令读取一下这个文件，就会发现文件的访问时间（Access Time）变成了 cat 命令的执行时间，如下：

```
[root@localhost ~]# cat bols
#文件为空
[root@localhost ~]# stat bols
  文件: bols
  大小: 0         块: 0        IO 块: 4096    普通空文件
设备: 803h/2051d Inode: 51059901    硬链接: 1
权限: (0644/-rw-r--r--)  Uid: (    0/    root)  Gid: (    0/    root)
环境: unconfined_u:object_r:admin_home_t:s0
最近访问: 2023-06-02 11:30:40.158076644 +0800
```

```
#访问时间变成执行 cat 命令的时间
最近更改：2023-06-02 11:29:20.807928450 +0800
最近改动：2023-06-02 11:29:20.807928450 +0800
创建时间：2023-06-02 11:27:44.183747999 +0800
```

而如果用 echo 命令向文件中写入点数据，那么文件的最近更改时间（数据修改时间 Modify Time）就会发生改变。但是文件数据改变了，系统会认为文件的状态也会改变，因此最近改动时间（状态修改时间 Change Time）也会随之改变，如下：

```
[root@localhost ~]# echo 9527 >> bols
[root@localhost ~]# stat bols
  文件：bols
  大小：5          块：8          IO 块：4096   普通文件
设备：803h/2051d Inode：51059901   硬链接：1
权限：(0644/-rw-r--r--) Uid：(    0/    root) Gid：(    0/    root)
环境：unconfined_u:object_r:admin_home_t:s0
最近访问：2023-06-02 11:30:40.158076644 +0800
#最近访问时间没改变
最近更改：2023-06-02 11:32:17.639258694 +0800
最近改动：2023-06-02 11:32:17.639258694 +0800
#这两个时间变为了 echo 命令的执行时间
创建时间：2023-06-02 11:27:44.183747999 +0800
```

而如果只修改文件的状态（比如改变文件的所有者），而不修改文件的数据，则只会更改状态修改时间（Change Time），如下：

```
[root@localhost ~]# chown nobody bols
#修改文件的所有者
[root@localhost ~]# stat bols
  文件：bols
  大小：5          块：8          IO 块：4096   普通文件
设备：803h/2051d Inode：51059901   硬链接：1
权限：(0644/-rw-r--r--) Uid：(65534/  nobody) Gid：(    0/    root)
环境：unconfined_u:object_r:admin_home_t:s0
最近访问：2023-06-02 11:30:40.158076644 +0800
最近更改：2023-06-02 11:32:17.639258694 +0800
#前两个时间还是之前的修改时间，改变文件状态，不会修改前两个时间
最近改动：2023-06-02 11:44:08.998561584 +0800
#文件状态修改时间改变了
创建时间：2023-06-02 11:27:44.183747999 +0800
```

而如果用 touch 命令再次触摸这个文件，则这个文件的三个时间都会改变。touch 命令的作用就是这样的，大家记住即可。如下：

```
[root@localhost ~]# touch bols
[root@localhost ~]# stat bols
  文件：bols
  大小：5          块：8          IO 块：4096   普通文件
设备：803h/2051d Inode：51059901   硬链接：1
权限：(0644/-rw-r--r--) Uid：(65534/  nobody) Gid：(    0/    root)
```

```
环境：unconfined_u:object_r:admin_home_t:s0
最近访问：2023-06-02 11:46:24.356791206 +0800
最近更改：2023-06-02 11:46:24.356791206 +0800
最近改动：2023-06-02 11:46:24.356791206 +0800
创建时间：2023-06-02 11:27:44.183747999 +0800
#除了创建时间，其他三个时间都会变为 touch 命令的执行时间
```

4.3.3 cat 命令

cat 命令用来查看文件内容。cat 命令是 concatenate（连接、连续）的简写，这个命令的基本信息如下。

- 命令名称：cat。
- 英文原意：concatenate files and print on the standard output。
- 所在路径：/usr/bin/cat。
- 执行权限：所有用户。
- 功能描述：合并文件并打印输出到标准输出。

1. 命令格式

```
[root@localhost ~]# cat [选项] 文件名
选项：
    -A：相当于-vET 选项的整合，用于列出所有隐藏符号
    -E：列出每行结尾的回车符$
    -n：显示行号
    -T：把 Tab 键用^I 显示出来
    -v：列出特殊字符
```

2. 常见用法

cat 命令用于查看文件内容，不论文件内容有多少，都会一次性显示。如果文件非常大，那么文件开头的内容就看不到了。不过 Linux 可以使用"PgUp+上箭头"向上翻页，但是这种翻页是有极限的，如果文件足够长，那么还是无法看全文件的内容，因此 cat 命令适合查看不太大的文件。当然，在 Linux 中是可以使用其他命令或方法来查看大文件的，我们以后再来学习。cat 命令本身非常简单，我们可以直接查看文件的内容。例如：

```
[root@localhost ~]# cat anaconda-ks.cfg
# Generated by Anaconda 34.25.1.14
# Generated by pykickstart v3.32
#version=RHEL9
# Use graphical install
graphical
repo --name="AppStream"--baseurl=file:///run/install/sources/mount-0000-cdrom/AppStream

%addon com_redhat_kdump --disable
```

```
%end

# Keyboard layouts
keyboard --xlayouts='cn'
# System language
lang zh_CN.UTF-8
……省略部分内容……
```

而如果使用"-n"选项,则会显示行号。例如:
```
[root@localhost ~]# cat -n anaconda-ks.cfg
     1  # Generated by Anaconda 34.25.1.14
     2  # Generated by pykickstart v3.32
     3  #version=RHEL9
     4  # Use graphical install
     5  graphical
     6  repo --name="AppStream"--baseurl=file:///run/install/sources/mount-
0000-cdrom/AppStream
     7
     8  %addon com_redhat_kdump --disable
     9
……省略部分内容……
```

如果使用"-A"选项,则相当于使用了"-vET"选项,可以查看文本中的所有隐藏符号,包括回车符($)、Tab 键(^I)等。例如:
```
[root@localhost ~]# cat -A anaconda-ks.cfg
[root@localhost ~]# cat -A anaconda-ks.cfg
# Generated by Anaconda 34.25.1.14$
# Generated by pykickstart v3.32$
#version=RHEL9$
# Use graphical install$
graphical$
repo --name="AppStream" --baseurl=file:///run/install/sources/mount-0000-cdrom/
AppStream$
$
……省略部分内容……
```

4.3.4 more 命令

如果文件过大,则 cat 命令会有心无力,这时 more 命令的作用更加明显。more 是分屏显示文件的命令,其基本信息如下。

- 命令名称:more。
- 英文原意:file perusal filter for crt viewin。
- 所在路径:/usr/bin/more。
- 执行权限:所有用户。
- 功能描述:分屏显示文件内容。

1. 命令格式

```
[root@localhost ~]# more 文件名
```

more 命令比较简单，一般不用什么选项，命令会打开一个交互界面，可以识别一些交互命令。常用的交互命令如下。

- 空格键：向下翻页。
- b：向上翻页。
- 回车键：向下滚动一行。
- /字符串：搜索指定的字符串。
- q：退出。

2. 常见用法

```
[root@localhost ~]# more anaconda-ks.cfg
# Generated by Anaconda 34.25.1.14
# Generated by pykickstart v3.32
#version=RHEL9
# Use graphical install
graphical
repo --name="AppStream" --baseurl=file:///run/install/sources/mount-0000-cdrom/AppStream

%addon com_redhat_kdump --disable

%end

# Keyboard layouts
keyboard --xlayouts='cn'
# System language
lang zh_CN.UTF-8
……省略部分内容……
--更多--(50%)
#在这里执行交互命令即可
```

4.3.5 less 命令

less 命令和 more 命令类似，只是 more 是分屏显示命令，而 less 是分行显示命令，其基本信息如下。

- 命令名称：less。
- 英文原意：opposite of more。
- 所在路径：/usr/bin/less。
- 执行权限：所有用户。
- 功能描述：分行显示文件内容。

命令格式如下：

```
[root@localhost ~]# less 文件名
```
less 命令可以使用上、下箭头，用于分行查看文件内容。

4.3.6　head 命令

head 是用来显示文件开头的命令，其基本信息如下。
- 命令名称：head。
- 英文原意：output the first part of files。
- 所在路径：/usr/bin/head。
- 执行权限：所有用户。
- 功能描述：显示文件开头的内容。

1．命令格式

```
[root@localhost ~]# head [选项] 文件名
选项：
    -n 行数：从文件头部开始，显示指定行数
    -v：显示文件名
```

2．常见用法

```
[root@localhost ~]# head anaconda-ks.cfg
```
head 命令默认显示文件的开头 10 行内容。如果想显示指定的行数，则只需使用"-n"选项即可，例如：
```
[root@localhost ~]# head -n 20 anaconda-ks.cfg
```
这是显示文件的开头 20 行内容，也可以直接写"-行数"，例如：
```
[root@localhost ~]# head -20 anaconda-ks.cfg
```

4.3.7　tail 命令

既然有显示文件开头的命令，就会有显示文件结尾的命令。tail 命令的基本信息如下。
- 命令名称：tail。
- 英文原意：output the last part of files。
- 所在路径：/usr/bin/tail。
- 执行权限：所有用户。
- 功能描述：显示文件结尾的内容。

1．命令格式

```
[root@localhost ~]# tail [选项] 文件名
选项：
    -n 行数：从文件结尾开始，显示指定行数
    -f：监听文件的新增内容
```

2. 常见用法

例子1：基本用法

```
[root@localhost ~]# tail anaconda-ks.cfg
```

tail 命令和 head 命令的格式基本一致，默认会显示文件的后 10 行。如果想显示指定的行数，则只需要使用"-n"选项即可，例如：

```
[root@localhost ~]# tail -n 20 anaconda-ks.cfg
```

也可以直接写"-行数"，例如：

```
[root@localhost ~]# tail -20 anaconda-ks.cfg
```

例子2：监听文件的新增内容

tail 命令有一种比较有趣的用法，可以使用"-f"选项来监听文件的新增内容，例如：

```
[root@localhost ~]# tail -f bols
9527
#光标不会退出文件，而会一直监听在文件的结尾处
```

这条命令会显示文件的最后 10 行（没有 10 行则显示全文）内容，而且光标不会退出命令，而会一直监听在文件的结尾处，等待显示新增内容。这时如果向文件中追加一些数据（需要开启一个新终端），那么结果如下：

```
[root@localhost ~]# echo 2222222 >> bols
[root@localhost ~]# echo 3333333 >> bols
#在新终端中通过 echo 命令向文件中追加数据
```

在原始的正在监听的终端中，会看到如下信息：

```
[root@localhost ~]# tail -f bols
9527
2222222
3333333
#在文件的结尾处监听到了新增数据
```

4.3.8 ln 命令

1. 文件系统原理

（1）EXT4 文件系统原理。

如果要想说清楚 ln 命令，则必须先解释一下文件系统是如何工作的。我们在前面讲解了分区的格式化就是写入文件系统，在 Linux 6.x 系统中是 EXT4 文件系统。如果用一张示意图来描述 EXT4 文件系统，如图 4-1 所示。

EXT4 文件系统会把整块硬盘分成多个块组（Block Group），在块组中主要分为以下三部分。

- 超级块（Super Block）：记录整个文件系统的信息，包括 Block 与 Inode 的总量，已经使用的 Inode 和 Block 的数量，未使用的 Inode 和 Block 的数量，Block 与 Inode 的大小，文件系统的挂载时间，最近一次的写入时间，最近一次的磁盘检验时间等。
- I 节点表（Inode Table）：Inode 的默认大小为 128B，用来记录文件的权限（r、w、x）、文件的所有者和属组、文件的大小、文件的状态改变时间（ctime）、文件的

最近一次读取时间（atime）、文件的最近一次修改时间（mtime）、文件的特殊权限（如 SUID、SGID 等）、文件的数据真正保存的 Block 编号。每个文件需要占用一个 Inode（大家如果仔细查看，就会发现 Inode 中是不记录文件名的，那是因为文件名是记录在文件上级目录的 Block 中的）。

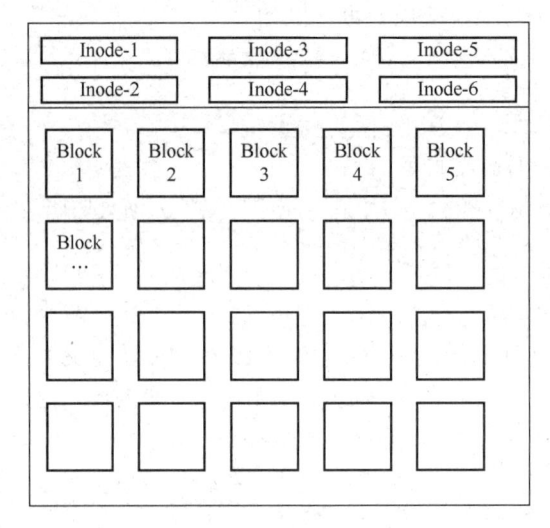

图 4-1　EXT4 文件系统示意图

- 数据块（Block）：Block 的大小可以是 1KB、2KB、4KB，默认为 4KB。Block 用于实际的数据存储，如果一个 Block 放不下数据，则可以占用多个 Block。例如，有一个 10KB 的文件需要存储，则会占用三个 Block，虽然最后一个 Block 不能占满，但也不能再放入其他文件的数据。这三个 Block 有可能是连续的，也有可能是分散的。

（2）XFS 文件系统原理。

从 Linux 7.x 开始，默认文件系统已经是 XFS 了，Rocky Linux 9.x 的默认文件系统也是 XFS。但是 XFS 文件系统的基本原理和 EXT4 文件系统非常相似，如果了解了 EXT4 文件系统，那么 XFS 文件系统也比较容易理解。

XFS 文件系统是一种高性能的日志文件系统，在格式化速度上远超 EXT4 文件系统，现在的硬盘越来越大，格式化的时候速度越来越慢，使得 EXT4 文件系统的使用受到了限制（其实在运行速度上来讲，XFS 对比 EXT4 并没有明显的优势，只是在格式化的时候，速度差别明显）。而且 XFS 理论上可以支持最大 18EB 的单个分区，9EB 的最大单个文件，这都远远超过 EXT4 文件系统。

XFS 文件系统主要分为三个部分，如下所示。

- 数据区（Data section）：在数据区中，可以划分多个分配区群组（Allocation Groups），大家可以将这个分配区群组看成 EXT4 文件系统中的块组。在分配区群组中也划分为超级块、I 节点、数据块，数据的存储方式也和 EXT4 类似。所以，了解了 EXT4 文件系统的原理，XFS 文件基本是类似的。
- 文件系统活动登录区（Log section）：在文件系统活动登录区中，文件的改变会在这里记录下来，直到相关的变化被记录在硬盘分区中之后，这个记录才会被结束。那么如果文件系统由于特殊原因损坏，可以依赖文件系统活动登录区中的数据修复文件系统。
- 实时运行区（Realtime section）：这个文件系统不建议大家做更改，否则有可能会影响硬盘的性能。

2. ln 命令格式

了解了 EXT 文件系统的概念，我们来看看 ln 命令的基本信息。
- 命令名称：ln。
- 英文原意：make links between file。
- 所在路径：/usr/bin/ln。
- 执行权限：所有用户。
- 功能描述：在文件之间建立链接。

ln 命令的基本格式如下：

```
[root@localhost ~]# ln [选项] 源文件 目标文件
选项：
    -s：建立软链接文件。如果不加"-s"选项，则建立硬链接文件
    -f：强制。如果目标文件已经存在，则删除目标文件后再建立链接文件
```

如果创建硬链接：

```
[root@localhost ~]# touch cangls
[root@localhost ~]# ln /root/cangls /tmp/
#建立硬链接文件，目标文件没有写文件名，会和原名一致
#也就是/root/cangls和/tmp/cangls是硬链接文件
```

如果创建软链接：

```
[root@localhost ~]# touch bols
[root@localhost ~]# ln -s /root/bols /tmp/
#建立软链接文件
```

这里需要注意，软链接文件的源文件必须写成绝对路径，而不能写成相对路径（硬链接没有这样的要求）；否则软链接文件会报错。这是初学者非常容易犯的错误。

建立硬链接和软链接非常简单，这两种链接有什么区别？它们都有什么作用？这才是链接文件最不容易理解的地方，我们分别来讲讲。

3. 硬链接

我们再来建立一个硬链接文件，然后看看这两个文件的特点。

```
[root@localhost ~]# touch test
#建立源文件
[root@localhost ~]# ln /root/test /tmp/test-hard
#给源文件建立硬链接文件/tmp/test-hard


[root@localhost ~]# ll -i /root/test /tmp/test-hard
262147 -rw-r--r-- 2 root root 0 6月  19 10:06 /root/test
262147 -rw-r--r-- 2 root root 0 6月  19 10:06 /tmp/test-hard
```

#查看两个文件的详细信息，可以发现这两个文件的 Inode 号是一样的
#两个文件的引用计数变为 2

这里有一件很奇怪的事情，我们之前在讲 Inode 号的时候说过，每个文件的 Inode 号都应该是不一样的。Inode 号就相当于文件 ID，我们在查找文件的时候，要先查找 Inode 号，才能读取文件的内容。

但是这里源文件和硬链接文件的 Inode 号居然是一样的，那我们在查找文件的时候，到底找到的是哪一个文件呢？我们来画一张示意图，如图 4-2 所示。

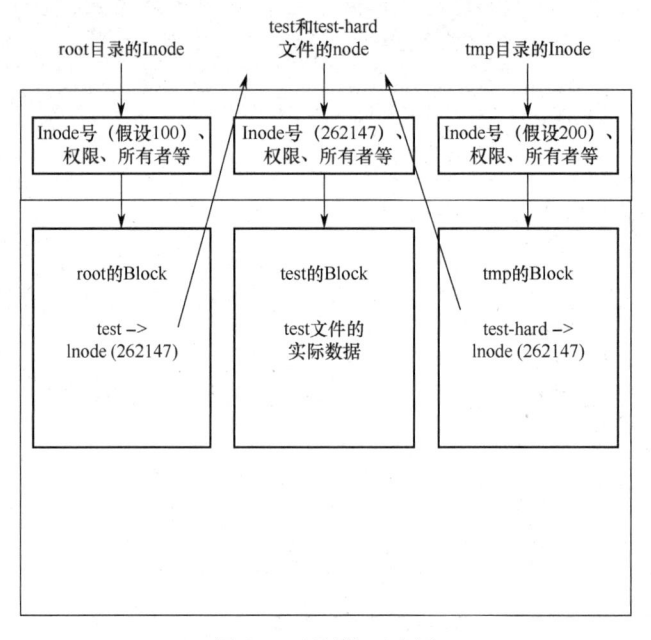

图 4-2　硬链接示意图

在 Inode 信息中，是不会记录文件名称的，而是把文件名记录在上级目录的 Block 中。也就是说，目录的 Block 中记录的是这个目录下所有一级子文件和子目录的文件名及 Inode 的对应；而文件的 Block 中记录的才是文件实际的数据。当我们查找一个文件，比如/root/test 时，要经过以下步骤：

- 首先找到根目录的 Inode（根目录的 Inode 号是系统已知的，默认是 128），然后判断用户是否有权限访问根目录的 Block。
- 如果有权限，则可以在根目录的 Block 中访问到/root/的文件名及对应的 Inode 号。
- 通过/root/目录的 Inode 号，可以查找到/root/目录的 Inode 信息，接着判断用户是否有权限访问/root/目录的 Block。
- 如果有权限，则可以从/root/目录的 Block 中读取 test 文件的文件名及对应的 Inode 号。
- 通过 test 文件的 Inode 号，就可以找到 test 文件的 Inode 信息，接着判断用户是否有权限访问 test 文件的 Block。
- 如果有权限，则可以读取 Block 中的数据，这样就完成了/root/test 文件的读取与访问。

按照这个步骤，在给源文件/root/test 建立了硬链接文件/tmp/test-hard 之后，在/root/目录和/tmp/目录的 Block 中就会建立 test 和 test-hard 的信息，这个信息主要就是文件名和对应的 Inode 号。但是我们会发现 test 和 test-hard 的 Inode 信息居然是一样的，那么，我们无论访问哪个文件，最终都会访问 Inode 号是 262147 的文件信息。这就是硬链接的原理。

硬链接的特点如下：
- 不论是修改源文件（test 文件），还是修改硬链接文件（test-hard 文件），另一个文件中的数据都会发生改变。
- 不论是删除源文件，还是删除硬链接文件，只要还有一个文件存在，这个文件（Inode 号是 262147 的文件）都可以被访问。
- 硬链接不会建立新的 Inode 信息，也不会更改 Inode 的总数。
- 硬链接不能跨文件系统（分区）建立，因为在不同的文件系统中，Inode 号是重新计算的。
- 硬链接不能链接目录，如果给目录建立硬链接，那么不仅目录本身需要重新建立，目录下所有的子文件，包括子目录中的所有子文件都需要建立硬链接，这对当前的 Linux 来讲过于复杂。

硬链接的限制比较多，既不能跨文件系统，也不能链接目录，而且源文件和硬链接文件之间除了 Inode 号是一样的，没有其他明显的特征。这些特征都使得硬链接并不常用，大家有所了解即可。

我们通过实验来测试一下。

```
[root@localhost ~]# echo 1111 >> /root/test
#向源文件中写入数据
[root@localhost ~]# cat /root/test
1111
[root@localhost ~]# cat /tmp/test-hard
1111
#源文件和硬链接文件都会发生改变
 [root@localhost ~]# echo 2222 >> /tmp/test-hard
#向硬链接文件中写入数据
[root@localhost ~]# cat /root/test
1111
2222
[root@localhost ~]# cat /tmp/test-hard
1111
2222
#源文件和硬链接文件也都会发生改变
[root@localhost ~]# rm -rf /root/test
#删除源文件
[root@localhost ~]# cat /tmp/test-hard
1111
2222
#硬链接文件依然可以正常读取
```

4．软链接

软链接也称作符号链接，相比硬链接来讲，软链接就要常用多了。我们先建立一个软链接，再来看看软链接的特点。

```
[root@localhost ~]# touch check
#建立源文件
[root@localhost ~]# ln -s /root/check /tmp/check-soft
#建立软链接文件
[root@localhost ~]# ll -id /root/check /tmp/check-soft
262154 -rw-r--r-- 1 root root  0 6月  19 11:30 /root/check
917507 lrwxrwxrwx 1 root root 11 6月  19 11:31 /tmp/check-soft -> /root/check
#软链接和源文件的 Inode 号不一致，软链接通过->明显地标识出源文件的位置
#在软链接的权限位 lrwxrwxrwx 中，l 就代表软链接文件
```

再强调一下，软链接的源文件**必须写绝对路径**，否则建立的软链接文件就会报错，无法正常使用。

软链接的标志非常明显，首先，权限位中"l"表示这是一个软链接文件；其次，在文件的后面通过"->"显示出源文件的完整名字。软链接比硬链接的标志要明显得多，而且软链接也不像硬链接的限制那样多，比如软链接可以链接目录，也可以跨分区来建立软链接。

软链接完全可以当作 Windows 的快捷方式来对待，它的特点和快捷方式一样，我们更推荐大家使用软链接，而不是硬链接。大家在学习软链接的时候会有一些疑问：Windows 的快捷方式是由于源文件放置的位置过深，不容易找到，建立一个快捷方式放在桌面，方便查找，Linux 的软链接的作用是什么呢？其实，主要是为了照顾管理员的使用习惯。比如，有些系统的自启动文件/etc/rc.local 放置在/etc/目录中，而有些系统却将其放置在/etc/rc.d/rc.local 中，干脆对这两个文件建立软链接，不论你习惯操作哪一个文件，结果都是一样的。

如果你比较细心，则应该已经发现软链接和源文件的 Inode 号是不一致的，我们也画一张示意图来看看软链接的原理，如图 4-3 所示。

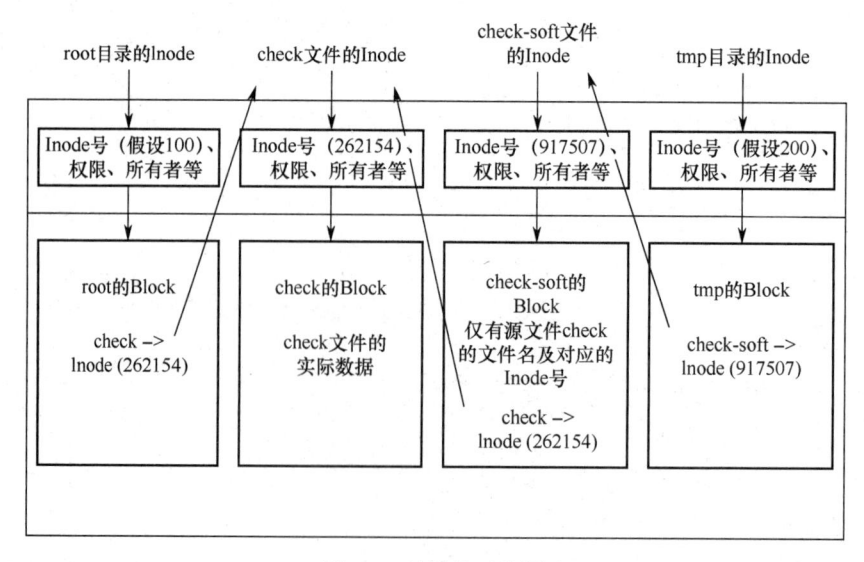

图 4-3 软链接示意图

软链接和硬链接在原理上最主要的不同在于：硬链接不会建立自己的 Inode 索引和 Block（数据块），而是直接指向源文件的 Inode 信息和 Block，因此硬链接和源文件的 Inode 号是一致的；而软链接会真正建立自己的 Inode 索引和 Block，因此软链接和源文件的 Inode 号是不一致的，而且在软链接的 Block 中，写的不是真正的数据，而仅仅是源文件的文件名及 Inode 号。

我们来看看访问软链接的步骤和访问硬链接的步骤有什么不同。

- 首先找到根目录的 Inode 索引信息，然后判断用户是否有权限访问根目录的 Block。
- 如果有权限访问根目录的 Block，就会在 Block 中查找到/tmp/目录的 Inode 号。
- 接着访问/tmp/目录的 Inode 信息，判断用户是否有权限访问/tmp/目录的 Block。
- 如果有权限，就会在 Block 中读取软链接文件 check-soft 的 Inode 号。因为软链接文件会真正建立自己的 Inode 索引和 Block，所以软链接文件和源文件的 Inode 号是不一样的。
- 通过软链接文件的 Inode 号，找到了 check-soft 文件 Inode 信息，判断用户是否有权限访问 Block。
- 如果有权限，就会发现 check-soft 文件的 Block 中没有实际数据，仅有源文件 check 的 Inode 号。
- 接着通过源文件的 Inode 号，访问到源文件 check 的 Inode 信息，判断用户是否有权限访问 Block。
- 如果有权限，就会在 check 文件的 Block 中读取真正的数据，从而完成数据访问。

通过这个过程，我们就可以总结出软链接的特点（软链接的特点和 Windows 中的快捷方式完全一致）。

- 不论是修改源文件（check），还是修改软链接文件（check-soft），另一个文件中的数据都会发生改变。
- 删除软链接文件，源文件不受影响。而删除源文件后，软链接文件将找不到实际的数据，从而显示文件不存在。
- 软链接会新建自己的 Inode 信息和 Block，只是在 Block 中不存储实际文件数据，而存储的是源文件的文件名及 Inode 号。
- 软链接可以链接目录。
- 软链接可以跨分区。

我们测试一下软链接的特性。

```
[root@localhost ~]# echo 111 >> /root/check
#修改源文件
[root@localhost ~]# cat /root/check
111
[root@localhost ~]# cat /tmp/check-soft
111
#不论是修改源文件还是软链接文件，数据都发生改变

[root@localhost ~]# echo 2222 >> /tmp/check-soft
```

```
#修改软链接文件
[root@localhost ~]# cat /tmp/check-soft
111
2222
[root@localhost ~]# cat /root/check
111
2222
#不论是修改源文件还是软链接文件，数据都会发生改变

[root@localhost ~]# rm -rf /root/check
#删除源文件
[root@localhost ~]# cat /tmp/check-soft
cat: /tmp/check-soft: 没有那个文件或目录
#软链接无法正常使用
```

软链接是可以链接目录的，例如：

```
[root@localhost ~]# mkdir test
#建立源目录
[root@localhost ~]# ln -s /root/test/  /tmp/
[root@localhost ~]# ll -d /tmp/test
lrwxrwxrwx 1 root root 11 6月  19 12:43 /tmp/test -> /root/test/
#软链接可以链接目录
```

4.4 目录和文件都能操作的命令

4.4.1 rm 命令

rm 是强大的删除命令，既可以删除文件，又可以删除目录。这个命令的基本信息如下。

- 命令名称：rm。
- 英文原意：remove files or directories。
- 所在路径：/usr/bin/rm。
- 执行权限：所有用户。
- 功能描述：删除文件或目录。

1. 命令格式

```
[root@localhost ~]# rm [选项] 文件或目录
选项：
    -f：强制删除（force）
    -i：交互删除，在删除之前会询问用户
    -r：递归删除，可以删除目录（recursive）
```

2. 常见用法

例子1：基本用法

如果使用 rm 命令时不加任何选项，则默认执行的是"rm -i 文件名"，也就是在删

除一个文件之前会先询问是否删除。例如：

```
[root@localhost ~]# touch cangls
[root@localhost ~]# rm cangls
rm: 是否删除普通空文件 "cangls"? y
#删除前会询问是否删除
```

例子 2：删除目录

如果需要删除目录，则需要使用"-r"选项。例如：

```
[root@localhost ~]# mkdir -p /test/lm/movie/jp/
#递归建立测试目录

[root@localhost ~]# rm /test/
rm: 无法删除"/test/": 是一个目录
#如果不加"-r"选项，则会报错

[root@localhost ~]# rm -r /test/
rm: 是否进入目录"/test"? y
rm: 是否进入目录"/test/lm"? y
rm: 是否进入目录"/test/lm/movie"? y
rm: 是否删除目录 "/test/lm/movie/jp"? y
rm: 是否删除目录 "/test/lm/movie"? y
rm: 是否删除目录 "/test/lm"? y
rm: 是否删除目录 "/test"? y
#会分别询问是否进入子目录、是否删除子目录
```

大家会发现，如果每级目录和每个文件都需要确认，那么在实际使用中简直是灾难！

例子 3：强制删除

如果要删除的目录中有 1 万个子目录或子文件，那么普通的 rm 删除最少需要确认 1 万次。因此，在真正删除文件的时候，我们会选择强制删除。例如：

```
[root@localhost ~]# mkdir -p /test/lm/movie/jp/
#重新建立测试目录
[root@localhost ~]# rm -rf /test/
#强制删除，一了百了
```

加入了强制功能之后，删除就会变得很简单，但是需要注意：

- 数据强制删除之后无法恢复，除非依赖第三方的数据恢复工具，如 extundelete 等。但要注意，很难恢复完整的数据，一般能恢复 70%～80%就很难得了。与其把宝押在数据恢复上，不如养成良好的操作习惯。备份数据，就显得尤为重要。
- 虽然"-rf"选项是用来删除目录的，但是删除文件也不会报错。为了使用方便，不论是删除文件还是删除目录，都会直接使用"-rf"选项。

4.4.2 cp 命令

cp 是用于复制的命令，其基本信息如下。

- 命令名称：cp。
- 英文原意：copy files and directories。
- 所在路径：/usr/bin/cp。
- 执行权限：所有用户。
- 功能描述：复制文件和目录。

1. 命令格式

```
[root@localhost ~]# cp [选项] 源文件 目标文件
选项：
    -a: 相当于-dpr 选项的集合
    -d: 如果源文件为软链接（对硬链接无效），则复制出的目标文件也为软链接
    -i: 询问，如果目标文件已经存在，则会询问是否覆盖
    -l: 把目标文件建立为源文件的硬链接文件，而不是复制源文件
    -s: 把目标文件建立为源文件的软链接文件，而不是复制源文件
    -p: 复制后目标文件保留源文件的属性（包括所有者、所属组、权限和时间）
    -r: 递归复制，用于复制目录
```

2. 常见用法

例子1：基本用法

cp 命令既可以复制文件，也可以复制目录。我们先来看看如何复制文件，例如：

```
[root@localhost ~]# touch cangls
#建立源文件
[root@localhost ~]# cp cangls /tmp/
#把源文件不改名复制到/tmp/目录下
```

如果需要改名复制，则命令如下：

```
[root@localhost ~]# cp cangls /tmp/bols
#改名复制
```

如果复制的目标位置已经存在同名的文件，则会提示是否覆盖，因为 cp 命令默认执行的是"cp -i"的别名，例如：

```
[root@localhost ~]# cp cangls /tmp/
cp: 是否覆盖"/tmp/cangls"? y
#目标位置有同名文件，会提示是否覆盖
```

接下来我们看看如何复制目录，其实复制目录只需要使用"-r"选项即可，例如：

```
[root@localhost ~]# mkdir movie
#建立测试目录
[root@localhost ~]# cp -r /root/movie/ /tmp/
#目录原名复制
```

例子2：复制软链接属性

如果源文件不是一个普通文件，而是一个软链接文件，那么是否可以复制软链接的属性呢？我们试试：

```
[root@localhost ~]# ln -s /root/cangls /tmp/cangls_slink
#建立一个测试软链接文件/tmp/cangls_slink
[root@localhost ~]# ll /tmp/cangls_slink
lrwxrwxrwx 1 root root 12 6月  14 05:53 /tmp/cangls_slink -> /root/cangls
```

#源文件本身就是一个软链接文件

```
[root@localhost ~]# cp /tmp/cangls_slink /tmp/cangls_t1
#复制软链接文件，但是不加"-d"选项
[root@localhost ~]# cp -d /tmp/cangls_slink /tmp/cangls_t2
#复制软链接文件，加入"-d"选项

[root@localhost ~]# ll /tmp/cangls_t1 /tmp/cangls_t2
-rw-r--r-- 1 root root  0 6月  14 05:56 /tmp/cangls_t1
#会发现不加"-d"选项，实际复制的是软链接的源文件，而不是软链接文件
lrwxrwxrwx 1 root root 12 6月  14 05:56 /tmp/cangls_t2 -> /root/cangls
#而如果加入了"-d"选项，则会复制软链接文件
```

这个例子说明：如果在复制软链接文件时不使用"-d"选项，则cp命令复制的是源文件，而不是软链接文件；只有加入了"-d"选项，才会复制软链接文件。请大家注意，"-d"选项对硬链接是无效的。

例子3：保留源文件属性复制

我们发现，在执行复制命令后，目标文件的时间会变成复制命令的执行时间，而不是源文件的时间。例如：

```
[root@localhost ~]# cp /var/lib/mlocate/mlocate.db /tmp/
[root@localhost ~]# ll /var/lib/mlocate/mlocate.db
-rw-r----- 1 root slocate 2328027 6月  14 02:08 /var/lib/mlocate/mlocate.db
#注意源文件的时间和所属组
[root@localhost ~]# ll /tmp/mlocate.db
-rw-r----- 1 root root 2328027 6月  14 06:05 /tmp/mlocate.db
#由于复制命令由root用户执行，因此目标文件的所属组变为了root，时间也变成了复制命令的执行时间
```

而当我们在执行数据备份、日志备份的时候，这些文件的时间可能是一个重要的参数，这就需要使用"-p"选项了。这个选项会保留源文件的属性，包括所有者、所属组和时间。例如：

```
[root@localhost ~]# cp -p /var/lib/mlocate/mlocate.db /tmp/mlocate.db_2
#使用"-p"选项
[root@localhost ~]# ll /var/lib/mlocate/mlocate.db  /tmp/mlocate.db_2
-rw-r----- 1 root slocate 2328027 6月  14 02:08 /tmp/mlocate.db_2
-rw-r----- 1 root slocate 2328027 6月  14 02:08 /var/lib/mlocate/mlocate.db
#源文件和目标文件的所有属性都一致，包括时间
```

我们之前讲过，"-a"选项相当于"-dpr"选项，当我们使用"-a"选项时，目标文件和源文件的所有属性都一致，包括源文件的所有者、所属组、时间和软链接属性。使用"-a"选项来取代"-dpr"选项更加方便。

例子4："-l"和"-s"选项

如果我们使用"-l"选项，则目标文件会被建立为源文件的硬链接；而如果使用了"-s"选项，则目标文件会被建立为源文件的软链接。

这两个选项和"-d"选项是不同的，"-d"选项要求源文件必须是软链接，目标文件才会复制为软链接；而"-l"和"-s"选项的源文件只需要是普通文件，目标文件就可以

直接复制为硬链接和软链接。例如：

```
[root@localhost ~]# touch bols
#建立测试文件
[root@localhost ~]# ll -i bols
262154 -rw-r--r-- 1 root root 0 6月  14 06:26 bols
#源文件只是一个普通文件，而不是软链接文件
[root@localhost ~]# cp -l /root/bols  /tmp/bols_h
[root@localhost ~]# cp -s /root/bols  /tmp/bols_s
#使用"-l"和"-s"选项复制
[root@localhost ~]# ll -i /tmp/bols_h /tmp/bols_s
262154 -rw-r--r-- 2 root root  0 6月  14 06:26 /tmp/bols_h
#目标文件/tmp/bols_h 为源文件的硬链接文件
932113 lrwxrwxrwx 1 root root 10 6月  14 06:27 /tmp/bols_s -> /root/bols
#目标文件/tmp/bols_s 为源文件的软链接文件
```

4.4.3 mv 命令

mv 是用来剪切的命令，其基本信息如下。
- 命令名称：mv。
- 英文原意：move (rename) files。
- 所在路径：/usr/bin/mv。
- 执行权限：所有用户。
- 功能描述：移动文件或改名。

1. 命令格式

```
[root@localhost ~]# mv [选项] 源文件 目标文件
选项：
  -f: 强制覆盖，如果目标文件已经存在，则不询问直接强制覆盖
  -i: 交互移动，如果目标文件已经存在，则询问用户是否覆盖（默认选项）
  -n: 如果目标文件已经存在，则不会覆盖移动，而且不询问用户
  -v: 显示详细信息
```

2. 常见用法

例子 1：移动文件或目录

```
[root@localhost ~]# mv cangls /tmp/
#移动之后，源文件会被删除，类似剪切

[root@localhost ~]# mkdir movie
[root@localhost ~]# mv movie/ /tmp/
#也可以移动目录。和 rm、cp 不同的是，mv 移动目录不需要加入"-r"选项
```

如果移动的目标位置已经存在同名的文件，则同样会提示是否覆盖，因为 mv 命令默认执行的也是"mv -i"的别名，例如：

```
[root@localhost ~]# touch cangls
#重新建立文件
[root@localhost ~]# mv cangls /tmp/
mv: 是否覆盖"/tmp/cangls"？ y
```

```
#由于/tmp/目录下已经存在cangls文件，所以会提示是否覆盖，需要手工输入y覆盖移动
```
例子2：强制移动

之前说过，如果目标目录下已经存在同名文件，则会提示是否覆盖，需要手工确认。这时如果移动的同名文件较多，则需要逐个文件进行确认，很不方便。如果我们确认需要覆盖已经存在的同名文件，则可以使用"-f"选项进行强制移动，就不再需要用户手工确认了。例如：

```
[root@localhost ~]# touch cangls
#重新建立文件
[root@localhost ~]# mv -f cangls /tmp/
#就算/tmp/目录下已经存在同名的文件，因为"-f"选项的作用，所以会强制覆盖
```

例子3：不覆盖移动

既然可以强制覆盖移动，那么也有可能需要不覆盖的移动。如果需要移动几百个同名文件，但是不想覆盖，这时就需要"-n"选项的帮助了。例如：

```
[root@localhost ~]# ls /tmp/*ls
/tmp/bols  /tmp/cangls
#在/tmp/目录下已经存在bols、cangls文件了
 [root@localhost ~]# mv -vn bols cangls lmls /tmp/
"lmls" -> "/tmp/lmls"
#再向/tmp/目录中移动同名文件，如果使用了"-n"选项，则可以看到只移动了lmls，而同名的bols
和cangls并没有移动（"-v"选项用于显示移动过程）
```

例子4：改名

如果源文件和目标文件在同一个目录中，那就是改名。例如：

```
[root@localhost ~]# mv bols cangls
#把bols改名为cangls
```

目录也可以按照同样的方法改名。

例子5：显示移动过程

如果我们想知道在移动过程中到底有哪些文件进行了移动，则可以使用"-v"选项来查看详细的移动信息。例如：

```
[root@localhost ~]# touch test1.txt test2.txt test3.txt
#建立三个测试文件
[root@localhost ~]# mv -v *.txt /tmp/
"test1.txt" -> "/tmp/test1.txt"
"test2.txt" -> "/tmp/test2.txt"
"test3.txt" -> "/tmp/test3.txt"
#加入"-v"选项，可以看到有哪些文件进行了移动
```

4.5 权限管理命令

4.5.1 权限介绍

1. 为什么需要权限

我们发现，初学者能理解权限命令，但是不能理解为什么需要设定不同的权限。所

有人都直接使用管理员身份不可以吗？这是因为绝大多数用户使用的是个人计算机，而使用个人计算机的使用者一般都是被信任的用户（如家人、朋友等）。在这种情况下，大家都可以使用管理员身份直接登录。又因为管理员拥有最大权限，所以给我们带来了错觉，以为在计算机中不需要分配权限等级，不需要使用不同的账户。

但是在服务器上就不是这种情况了，在服务器上运行的数据越重要（如游戏数据）、价值越高（如电子商城数据、银行数据），那么对权限的设定就要越详细，用户的分级也要越明确。在服务器上，绝对不是所有的用户都使用 root 身份登录，而是根据不同的工作需要和职位需要，合理分配用户等级和权限等级。

2. 文件的所有者、所属组和其他人

前面在讲解 ls 命令的 "-l" 选项时，简单解释过所有者和所属组，例如：

```
[root@localhost ~]# ls -l bols
-rw-r--r--. 1 root root 0 6月  2 15:20 bols
```

命令的第三列 root 用户就是文件的所有者，第四列 root 组就是文件的所属组。文件的所有者一般就是这个文件的建立者，而系统中绝大多数系统文件都是由 root 建立的，因此绝大多数系统文件的所有者都是 root。

接下来我们解释一下所属组，首先讲解一下用户组的概念。用户组就是一组用户的集合，类似于大学里的各种社团。那么为什么要把用户放入一个用户组中呢？当然是为了方便管理。大家想想，如果我有 100 位用户，而这 100 位用户对同一个文件的权限是一致的，那么我是一位用户一位用户地分配权限方便，还是把 100 位用户加入一个用户组中，然后给这个用户组分配权限方便呢？不言而喻，一定是给用户组分配权限更加方便。

综上所述，给一个文件区分所有者、所属组和其他人，就是为了分配权限方便。就像笔者买了一台计算机，笔者当然是这台计算机的所有者，可以把学生加入一个用户组，其他不认识的路人当然就是其他人了。分配完了用户身份，就可以分配权限，所有者当然对这台计算机拥有所有的权限，而位于所属组中的这些学生可以借用我的计算机，而其他人则完全不能碰我的计算机。

3. 权限位的含义

前面讲解 ls 命令时，我们已经知道长格式显示的第一列就是文件的权限，例如：

```
[root@localhost ~]# ls -l bols
-rw-r--r--. 1 root root 0 6月  2 15:20 bols
```

第一列的权限位如果不计算最后的 "."（这个点的含义我们在后面解释），则共有 10 位，这 10 位权限位的含义如图 4-4 所示。

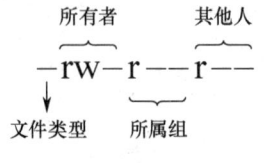

图 4-4　10 位权限位的含义

（1）第1位代表文件类型。

Linux 不像 Windows 使用扩展名表示文件类型，而是使用权限位的第1位表示文件类型。虽然 Linux 文件的种类不像 Windows 中那么多，但是分类也不少，详细情况可以使用"info ls"命令查看。在此只讲一些常见的文件类型。

- "-"：普通文件。
- "b"：块设备文件。这是一种特殊设备文件，存储设备都是这种文件，如分区文件/dev/sda1 就是这种文件。
- "c"：字符设备文件。这也是特殊设备文件，输入设备一般都是这种文件，如本地终端、鼠标、键盘等。/dev/tty1 就是这种文件。
- "d"：目录文件。在 Linux 中一切皆文件，因此目录也是文件的一种。
- "l"：软链接文件。
- "p"：管道符文件。这是一种非常少见的特殊设备文件。/run/initctl 就是此类文件。
- "s"：套接字文件。这也是一种特殊设备文件，一些服务支持 Socket 访问，就会产生这样的文件。/run/mcelog-client 就是此类文件。

（2）第2～4位代表文件所有者的权限。

- r：代表 read，是读取权限。
- w：代表 write，是写权限。
- x：代表 execute，是执行权限。

权限位如果是字母，则代表拥有对应的权限；如果是"-"，则代表没有对应的权限。

（3）第5～7位代表文件所属组的权限，同样拥有"rwx"权限。

（4）第8～10位代表其他人的权限，同样拥有"rwx"权限。

这就是文件基本权限的含义，我们看看下面这个文件的权限是什么。

```
[root@localhost ~]# ls -l bols
-rw-r--r--. 1 root root 0  6月  2 15:20 bols
```

这个文件的所有者，也就是 root 用户拥有读和写的权限；所属组中的其他用户，也就是 root 组中除 root 用户外的其他用户，拥有只读权限；而系统中其他用户则拥有只读权限。

最后，我们再看看权限位的"."的作用。"."是从 Linux 5.x 以上的系统中开始出现的，在以前的系统中是没有的，从 Linux 6.x 开始大范围普及。刚开始，笔者也饱受"."的困扰，在各种资料中都查不到"."的说明。直到无意中查询了"info ls"命令，才明白其含义：如果在文件的权限位中含有"."，则表示这个文件受 SELinux 的安全规则管理。

这个示例说明，任何资料都不如 Linux 自带的帮助文档准确和详细。如果以后出现了不能解释的内容，记得先查看 Linux 自带的帮助文档。

4.5.2 基本权限的命令

首先来看修改权限的命令 chmod，其基本信息如下。

- 命令名称：chmod。

- 英文原意：change file mode bits。
- 所在路径：/usr/bin/chmod。
- 执行权限：所有用户。
- 功能描述：修改文件的权限模式。

1. 命令格式

```
[root@localhost ~]# chmod [选项] 权限模式 文件名
选项：
    -R：递归设置权限，也就是给子目录中的所有文件设定权限
```

2. 权限模式

chmod 命令权限模式的格式是"[ugoa][[+-=][perms]]"，也就是"[用户身份][[赋予方式][权限]]"的格式，我们来解释一下。

（1）用户身份。
- u：代表所有者（user）。
- g：代表所属组（group）。
- o：代表其他人（other）。
- a：代表全部身份（all）。

（2）赋予方式。
- +：加入权限。
- -：减去权限。
- =：设置权限。

（3）权限。
- r：读取权限（read）。
- w：写权限（write）。
- x：执行权限（execute）。

这里我们只讲解基本权限，至于特殊权限（如 suid、sgid 和 sbit 等）将在第 8 章中详细讲解。下面举几个例子。

例子 1：用"+"加入权限

```
[root@localhost ~]# touch bols
#建立测试文件
[root@localhost ~]# ll bols
-rw-r--r-- 1 root root 0 6月 15 02:48 bols
#这个文件的默认权限是"所有者：读、写权限；所属组：只读权限；其他人：只读权限"

[root@localhost ~]# chmod u+x bols
#给所有者加入执行权限
[root@localhost ~]# ll bols
-rwxr--r-- 1 root root 0 6月 15 02:48 bols
#权限生效
```

例子 2：给多个身份同时加入权限

```
[root@localhost ~]# chmod g+w,o+w bols
```

```
#给所属组和其他人同时加入写权限
[root@localhost ~]# ll bols
-rwxrw-rw- 1 root root 0 6月  15 02:48 bols
#权限生效
```

例子3：用"-"减去权限

```
[root@localhost ~]# chmod u-x,g-w,o-w bols
#给所有者减去执行权限,给所属组和其他人都减去写权限,也就是恢复默认权限
[root@localhost ~]# ll bols
-rw-r--r-- 1 root root 0 6月  15 02:48 bols
```

例子4：用"="设置权限

大家有没有发现，用"+-"赋予权限是比较麻烦的，需要先确定原始权限是什么，然后在原始权限的基础上加减权限。有没有简单一点的方法呢？可以使用"="来设定权限，例如：

```
[root@localhost ~]# chmod u=rwx,g=rw,o=rw bols
#给所有者赋予权限"rwx",给所属组和其他人赋予权限"rw"
[root@localhost ~]# ll bols
-rwxrw-rw- 1 root root 0 6月  15 02:48 bols
```

使用"="赋予权限，确实不用在原始权限的基础上进行加减了，但是依然要写很长一条命令，如果依然觉得不够简单，还可以使用数字权限的方式来赋予权限。

3. 数字权限

数字权限的赋予方式是最简单的，但是不如之前的字母权限好记、直观。我们来看看这些数字权限的含义。

- 4：代表"r"权限。
- 2：代表"w"权限。
- 1：代表"x"权限。

举个例子：

```
[root@localhost ~]# chmod 755 bols
#给文件赋予"755 权限"
[root@localhost ~]# ll bols
-rwxr-xr-x 1 root root 0 6月  15 02:48 bols
```

解释一下"755 权限"。

- 第一个数字"7"：代表所有者的权限是"4+2+1"，也就是读、写和执行权限。
- 第二个数字"5"：代表所属组的权限是"4+1"，也就是读和执行权限。
- 第三个数字"5"：代表其他人的权限是"4+1"，也就是读和执行权限。

数字权限的赋予方式更加简单，但是需要用户对这几个数字更加熟悉。其实常用权限也并不多，只有如下几个。

- 644：这是文件的基本权限，代表所有者拥有读、写权限，而所属组和其他人拥有只读权限。
- 755：这是文件的执行权限和目录的基本权限，代表所有者拥有读、写和执行权限，而所属组和其他人拥有读和执行权限。

- 777:这是最大权限。在实际的生产服务器中,要尽力避免给文件或目录赋予这样的权限,这会造成一定的安全隐患。

我们很少会使用"457"这样的权限,因为这样的权限是不合理的,怎么可能文件的所有者的权限还没有其他人的权限大呢?除非实验需要,否则一般情况下所有者的权限要大于所属组和其他人的权限。

4.5.3 基本权限的含义

1. 权限含义的解释

我们已经知道了权限的赋予方式,但是这些读、写、执行权限到底是什么含义呢?有些人可能会说:"这也太小瞧我们了,读、写、执行的含义这么明显,我们还能不知道吗?"其实,这些权限的含义并不像表面上这么明显,下面我们就来讲讲这些权限到底是什么含义。

首先,读、写、执行权限对文件和目录的作用是不同的。

(1)权限对文件的作用。

- 读(r):对文件有读(r)权限,代表可以读取文件中的数据。如果把权限对应到命令上,那么一旦对文件有读(r)权限,就可以对文件执行 cat、more、less、head、tail 等文件查看命令。
- 写(w):对文件有写(w)权限,代表可以修改文件中的数据。如果把权限对应到命令上,那么一旦对文件有写(w)权限,就可以对文件执行 vim、echo 等修改文件数据的命令。

注意:对文件有写权限,是不能删除文件本身的,只能修改文件中的数据。如果要想删除文件,则需要对文件的上级目录拥有写权限。

- 执行(x):对文件有执行(x)权限,代表文件拥有了执行权限,可以运行。在 Linux 中,只要文件有执行(x)权限,这个文件就是执行文件了。只是这个文件到底能不能正确执行,不仅需要执行(x)权限,还要看文件中的代码是不是正确的语言代码。对文件来说,执行(x)权限是最高权限。

(2)权限对目录的作用。

- 读(r):对目录有读(r)权限,代表可以查看目录下的内容,也就是可以查看目录下有哪些子文件和子目录。如果把权限对应到命令上,一旦对目录拥有了读(r)权限,就可以在目录下执行 ls 命令,查看目录下的内容。
- 写(w):对目录有写(r)权限,代表可以修改目录下的数据,也就是可以在目录中新建、删除、复制、剪切子文件或子目录。如果把权限对应到命令上,那么一旦对目录拥有了写(w)权限,就可以在目录下执行 touch、rm、cp、mv 命令。对目录来说,写(w)权限是最高权限。
- 执行(x):目录是不能运行的,那么对目录拥有执行(x)权限,代表可以进入目录。如果把权限对应到命令上,那么一旦对目录拥有了执行(x)权限,就可以对目录执行 cd 命令进入目录。

2．注意事项

初学权限的时候，可能对两种情况最不能理解，我们一个一个来看。

第一种情况：为什么对文件有写权限，却不能删除文件？

这需要通过分区的格式化来讲解。我们之前讲过，分区的格式化可以理解为给分区打入隔断，这样才可以存储数据。而格式化的隔断可以查看图4-1。

在 Linux 的 EXT 文件系统中，格式化可以理解为把分区分成两大部分：一部分占用空间较小，用于保存 Inode（I 节点）信息；绝大部分格式化为 Block（数据块），用于保存文件中的实际数据。

在 Linux 中，默认 Inode 的大小为 128B，用于记录文件的权限（r、w、x）、文件的所有者和所属组、文件的大小、文件的状态改变时间（ctime）、文件的最近一次读取时间（atime）、文件的最近一次修改时间（mtime）、文件中的数据真正保存的 Block 编号。每个文件需要占用一个 Inode。

仔细观察，在 Inode 中并没有记录文件的文件名。那是因为文件名是记录在文件上级目录的 Block 中的。我们画一张示意图看看，假设有这样一个文件/test/cangls，如图 4-5 所示。

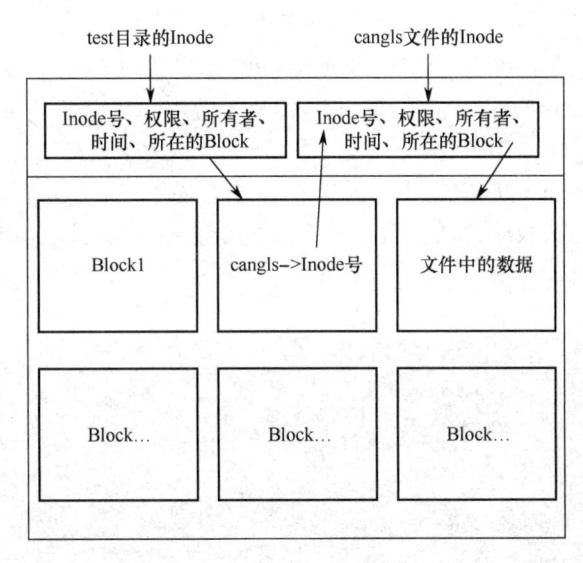

图 4-5　Inode 示意图

我们可以看到，在/test/目录的 Block 中会记录这个目录下所有的一级子文件或一级子目录的文件名及其对应的 Inode 号。系统读取 cangls 文件的过程如下：

- 通过/test/目录的 Inode 信息，找到/test/目录的 Block。
- 在/test/目录的 Block 中，查看 cangls 文件的 Inode 号。
- 通过 cangls 文件的 Inode 号，找到了 cangls 文件的 Inode 信息。
- 确定是否有权限访问 cangls 文件的内容。
- 通过 Inode 信息中 Block 的位置，找到 cangls 文件实际的 Block。
- 读取 Block 数据，从而读取出 cangls 文件的内容。

既然如此，那么/test/目录的文件名放在哪里呢？当然放在/目录的 Block 中了，而/目录的 Inode 号（/目录的 Inode 号是 2）是系统已知的。也就是说，在系统中读取任意一个文件，都要先通过/目录的 Inode 信息找到/目录的 Block，再查看/目录的 Block，从而可以确定一级目录的 Inode 信息。然后一级一级地查找最终文件的 Block 信息，从而读取数据。

总结：因为文件名保留在上级目录的 Block 中，所以对文件拥有写权限，是不能删除文件本身的，而只能删除文件中的数据（也就是文件 Block 中的内容）。要想删除文件名，需要对文件上级目录拥有写权限。

第二种情况：目录的可用权限。

对目录来讲，如果只赋予只读（r）权限，则是不可以使用的。大家想想，要想读取目录下的文件，你怎么也要进入目录才可以吧，而进入目录，对目录来讲，需要执行（x）权限的支持。目录的可用权限如下。

- 0：任何权限都不赋予。
- 5：基本的目录浏览和进入权限。
- 7：完全权限。

3．示例

我们做权限的实验，是不能使用 root 用户进行测试的。因为 root 用户是超级用户，就算没有任何权限，root 用户依然可以执行全部操作，所以我们只能使用普通用户来验证权限。

实验思路：由 root 用户建立普通用户 u1，用普通用户 u1 建立测试目录和文件，把测试目录和测试文件的权限修改为最小（0），然后逐步放大权限，用普通用户 u1 来验证每个权限可以执行哪些命令。

实验步骤：

```
#步骤一：使用 root 身份建立测试用户
[root@localhost ~]# useradd u1
[root@localhost ~]# passwd u1
#建立测试用户，并设置密码


#步骤二：由 u1 建立测试目录和文件，并修改权限为 0（使用 Xshell 新建连接，使用 user 用户登录）
[u1@localhost ~]$ mkdir test
[u1@localhost ~]$ touch test/cangls
#建立测试目录和文件
[u1@localhost ~]$ chmod 064 test/cangls
[u1@localhost ~]$ chmod 075 test/
#修改文件和目录权限
#因为文件是由 u1 用户建立的，所以 u1 用户匹配所有者权限
#把文件和目录的所有者权限修改为 0，可以证明 u1 用户的权限是所有者权限，和其他身份无关

#步骤三：u1 用户对 test 目录的权限为 0，不能执行 cd 和 ls 命令
[u1@localhost ~]$ ls -ld test/
```

```
d---rwxr-x. 2 u1 u1 20 6月  2 15:53 test/
#test目录的所有者权限为0
#思考：为什么u1用户对test目录没权限，却能看到test目录的详细信息
[u1@localhost ~]$ cd test/
-bash: cd: test/: 权限不够
[u1@localhost ~]$ ls test/
ls: 无法打开目录 'test/': 权限不够
#u1用户对test目录没有权限，因此既不能cd进入，也不能使用ls查看

#步骤四：给test目录的所有者赋予4（只读）权限，测试可以执行命令
[u1@localhost ~]$ chmod 475 test/
#目录权限修改为475
[u1@localhost ~]$ cd  test/
-bash: cd: test/: 权限不够
#无法使用cd进入test目录
[u1@localhost ~]$ ls -l test/
ls: 无法访问 'test/cangls': 权限不够
总用量 0
-????????? ? ? ? ?            ? cangls
#虽然能看到目录内的文件名，但是无法看到其他详细信息，详细信息显示"?"
#结论：给目录赋予4权限是无法正常使用的

#步骤五：给目录赋予5（读、执行）权限，测试
[u1@localhost ~]$ chmod  575  test/
[u1@localhost ~]$ ls  -l
总用量 0
dr-xrwxr-x. 2 u1 u1 20  6月  2 15:53 test
#给目录赋予5权限
[u1@localhost ~]$ ls -l test/
总用量 0
----rw-r--. 1 u1 u1 0  6月  2 15:53 cangls
#可以正常查看test目录下文件的详细信息
[u1@localhost ~]$
[u1@localhost ~]$ cd  test/
#也可以进入test目录

#步骤六：开始测试文件权限，记得目录目前没有被赋予w权限（写权限）
[u1@localhost test]$ ll cangls
----rw-r--. 1 u1 u1 0  6月  2 15:53 cangls
#cangls文件所有者权限是0
[u1@localhost test]$ cat cangls
cat: cangls: 权限不够
[u1@localhost test]$ echo 1111111 >> cangls
#普通用户u1不能读取文件内容，也不能向文件中写入数据
```

#步骤七：给测试文件赋予4（读）权限，并测试
[u1@localhost test]$ chmod 464 cangls
[u1@localhost test]$ ls -l cangls
-r--rw-r--. 1 u1 u1 0 6月 2 15:53 cangls
#给所有者赋予4（只读权限）
[u1@localhost test]$ cat cangls
#虽然文件内容为空，但是查看文件内容，已经不报权限错误
[u1@localhost test]$ echo 11111111 >> cangls
-bash: cangls: 权限不够
#文件写入数据后依然报错

#步骤八：给测试文件赋予6（读写）权限，并进行测试
[u1@localhost test]$ chmod 664 cangls
[u1@localhost test]$ ls -l cangls
-rw-rw-r--. 1 u1 u1 0 6月 2 15:53 cangls
#给测试文件赋予6（读写）权限
[u1@localhost test]$ echo 11111111 >> cangls
#可以向文件写入数据
[u1@localhost test]$ cat cangls
11111111
#也可以查看文件内容

#步骤九：测试是否可以删除文件
[u1@localhost test]$ rm -rf cangls
rm: 无法删除 'cangls': 权限不够
#对文件有写权限，无法删除文件
[u1@localhost test]$ cd ..
#返回上级目录
[u1@localhost ~]$ chmod 775 test/
#给目录赋予写权限
[u1@localhost ~]$ cd test/
[u1@localhost test]$ rm -rf cangls
#可以删除文件
```

实验结论：
- 要想删除文件或目录，需要对上级目录拥有写权限。
- 目录可用权限只有0、5、7三个权限，其他的类似1、2、3、4、6等权限都不能使用。

### 4.5.4 所有者和所属组命令

#### 1. chown 命令

chown 是修改文件和目录的所有者和所属组的命令，其基本信息如下。
- 命令名称：chown。
- 英文原意：change file owner and group。
```

- 所在路径：/usr/bin/chown。
- 执行权限：所有用户。
- 功能描述：修改文件和目录的所有者和所属组。

1）命令格式

```
[root@localhost ~]# chown [选项] 所有者:所属组 文件或目录
选项：
    -R：递归设置权限，也就是给子目录中的所有文件设置权限
```

2）常见用法

例子 1：修改文件的所有者

之所以需要修改文件的所有者，是因为赋予权限的需要。当普通用户需要对某个文件拥有最高权限的时候，是不能把其他人的权限修改为最高权限的，也就是不能出现 777 的权限，这是非常不安全的做法。合理的做法是修改文件的所有者，这样既能让普通用户拥有最高权限，又不会影响其他普通用户。我们来看一个例子：

```
[root@localhost ~]# touch laowang
#由 root 用户创建 laowang 文件
[root@localhost ~]# ll laowang
-rw-r--r-- 1 root root 0 6月  16 05:12 laowang
#文件的所有者是 root，普通用户 user 对这个文件拥有只读权限
[root@localhost ~]# chown user laowang
#修改文件的所有者
[root@localhost ~]# ll laowang
-rw-r--r-- 1 user root 0 6月  16 05:12 laowang
#所有者变成了 user 用户，这时 user 用户对这个文件就拥有了读、写权限
```

例子 2：修改文件的所属组

chown 命令不仅可以修改文件的所有者，也可以修改文件的所属组。例如：

```
[root@localhost ~]# chown user:user laowang
#":"之前是文件的所有者，之后是所属组。这里的":"也可以使用"."代替
[root@localhost ~]# ll laowang
-rw-r--r-- 1 user user 0 6月  16 05:12 laowang
```

修改所属组也是为了调整文件的权限。只是我们目前还没有学习如何把用户加入用户组中，如果可以把用户加入同一个组当中，然后直接调整所属组的权限，当然要比一个一个用户赋予权限简单方便。

Linux 中用户组的建立与 Windows 中是不同的。在 Windows 中，新建的用户都属于 users 这个组，而不会建立更多的新组。但是在 Linux 中，每个用户建立之后，都会建立和用户名同名的用户组，作为这个用户的初始组，user 用户组是自动建立的。

例子 3：普通用户修改权限

并不是只有 root 用户才可以修改文件的权限，超级用户也可以修改任何文件的权限，但是普通用户只能修改自己文件的权限。也就是说，只有普通用户是这个文件的所有者时，才可以修改文件的权限。我们试试：

```
[root@localhost ~]# cd /home/user/
#进入 user 用户的家目录
```

```
[root@localhost user]# touch test
#由 root 用户新建文件 test
[root@localhost user]# ll test
-rw-r--r-- 1 root root 0 6月  16 05:37 test
#文件所有者和所属组都是 root 用户
[root@localhost user]# su- user
#切换为 user 用户
[user@localhost ~]$ chmod 755 test
chmod: 更改"test"的权限: 不允许的操作
#user 用户不能修改 test 文件的权限
[user@localhost ~]$ exit
#退回到 root 身份
[root@localhost user]# chown user test
#由 root 用户把 test 文件的所有者修改为 user 用户
[root@localhost user]# su- user
#切换为 user 用户
[user@localhost ~]$ chmod 755 test
#因为 user 用户是 test 文件的所有者,所以可以修改文件的权限
[user@localhost ~]$ ll test
-rwxr-xr-x 1 user root 0 6月  16 05:37 test
#查看权限
```

通过这个实验我们可以确定,如果普通用户是这个文件的所有者,那么可以修改文件的权限。

2. chgrp 命令

chgrp 是修改文件和目录的所属组的命令,其基本信息如下。

- 命令名称:chgrp。
- 英文原意:change group ownership。
- 所在路径:/usr/bin/chgrp。
- 执行权限:所有用户。
- 功能描述:修改文件和目录的所属组。

chgrp 命令比较简单,就是修改文件和目录的所属组。我们来试试:

```
[root@localhost ~]# touch test2
#建立测试文件
[root@localhost ~]# chgrp user test2
#修改 test2 文件的所属组为 user 用户组
[root@localhost ~]# ll test2
-rw-r--r-- 1 root **user** 0 6月  16 05:54 test2
#修改生效
```

4.5.5 umask 默认权限

1. umask 默认权限的作用

umask 默认权限是 Linux 权限的一种,主要用于让 Linux 中的新建文件和目录拥

有默认权限。Linux 是一个比较安全的操作系统，而安全的基础就是权限，因此，在 Linux 中所有的文件和目录都要有基本的权限，新建的文件和目录当然也要有默认的权限。

在 Linux 中，通过 umask 默认权限来给所有新建立的文件和目录赋予初始权限，这一点和 Windows 不太一样，Windows 是通过继承上级目录的权限来给文件和目录赋予初始权限的。

查看系统的 umask 权限：

```
[root@localhost ~]# umask
0022
#用八进制数值显示 umask 权限
[root@localhost ~]# umask -S
u=rwx,g=rx,o=rx
#用字母表示文件和目录的初始权限
```

使用"-S"选项，会直接用字母来表示文件和目录的初始权限。我们查看数值的 umask 权限，看到的是 4 位数字"0022"，其中第一个数字"0"代表的是文件的特殊权限（SetUID、SetGID、Sticky BIT），特殊权限我们将在第 8 章详细讲解。也就是后 3 位数字"022"才是真正的 umask 默认权限。

2. umask 默认权限的计算方法

在学习 umask 默认权限的计算方法之前，我们需要先了解一下新建文件和目录的默认最大权限。

- 对文件来说，新建文件的默认最大权限是 666，没有执行（x）权限。这是因为执行权限对文件来讲比较危险，不能在新建文件的时候默认赋予，而必须通过用户手工赋予。
- 对目录来说，新建目录的默认最大权限是 777。这是因为对目录而言，执行（x）权限仅仅代表进入目录，即使建立新文件时直接默认赋予，也没有什么危险。

接下来我们学习如何计算 umask 默认权限。按照官方的标准算法，umask 默认权限需要使用二进制进行逻辑与和逻辑非联合运算才可以得到正确的新建文件和目录的默认权限。这种方法既不好计算，也不好理解，笔者并不推荐。

我们在这里还是按照权限字母来讲解 umask 权限的计算方法。我们就按照默认的 umask 值是 022 来分别计算一下新建文件和目录的默认权限吧。

- 文件的默认权限最大只能是 666，换算成字母是"-rw-rw-rw-"；而 umask 的值是 022，也换算成字母是"-----w--w-"。把两个字母权限相减，得到的就是新建文件的默认权限：(-rw-rw-rw-) - (-----w--w-) = (-rw-r--r--)。
- 目录的默认权限最大可以是 777，换算成字母就是"drwxrwxrwx"；而 umask 的值是 022，也换算成字母就是"d----w--w-"。把两个字母权限相减，得到的就是新建目录的默认权限：(drwxrwxrwx) - (d----w--w-) = (drwx-r-xr-x)。

我们测试一下：

```
[root@localhost ~]# umask
0022
#默认umask的值是0022
[root@localhost ~]# touch laowang
[root@localhost ~]# mkdir fengjie
[root@localhost ~]# ll -d laowang fengjie/
drwxr-xr-x. 2 root root 6 6月  5 14:41 fengjie/
-rw-r--r--. 1 root root 0 6月  5 14:42 laowang
#新建立目录的默认权限是755,新建立文件的默认权限是644
```

注意:umask 默认权限的计算是不能直接使用数字相减的。很多人会理解为,既然文件的默认权限最大是"666",umask 的值是"022",而新建文件的值刚好是"644",那么是不是就直接使用"666-644"呢?这是不对的,如果 umask 的值是"033"呢?按照数值相减,就会得到"633"的值。但是我们强调过文件是不能在新建立时就拥有执行(x)权限的,而权限"3"是包含执行(x)权限的。我们测试一下:

```
[root@localhost ~]# umask 033
#修改umask的值为033
[root@localhost ~]# touch xuejie
#建立测试文件xuejie
[root@localhost ~]# ll xuejie
-rw-r--r-- 1 root root 0 6月  16 02:46 xuejie
#xuejie文件的默认权限依然是644
```

由这个例子我们可以知道,umask 默认权限一定不是直接使用权限数字相减得到的,而是通过二进制逻辑与和逻辑非联合运算得到的。最简单的办法还是使用权限字母来计算。

- 文件的默认权限最大值只能是 666,换算成字母就是"-rw-rw-rw-";而 umask 的值是 033,也换算成字母就是"-----wx-wx"。把两个字母权限相减,得到的就是新建文件的默认权限:(-rw-rw-rw-)-(-----wx-wx)=(-rw-r--r--)。

3. umask 默认权限的修改方法

umask 默认权限可以直接通过命令来进行修改,例如:
```
[root@localhost ~]# umask 002
[root@localhost ~]# umask 033
```

不过,通过命令进行的修改只能临时生效,一旦重启或重新登录就会失效。如果想让修改永久生效,则需要修改对应的环境变量配置文件/etc/bashrc。例如:
```
[root@localhost ~]# vi /etc/bashrc
……省略部分内容……
if [ $UID -gt 199 ] && [ "`/usr/bin/id -gn`" = "`/usr/bin/id -un`"]; then
umask 002
    #如果UID大于199(普通用户),则使用此umask值
else
    umask 022
    #如果UID小于199(超级用户),则使用此umask值
```

```
fi
……省略部分内容……
```

这是一段 Shell 脚本，大家目前可能看不懂，但是没有关系，只需要知道普通用户的 umask 值由 if 语句的第一段定义，而超级用户的 umask 值由 else 语句定义即可。如果修改的是这个文件，则 umask 值是永久生效的。

我们学习了文件的基本权限和 umask 默认权限这两种权限，但是 Linux 的系统权限并不只有这两种，其他的系统权限内容我们将在第 8 章详细介绍。

4.6 帮助命令

Linux 自带的帮助命令是最准确、最可靠的资料。笔者不止一次发现通过其他途径搜索到的信息都不准确，甚至是错误的。Linux 自带的帮助命令是英文的，需要我们静下心来慢慢学习。

4.6.1 man 命令

man 是最常见的帮助命令，也是 Linux 最主要的帮助命令，其基本信息如下。
- 命令名称：man。
- 英文原意：an interface to the system reference manuals。
- 所在路径：/usr/bin/man。
- 执行权限：所有用户。
- 功能描述：显示联机帮助手册。

1. 命令格式

```
[root@localhost ~]# man [选项] 命令
选项：
    -f：查看命令拥有哪个级别的帮助
    -k：查看和命令相关的所有帮助
```

man 命令比较简单，我们举个例子：

```
[root@localhost ~]# man ls
#获取 ls 命令的帮助信息
```

这就是 man 命令的基本使用方法，非常简单。但是帮助命令的重点不是命令如何使用，而是帮助信息应该如何查询。这些信息较多，我们通过下面一节内容来详细讲解。

2. man 命令的使用方法

还是查看 ls 命令的帮助信息，我们看看这个帮助信息的详细内容。

```
[root@localhost ~]# man ls
LS(1)                           User Commands                          LS(1)

NAME
     ls - list directory contents
```

Linux 9 基础知识全面解析

```
        #命令名称及英文原意

SYNOPSIS
ls [OPTION]... [FILE]...
        #命令的格式

DESCRIPTION
#开始详细介绍命令选项的作用
List information about the FILEs (the current directory by default). Sort entries
alphabetically if none of -cftuvSUX nor --sort.

        Mandatory arguments to long options are mandatory for short options too.

        -a, --all
                do not ignore entries starting with .

        -A, --almost-all
                do not list implied . and ..
…省略部分内容…

AUTHOR
Written by Richard M. Stallman and David MacKenzie.
        #作者
```

虽然不同命令的 man 信息有一些区别，但是每个命令 man 信息的整体结构都和上面演示的一样。在帮助信息中，我们主要查看的就是命令的格式和选项的详细作用。

不过请大家注意，在 man 信息的最后，可以看到还有哪些命令可以查看此命令的相关信息。这是非常重要的提示，不同的帮助信息记录的侧重点是不一样的。如果在 man 信息中找不到想要的内容，则可以尝试查看其他相关帮助命令。

3．man 命令的快捷键

man 命令的快捷键如表 4-2 所示。

表 4-2　man 命令的快捷键

快 捷 键	作　　用
上箭头	向上移动一行
下箭头	向下移动一行
PgUp	向上翻一页
PgDn	向下翻一页
g	移动到第一页
G	移动到最后一页
q	退出
/字符串	从当前页向下搜索字符串

第 4 章 万丈高楼平地起：Linux 常用命令

（续表）

快 捷 键	作　　用
?字符串	从当前页向上搜索字符串
n	当搜索字符串时，可以使用 n 键找到下一个字符串
N	当搜索字符串时，使用 N 键反向查询字符串。也就是说，如果使用"/字符串"方式搜索，则 N 键表示向上搜索字符串；如果使用"?字符串"方式搜索，则 N 键表示向下搜索字符串

man 是比较简单的命令，我们演示一下搜索方法。

```
[root@localhost ~]# man ls
LS(1)                          User Commands                         LS(1)

NAME
     ls - list directory contents

SYNOPSIS
ls [OPTION]... [FILE]...
……省略部分内容……
/--color
#从当前页向下搜索--color 字符串，这是 ls 命令定义输出颜色的选项
```

搜索内容是非常常用的技巧，可以方便地找到需要的信息。输入命令，按回车键之后，可以快速找到第一个"--color"字符串；再按"n"（小写）键，就可以找到下一个"--color"字符串；如果按"N"（大写）键，则可以找到上一个"--color"字符串。

4．man 命令的帮助级别

不知道大家有没有注意到，在执行 man 命令时，命令的开头会有一个数字，用来标识这个命令的帮助级别。例如：

```
[root@localhost ~]# man ls
LS(1)                          User Commands                         LS(1)
#这里的(1)代表 ls 的 1 级别的帮助信息
```

这些命令的级别号代表什么含义呢？我们通过表 4-3 来说明。

表 4-3　man 命令的帮助级别

级　　别	作　　用
1	普通用户可以执行的系统命令和可执行文件的帮助
2	内核可以调用的函数和工具的帮助
3	C 语言函数的帮助
4	设备和特殊文件的帮助
5	配置文件的帮助
6	游戏的帮助（在个人版的 Linux 中是有游戏的）
7	杂项的帮助
8	超级用户可以执行的系统命令的帮助
9	内核的帮助

我们来试试，ls 命令的帮助级别是 1，我们已经看到了。那么我们找一个只有超级用户才能执行的命令，如 useradd 命令（添加用户的命令），来看看这个命令的帮助：

```
[root@localhost ~]# man useradd
USERADD(8)              System Management Commands              USERADD(8)
#我们可以看到，默认 useradd 命令的帮助级别是 8，因为这是只有超级用户才可以执行的命令
```

命令拥有哪个级别的帮助可以通过"-f"选项来进行查看。例如：

```
[root@localhost ~]# mandb
#更新 man 数据库
[root@localhost ~]# man -f ls
ls                   (1)  - list directory contents
#可以看到 ls 命令只拥有 1 级别的帮助
```

注意："-f"选项是依赖数据库进行搜索的新安装的系统，数据库是没有更新的，需要执行 mandb 命令更新数据库之后，"-f"选项才可以使用。

ls 是一个比较简单的 Linux 命令，只有 1 级别的帮助。我们再查看一下 passwd 命令（给用户设定密码的命令）的帮助：

```
[root@localhost ~]# man -f passwd
passwd               (1)  - update user's authentication tokens
#passwd 命令的帮助
passwd               (5)  - password file
#passwd 配置文件的帮助
passwd [sslpasswd]   (1ssl) - compute password hashes
#这里是 SSL 的 passwd 命令的帮助，和 passwd 命令并没有太大关系
```

passwd 是一个比较复杂的命令，而且这个命令有一个相对比较复杂的配置文件 /etc/passwd。系统既给出了 passwd 命令的帮助，也给出了 /etc/passwd 配置文件的帮助。大家可以使用如下命令查看：

```
[root@localhost ~]# man 1 passwd
#查看 passwd 命令的帮助信息
[root@localhost ~]# man 5 passwd
#查看 /etc/passwd 配置文件的帮助
```

至于 useradd 和 passwd 命令，我们会在第 7 章详细讲解，这里只是用这个例子说明 man 命令的不同帮助级别。

man 命令还有一个"-k"选项，它的作用是查看命令名中包含指定字符串的所有相关命令的帮助。例如：

```
[root@localhost ~]# man -k useradd
luseradd(1)        - Add an user
useradd(8)         - create a new user or update default new user information
useradd [adduser]    (8) - create a new user or update default new user information
useradd_selinux       (8) - Security Enhanced Linux Policy for the useradd processes
#这条命令会列出系统中所有包含 useradd 字符串的命令，因此才会找到"/useradd useradd selinux"等命令，但是这和我们要查找的 useradd 命令无关
```

如果我们使用"man -k ls"命令，则会发现输出内容会多出几页，那是因为很多命令中都包含"ls"这个关键字。这条命令适合你只记得命令的几个字符，用来查找相关命令的情况。

在系统中还有两个命令。
- whatis：这个命令的作用和 man -f 是一致的。
- apropos：这个命令的作用和 man -k 是一致的。

不过这两个命令和 man 基本一致，了解即可。不过 Linux 的命令很有意思，想知道这个命令是干什么的，可以执行 whatis 命令；想知道命令在哪里，可以执行 whereis 命令；想知道当前登录用户是谁，可以执行 whoami 命令。

4.6.2 info 命令

info 命令也可以获取命令的帮助信息。和 man 命令不同的是，info 命令的帮助信息是一套完整的资料，每个单独命令的帮助信息只是这套完整资料中的某一节。大家可以把 info 帮助信息看成一部独立的电子书，因此每个命令的帮助信息都会和书籍一样，拥有章节编号。例如：

```
[root@localhost ~]# info ls
File: coreutils.info, Node: ls invocation, Next: dir invocation, Up: Directory
listing

10.1 'ls': List directory contents
==================================

The 'ls' program lists information about files (of any type, including
directories).  Options and file arguments can be intermixed
arbitrarily, as usual.
…省略部分内容…
```

可以看到，ls 命令的帮助信息只是整个 info 帮助信息中的第 10.1 节。在这个帮助信息中，如果标题的前面有"*"符号，则代表这是一个可以进入查看详细信息的子页面，只要按下回车键就可以进入。例如：

```
[root@localhost ~]# info ls
…省略部分内容…
  Also see *note Common options::.

* Menu:

* Which files are listed::
* What information is listed::
* Sorting the output::
* General output formatting::
* Formatting file timestamps::
```

```
* Formatting the file names::
```
…省略部分内容…

这是 ls 命令的 info 帮助信息中可以查看详细的子页面的标题。info 命令主要是靠快捷键来进行操作的,我们来看看常用的快捷键,如表 4-4 所示。

表 4-4 info 命令的常用快捷键

快 捷 键	作 用	快 捷 键	作 用
上箭头	向上移动一行	u	进入上一层信息(回车是进入下一层信息)
下箭头	向下移动一行	n	进入下一节信息
PgUp	向上翻一页	p	进入上一节信息
PgDn	向下翻一页	?	查看帮助信息
Tab	在带有"*"符号的节点间进行切换	q	退出 info 信息
回车	进入带有"*"符号的子页面,查看详细帮助信息		

这是常用的快捷键,其他快捷键可以使用"?"快捷键查看。

4.6.3 help 命令

help 是非常简单的命令,而且不经常使用。因为 help 只能获取 Shell 内置命令的帮助,但在 Linux 中绝大多数命令是外部命令,所以 help 命令的作用非常有限。内置命令也可以使用 man 命令获取帮助,help 命令的基本信息如下。

- 命令名称:help。
- 英文原意:help。
- 所在路径:Shell 内置命令。
- 执行权限:所有用户。
- 功能描述:显示 Shell 内置命令的帮助。

help 命令的格式非常简单:

```
[root@localhost ~]# help 内置命令
```

Linux 中有哪些命令是内置命令呢?我们可以随意使用 man 命令来查看一个内置命令的帮助,例如:

```
[root@localhost ~]# man help
```

可以发现,如果使用 man 命令查看任意一个 Shell 内置命令,则会列出所有 Shell 内置命令的帮助。

如果我们使用 help 命令查看外部命令的帮助,则会如何呢?

```
[root@localhost ~]# help ls
-bash: help: no help topics match 'ls'.  Try 'help help' or 'man -k ls' or 'info ls'.
#这里会报错,报错信息是"help 无法得到 ls 命令的帮助,请查看 help 的帮助信息,或者用 man 和 info 来查看 ls 的帮助信息"
```

4.6.4 --help 选项

绝大多数命令都可以使用"--help"选项来查看帮助，这也是一种获取帮助的方法。例如：

```
[root@localhost ~]# ls --help
```

这种方法非常简单，输出的帮助信息基本上是 man 命令的简要版信息。

对于这 4 种常见的获取帮助的方法，大家可以按照习惯任意使用。

4.7 搜索命令

Linux 拥有强大的搜索功能，但是强大带来的缺点是相对比较复杂。大家不用担心，搜索命令只是选项较多，不容易记忆而已，并不难理解。

在使用搜索命令的时候，大家还是需要注意，如果搜索的范围过大、搜索的内容过多，则会给系统造成巨大的压力，因此不要在服务器访问的高峰执行大范围的搜索命令。

4.7.1 whereis 命令

whereis 是搜索系统命令的命令（像绕口令一样），也就是说，whereis 命令不能搜索普通文件，而只能搜索系统命令。whereis 命令的基本信息如下。

- 命令名称：whereis。
- 英文原意：locate the binary, source, and manual page files for a command。
- 所在路径：/usr/bin/whereis。
- 执行权限：所有用户。
- 功能描述：查找二进制命令、源文件和帮助文档的命令。

1．命令格式

查看英文原意就能发现 whereis 命令不仅可以搜索二进制命令，还可以找到命令的帮助文档的位置。

```
[root@localhost ~]# where [选项] 命令
选项：
    -b：只查找二进制命令
    -m：只查找帮助文档
```

2．常见用法

whereis 命令的使用比较简单，我们来试试，例如：

```
[root@localhost ~]# whereis ls
ls: /bin/ls /usr/share/man/man1/ls.1.gz /usr/share/man/man1p/ls.1p.gz
#既可以看到二进制命令的位置，也可以看到帮助文档的位置
```

但是，如果使用 whereis 命令查看普通文件，则无法查找到。例如：
```
[root@localhost ~]# touch cangls
[root@localhost ~]# whereis cangls
cangls:
#无法查找到普通文件的信息
```
如果需要查找普通文件的内容，则需要使用 find 命令，我们稍后会详细讲解 find 命令。

再看一下 whereis 命令的选项。如果我们只想查看二进制命令的位置，则可以使用"-b"选项；而如果我们只想查看帮助文档的位置，则可以使用"-m"选项。
```
[root@localhost ~]# whereis -b ls
ls: /bin/ls
#只查看二进制命令的位置
[root@localhost ~]# whereis -m ls
ls: /usr/share/man/man1/ls.1.gz /usr/share/man/man1p/ls.1p.gz
#只查看帮助文档的位置
```

4.7.2　which 命令

which 也是搜索系统命令的命令。和 whereis 命令的区别在于，whereis 命令可以在查找到二进制命令的同时，查找到帮助文档的位置；而 which 命令在查找到二进制命令的同时，如果这个命令有别名，则还可以找到别名命令。which 命令的基本信息如下。

- 命令名称：which。
- 英文原意：shows the full path of (shell) commands。
- 所在路径：/usr/bin/which。
- 执行权限：所有用户。
- 功能描述：列出命令的所在路径。

which 命令非常简单，可用选项也不多，我们直接举个例子：
```
[root@localhost ~]# which ls
alias ls='ls --color=auto'
    /bin/ls
#which 命令可以查找到命令的别名和命令所在位置
#alias 这段就是别名，别名就是小名，也就是说，当我们输入 ls 命令时，实际上执行的是 ls --color=auto
```

4.7.3　locate 命令

whereis 和 which 命令都是只能搜索系统命令的命令，而 locate 命令才是可以按照文件名搜索普通文件的命令。

但是 locate 命令的局限也很明显，它只能按照文件名来搜索文件，而不能执行更复杂的搜索，比如按照权限、大小、修改时间等搜索文件。如果要按照复杂条件执行搜索，则只能求助于功能更加强大的 find 命令。locate 命令的优点也非常明显，那就是搜索速度非常快，而且耗费系统资源非常小。这是因为 locate 命令不会直接搜索硬盘空间，而会先建立 locate 数据库，然后在数据库中按照文件名进行搜索，是快速的搜索命令。locate 命令的基本信息如下。

- 命令名称：locate。
- 英文原意：find files by name。
- 所在路径：/usr/bin/locate。
- 执行权限：所有用户。
- 功能描述：按照文件名搜索文件。

1. 命令格式

locate 命令只能按照文件名来进行搜索，使用比较简单。

```
[root@localhost ~]# locate [选项] 文件名
选项：
    -i：忽略大小写
```

2. 常见用法

例子 1：基本用法

搜索 Linux 的安装日志。

```
[root@localhost ~]# locate anaconda-ks.cfg
/root/anaconda-ks.cfg
#搜索文件名为 anaconda-ks.cfg 的文件
```

系统命令其实也是文件，也可以按照文件名来搜索系统命令。

```
[root@localhost ~]# locate mkdir
/bin/mkdir
/usr/bin/gnomevfs-mkdir
/usr/lib/perl5/auto/POSIX/mkdir.al
…省略部分内容…
#会搜索出所有含有 mkdir 字符串的文件名，当然也包含 mkdir 命令
```

例子 2：locate 命令的数据库

我们在使用 locate 命令的时候，可能会发现一个问题：如果我们新建立一个文件，那么 locate 命令找不到这个文件。例如：

```
[root@localhost ~]# touch cangls
[root@localhost ~]# locate cangls
#新建立的文件，locate 命令找不到
```

这是因为 locate 命令不会直接搜索硬盘空间，而会搜索 locate 数据库。这样做的好处是耗费系统资源小、搜索速度快；缺点是数据库不是实时更新的，而要等用户退出登录或重启系统时，locate 数据库才会更新，因此我们无法查找到新建立的文件。

既然如此，locate 命令的数据库在哪里呢？

```
[root@localhost ~]# ll /var/lib/mlocate/mlocate.db
-rw-r----- 1 root slocate 2328027 6月  14 02:08 /var/lib/mlocate/mlocate.db
```

```
#这是 locate 命令实际搜索的数据库的位置
```
这个数据库是二进制文件，不能直接使用 Vim 等编辑器查看，而只能使用对应的 locate 命令进行搜索。如果我们不想退出登录或重启系统，则也可以通过 updatedb 命令来手工更新这个数据。例如：

```
[root@localhost ~]# locate cangls
#没有更新数据库时，找不到 cangls 文件
[root@localhost ~]# updatedb
#更新数据库
[root@localhost ~]# locate cangls
/root/cangls
#新建立的文件已经可以搜索到了
```

3. locate 配置文件

我们再做一个实验，看看这是什么原因导致的。

```
[root@localhost ~]# touch /tmp/bols
#在/tmp/目录下新建立一个文件
[root@localhost ~]# updatedb
#更新 locate 数据库
[root@localhost ~]# locate bols
#依然查询不到 bols 这个新建文件
```

新建立了/tmp/bols 文件，而且也执行了 updatedb 命令，却依然无法找到这个文件，这是什么原因呢？这就要来看看 locate 的配置文件/etc/updatedb.conf 了。

```
[root@localhost ~]# vi /etc/updatedb.conf
PRUNE_BIND_MOUNTS = "yes"
#开启搜索限制，也就是让这个配置文件生效
PRUNEFS = "9p afs anon_Inodefs auto autofs bdev binfmt_misc cgroup cifs coda
configfs cpuset debugfs devpts ecryptfs exofs fuse fusectl gfs gfs2 hugetlbfs
inotifyfs iso9660 jffs2 lustre mqueue ncpfs nfs nfs4 nfsd pipefs proc ramfs
rootfs rpc_pipefs securityfs selinuxfs sfs sockfs sysfs tmpfs ubifs udf usbfs"
#在 locate 执行搜索时，禁止搜索这些文件系统类型
PRUNENAMES = ".git .hg .svn"
#在 locate 执行搜索时，禁止搜索带有这些扩展名的文件
PRUNEPATHS = "/afs /media /net /sfs /tmp /udev /var/cache/ccache
/var/spool/cups /var/spool/squid /var/tmp"
#在 locate 执行搜索时，禁止搜索这些系统目录
```

在 locate 执行搜索时，系统认为某些文件系统、某些文件类型和某些目录是没有搜索必要的，比如光盘、网盘、临时目录等，这些内容要么不在 Linux 系统中，是外来存储和网络存储，要么是系统的缓存和临时文件。刚好/tmp/目录也在 locate 搜索的排除目录当中，因此在/tmp/目录下新建的文件是无法被找到的。

4.7.4 find 命令

find 是 Linux 中强大的搜索命令，不仅可以按照文件名搜索文件，还可以按照权限、

大小、时间、Inode 号等来搜索文件。但是 find 命令是直接在硬盘中进行搜索的，如果指定的搜索范围过大，find 命令就会消耗较大的系统资源，导致服务器压力过大。在使用 find 命令搜索时，不要指定过大的搜索范围。find 命令的基本信息如下。

- 命令名称：find。
- 英文原意：search for files in a directory hierarchy。
- 所在路径：/usr/bin/find。
- 执行权限：所有用户。
- 功能描述：在目录中搜索文件。

1. 命令格式

```
[root@localhost ~]# find 搜索路径 [选项] 搜索内容
```

find 是一个比较特殊的命令，它有两个参数：第一个参数用来指定搜索路径；第二个参数用来指定搜索内容。find 命令的选项比较复杂，我们一个一个举例来看。

2. 按照文件名搜索

```
[root@localhost ~]# find 搜索路径 [选项] 搜索内容
选项：
    -name：  按照文件名搜索
    -iname： 按照文件名搜索，不区分文件名的大小写
    -inum：  按照 Inode 号搜索
```

这是 find 最常用的用法，我们来试试：

```
[root@localhost ~]# find / -name yum.conf
/etc/yum.conf
#在"/"目录下查找文件名为 yum.conf 的文件
```

find 命令有一个小特性，就是搜索的文件名必须和你的搜索内容一致才能找到。如果只包含搜索内容，则找不到。下面我们做一个实验：

```
[root@localhost ~]# touch yum.conf.bak
#在/root/目录下建立一个文件 yum.conf.bak
[root@localhost ~]# find / -name yum.conf
/etc/yum.conf
#搜索只能找到 yum.conf 文件，而不能找到 yum.conf.bak 文件
```

find 能够找到的是只有和搜索内容 yum.conf 一致的 /etc/yum.conf 文件，而 /root/yum.conf.bak 文件虽然含有搜索关键字，但是不会被找到。这种特性我们总结为：find 命令是完全匹配的，必须和搜索关键字一模一样才会列出。

Linux 中的文件名是区分大小写的，也就是说，搜索小写文件是找不到大写文件的。如果想要大小通吃，就要使用 -iname 来搜索文件。

```
[root@localhost ~]# touch CANGLS
[root@localhost ~]# touch cangls
#建立大写和小写文件
[root@localhost ~]# find . -iname cangls
./CANGLS
./cangls
#使用-iname，大小写文件通吃
```

每个文件都有 Inode 号,如果我们知道 Inode 号,则也可以按照 Inode 号来搜索文件。
```
[root@localhost ~]# ls -i anaconda-ks.cfg
51059886 anaconda-ks.cfg
#如果知道文件名,则可以用"ls -i"来查找 Inode 号
[root@localhost ~]# find . -inum 51059886
./anaconda-ks.cfg
#如果知道 Inode 号,则可以用 find 命令来查找文件名
```
按照 Inode 号搜索文件,也是区分硬链接文件的重要手段,因为硬链接文件的 Inode 号是一致的。
```
[root@localhost ~]# ln /root/anaconda-ks.cfg /tmp/
#给 install.log 文件创建一个硬链接文件
[root@localhost ~]# ll -i /root/anaconda-ks.cfg /tmp/anaconda-ks.cfg
51059886 -rw-------. 2 root root 1066  5月 18 19:45 /root/anaconda-ks.cfg
51059886 -rw-------. 2 root root 1066  5月 18 19:45 /tmp/anaconda-ks.cfg
#可以看到这两个硬链接文件的 Inode 号是一致的(ll 命令就是 ls -l)
[root@localhost ~]# find / -inum 51059886
/root/anaconda-ks.cfg
/tmp/anaconda-ks.cfg
#如果硬链接不是我们自己建立的,则可以通过 find 命令搜索 Inode 号,来确定硬链接文件
```

3. 按照文件大小搜索

```
[root@localhost ~]# find 搜索路径 [选项] 搜索内容
选项:
    -size [+|-]大小: 按照指定大小搜索文件
```
这里"+"的意思是搜索比指定大小还要大的文件,"-"的意思是搜索比指定大小还要小的文件。我们来试试:
```
[root@localhost etc]# ll -h /etc/services
-rw-r--r--. 1 root root 677K  6月 23  2020 /etc/services
#/etc/services 文件中记录了常见端口的作用,我们用这个文件做个实验,这个文件的大小是 677KB

[root@localhost etc]# find /etc/ -size 677k
/etc/services
#查找大小刚好是 677KB 的文件,可以找到

[root@localhost etc]# find /etc/ -size -677k | more
/etc/
/etc/mtab
/etc/fstab
/etc/crypttab
/etc/resolv.conf
…省略部分内容…
#查找小于 677KB 的文件,可以找到很多

[root@localhost etc]# find /etc/ -size +677k
/etc/selinux/targeted/policy/policy.33
```

```
/etc/udev/hwdb.bin
#查找大于677KB的文件，就找到两个
```
其实find命令的-size选项是不太规范的选项，为什么这样说？find命令可以按照KB来搜索，应该也可以按照MB来搜索吧。
```
[root@localhost ~]# find . -size -25m
find: 无效的 -size 类型 "m"
#为什么会报错呢？其实是因为如果按照MB来搜索，则必须是大写的M
```
这就是纠结点，千字节必须是小写的"k"，而兆字节必须是大写的"M"。可以不写单位，直接按照字节搜索吗？我们来试试：
```
[root@localhost ~]# ll anaconda-ks.cfg
-rw-------. 2 root root 1066  5月 18 19:45 anaconda-ks.cfg
#anaconda-ks.cfg文件有1066字节
[root@localhost ~]# find . -size 1066
#但用find查找1207，是什么也找不到的
```
也就是说，find命令的默认单位不是字节。如果不写单位，find命令是按照512B来进行查找的。下面我们看看find命令的帮助。
```
[root@localhost ~]# man find
    -size n[cwbkMG]
           File uses n units of space.  The following suffixes can be used:
           'b'    for 512-byte blocks (this is the default if no suffix is used)
                  #这是默认单位，如果单位为b或不写单位，则按照512B搜索
           'c'    for bytes
                  #搜索单位是c，按照字节搜索
           'w'    for two-byte words
                  #搜索单位是w，按照双字节（中文）搜索
           'k'    for Kilobytes (units of 1024 bytes)
                  #按照KB单位搜索，必须是小写的k
           'M'    for Megabytes (units of 1048576 bytes)
                  #按照MB单位搜索，必须是大写的M
           'G'    for Gigabytes (units of 1073741824 bytes)
                  #按照GB单位搜索，必须是大写的G
```
也就是说，如果想要按照字节搜索，则需要加搜索单位"c"。我们来试试：
```
[root@localhost ~]# find . -size 1066c
./anaconda-ks.cfg
#使用搜索单位c，才会按照字节搜索
```

4. 按照修改时间搜索

Linux中的文件有访问时间（atime）、数据修改时间（mtime）和状态修改时间（ctime）三种，我们也可以按照时间来搜索文件。
```
[root@localhost ~]# find 搜索路径 [选项] 搜索内容
选项：
    -atime [+-]时间：按照文件访问时间搜索
    -mtime [+-]时间：按照文件数据修改时间搜索
```

-ctime [+-]时间：按照文件状态修改时间搜索

这三个时间的区别我们在 stat 命令中已经解释过了，这里用 mtime 数据修改时间来举例，重点说说"[+-]"时间的含义。

- -5：代表 5 天内修改的文件。
- 5：代表前 5~6 天那一天修改的文件。
- +5：代表 6 天前修改的文件。

我们画一个时间轴来解释一下，如图 4-6 所示。

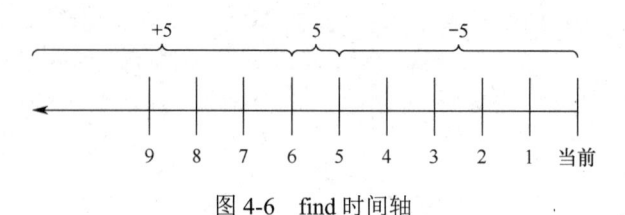

图 4-6 find 时间轴

每次笔者写到这里，"-5"代表 5 天内修改的文件，而"+5"总有人说代表 5 天后修改的文件。这是不对的，5 天后是未来时间，我们无法预测未来系统会建立什么文件。

因此"-5"指的是 5 天内修改的文件，"5"指的是前 5~6 天修改的文件，"+5"指的是 6 天前修改的文件。我们来试试：

```
[root@localhost ~]# find . -mtime -5
#查找 5 天内修改过的文件
```

大家可以在系统中把几个选项都试试，就可以明白各个选项间的差别了。

find 不仅可以按照 atmie、mtime 和 ctime 来查找文件的时间，也可以按照 amin、mmin 和 cmin 来查找文件的时间，区别只是所有 time 选项的默认单位是天，而 min 选项的默认单位是分钟。

5．按照权限搜索

在 find 中，也可以按照文件的权限来进行搜索。权限也支持[+-]选项。我们先看一下命令格式。

```
[root@localhost ~]# find 搜索路径 [选项] 搜索内容
选项：
    -perm 权限模式：查找文件权限刚好等于"权限模式"的文件
    -perm -权限模式：查找文件权限全部包含"权限模式"的文件
    -perm +权限模式：查找文件权限包含"权限模式"的任意一个权限的文件
```

为了便于理解，我们要举几个例子。先建立几个测试文件。

```
[root@localhost ~]# mkdir test
[root@localhost ~]# cd test/
[root@localhost test]# touch test1
[root@localhost test]# touch test2
[root@localhost test]# touch test3
[root@localhost test]# touch test4
#建立测试目录，以及测试文件
[root@localhost test]# chmod 755 test1
```

```
[root@localhost test]# chmod 444 test2
[root@localhost test]# chmod 600 test3
[root@localhost test]# chmod 200 test4
#设定实验权限。因为是实验权限，所以看起来比较别扭
[root@localhost test]# ll
总用量 0
-rwxr-xr-x 1 root root 0 6月  17 11:05 test1
-r--r--r-- 1 root root 0 6月  17 11:05 test2
-rw------- 1 root root 0 6月  17 11:05 test3
--w------- 1 root root 0 6月  17 11:05 test4
#查看权限
```

例子1："-perm 权限模式"

这种搜索比较简单，代表查找的权限必须和指定的权限模式一模一样才可以找到。

```
[root@localhost test]# find . -perm 444
./test2
[root@localhost test]# find . -perm 200
./test4
#按照指定权限搜索文件，文件的权限必须和搜索指定的权限一致才能找到
```

例子2："-perm -权限模式"

如果使用"-perm -权限模式"，代表的是文件的权限必须全部包含搜索命令指定的权限模式才可以找到。

```
[root@localhost test]# find . -perm -200
.
./test4                  <- 此文件权限为200
./test3                  <- 此文件权限为600
./test1                  <- 此文件权限为755
#搜索文件的权限包含200的文件，不会找到test2文件，因为test2的权限为444，不包含200
权限
```

因为test4的权限200（--w-------）、test3的权限600（-rw-------）和test1的权限755（-rwxr-xr-x）都包含200（--w-------）权限，所以可以找到；而test2的权限是444(-r--r--r--)，不包含200（--w-------）权限，所以找不到。再试试：

```
[root@localhost test]# find . -perm -444
.
./test2                  <- 此文件权限为444
./test1                  <- 此文件权限为755
#搜索文件的权限包含444的文件
```

上述搜索会找到test1和test2，因为test1的权限755（-rwxr-xr-x）和test2的权限444（-r--r--r--）都完全包含444（-r--r--r--）权限，所以可以找到；而test3的权限600（-rw-------）和test4的权限200（--w-------）不完全包含444（-r--r--r--）权限，所以找不到。也就是说，test3和test4文件的所有者权限虽然包含4权限，但是所属组权限和其他人权限都是0，不包含4权限，所以找不到，这也是完全包含的意思。

例子3："-perm +权限模式"

刚刚的"-perm -权限模式"必须完全包含才能找到；而"-perm +权限模式"是只要包含任意一个指定权限就可以找到。我们来试试：

```
[root@localhost test]# find . -perm +444
.
./test3                <- 此文件权限为 600
./test2                <- 此文件权限为 444
./test1                <- 此文件权限为 755
```

之前的"-444"只能找到 test1 和 test2 文件，那是因为"-444"需要文件的权限完全包含"444"权限才可以找到，而 test1 的权限 755（-rwxr-xr-x）和 test2 的权限 444（-r--r--r--）都完全包含 444（-r--r--r--）权限。

这里的"+444"却能找到 test1、test2 和 test3 文件，那是因为 test3 的权限是 600（-rw-------），虽然所属组和其他人的权限不包含 4 权限，但是"+权限模式"只要有一个身份的权限包含任意一个指定权限就可以找到。而 test3 的所有者权限是 6，包含 4 权限，所以依然能够找到。而找不到 test4，是因为 test4 的权限是 200（--w-------），test4 的任意身份（所有者、所属组和其他人）都没有 4 权限，所以找不到。

再试试：

```
[root@localhost test]# find . -perm +777
.
./test4
./test3
./test2
./test1
```

如果搜索指定权限是"+777"，那么这 4 个测试文件的任意一个身份只要拥有读、写和执行任意一个权限都能找到。如果我们把 test4 的权限改为"000"，那么"+777"还能找到吗？

```
[root@localhost test]# chmod 000 test4
[root@localhost test]# find . -perm +777
.
./test3
./test2
./test1
```

如果 test4 的权限是"000"，则搜索"+777"就不能找到了。因为 test4 的所有身份都不拥有读、写和执行权限，而"+777"要求至少有一个身份拥有读、写和执行的任意一个权限才能找到。

6. 按照所有者和所属组搜索

```
[root@localhost ~]# find 搜索路径 [选项] 搜索内容
选项：
    -uid 用户 ID: 按照用户 ID 查找所有者是指定 ID 的文件
    -gid 组 ID: 按照用户组 ID 查找所属组是指定 ID 的文件
    -user 用户名: 按照用户名查找所有者是指定用户的文件
    -group 组名: 按照组名查找所属组是指定用户组的文件
```

-nouser: 查找没有所有者的文件

这组选项比较简单，就是按照文件的所有者和所属组来进行文件的查找。在 Linux 系统中，绝大多数文件都是使用 root 用户身份建立的，在默认情况下，绝大多数系统文件的所有者都是 root。例如：

```
[root@localhost ~]# find . -user root
#在当前目录中查找所有者是 root 的文件
```

因为当前目录是 root 的家目录，所有文件的所有者都是 root 用户，所以这条搜索命令会找到当前目录下所有的文件。

按照所有者和所属组搜索时，"-nouser"选项比较常用，主要用于查找垃圾文件。在 Linux 中，所有的文件都有所有者，只有一种情况例外，那就是外来文件。比如光盘和 U 盘中的文件如果是由 Windows 复制的，在 Linux 中查看就是没有所有者的文件；再比如手工源码包安装的文件，也有可能没有所有者。除这种外来文件外，如果系统中发现了没有所有者的文件，一般都是没有作用的垃圾文件（比如用户删除之后遗留的文件），这时需要用户手工处理。搜索没有所有者的文件，可以执行以下命令：

```
[root@localhost ~]# find / -nouser
```

7. 按照文件类型搜索

```
[root@localhost ~]# find 搜索路径 [选项] 搜索内容
选项:
    -type d: 查找目录
    -type f: 查找普通文件
    -type l: 查找软链接文件
```

这个命令也很简单，主要按照文件类型进行搜索。在一些特殊情况下，比如需要把普通文件和目录文件区分开，使用这个选项就很方便。

```
[root@localhost ~]# find /etc -type d
#查找/etc/目录下有哪些子目录
```

8. 逻辑运算符

```
[root@localhost ~]# find 搜索路径 [选项] 搜索内容
选项:
    -a: and 逻辑与
    -o: or 逻辑或
    -not: not 逻辑非
```

1）-a: and 逻辑与

find 命令也支持逻辑运算符选项，其中"-a"代表逻辑与运算，也就是"-a"的两个条件都成立，find 搜索的结果才成立。例如：

```
[root@localhost ~]# find . -size +2k -a -type f
#在当前目录下搜索大于 2KB，并且文件类型是普通文件的文件
```

在这个例子中，文件既要大于 2KB，又必须是普通文件，find 命令才可以找到。例如：

```
[root@localhost ~]# find . -mtime -3 -a -perm 644
#在当前目录下搜索 3 天以内修改过，并且权限是 644 的文件
```

2）-o：or 逻辑或

"-o"选项代表逻辑或运算，也就是"-o"的两个条件只要其中一个成立，find 命令就可以找到结果。例如：

```
[root@localhost ~]# find . -name cangls -o -name bols
./cangls
./bols
#在当前目录下搜索文件名，要么是 cangls 的文件，要么是 bols 的文件
```

"-o"选项的两个条件只要成立一个，find 命令就可以找到结果，因此这个命令既可以找到 cangls 文件，也可以找到 bols 文件。

3）-not：not 逻辑非

"-not"是逻辑非，也就是取反的意思。例如：

```
[root@localhost ~]# find . -not -name cangls
#在当前目录下搜索文件名不是 cangls 的文件
```

9．其他选项

1）-exec 选项

这里我们主要讲解两个选项："-exec"和"-ok"，这两个选项的基本作用非常相似。我们先来看看"-exec"选项的格式。

```
[root@localhost ~]# find 搜索路径 [选项] 搜索内容 -exec 命令 2 {} \;
```

首先，请大家注意这里的"{}"和"\;"是标准格式，只要执行"-exec"选项，这两个符号必须完整输入。

其次，这个选项的作用其实是把 find 命令的结果交给由"-exec"调用的命令 2 来处理。"{}"就代表 find 命令的查找结果。

我们举个例子，刚刚在讲解权限的时候，使用权限模式搜索只能看到文件名，例如：

```
[root@localhost test]# find . -perm 444
./test2
```

如果要查看文件的具体权限，还要使用"ll"命令查看。使用"-exec"选项则可以一条命令搞定：

```
[root@localhost test]# find . -perm 444 -exec ls -l {} \;
-r--r--r-- 1 root root 0 6月  17 11:05 ./test2
#使用"-exec"选项，把 find 命令的结果直接交给"ls -l"命令处理
```

"-exec"选项的作用是把 find 命令的结果放入"{}"中，再由命令 2 直接处理。在这个例子中就是使用"ls -l"命令直接处理，会使 find 命令更加方便。

2）-ok 选项

"-ok"选项和"-exec"选项的作用基本一致，区别在于："-exec"的命令 2 会直接处理，而不询问；"-ok"的命令 2 在处理前会先询问用户是否这样处理，在得到确认命令后才会执行。例如：

```
[root@localhost test]# find . -perm 444 -ok rm -rf {} \;
< rm ... ./test2 > ? y            <- 需要用户输入 y，才会执行
#我们这次使用 rm 命令来删除 find 找到的结果，删除的动作最好确认一下
```

4.8 压缩和解压缩命令

4.8.1 压缩文件介绍

在系统中，如果有大量的文件需要进行复制和保存，那么打包压缩是不错的选择。打包压缩作为常规操作，在 Windows 和 Linux 中都比较常见。Windows 中常见的压缩包格式主要有".zip"".rar"和".7z"等，但是你了解这些不同压缩格式的区别吗？普通用户并不需要理解这些压缩格式的算法有什么区别、压缩比有哪些不同，只要在碰到这些压缩包时可以正确地解压缩，在想要压缩时可以正确地操作，目的就达到了。

在 Linux 中也是一样的，可以识别的常见压缩格式有十几种，比如".zip"".gz"".bz2"".tar"".tar.gz"".tar.bz2"等。我们也不需要知道这些压缩格式的具体区别，只要对应的压缩包会解压缩、想要压缩的时候会操作即可。

还有一件事，笔者一直强调"Linux 不靠扩展名区分文件类型，而是靠权限"，那么压缩包也不应该区分扩展名啊！为什么还要区分是".gz"还是".bz2"的扩展名呢？这是因为，在 Linux 中，不同的压缩方法对应的解压缩方法也是不同的，这里的扩展名并不是 Linux 系统一定需要的（Linux 不区分扩展名），而是用来给用户标识压缩格式的。只有知道了正确的压缩格式，才能采用正确的解压缩命令。

大家可以想象一下，如果你压缩了一个文件，起了一个名字"abc"，今天你知道这是一个压缩包，可以解压缩，那么半年之后呢？而如果你将它命名为"etc_bak.tar.gz"，那么无论什么时候、无论哪个用户都知道这是"/etc/"目录的备份压缩包。因此压缩文件一定要严格区分扩展名，这不是系统必需的，而是用来让管理员区分文件类型的。

4.8.2 ".zip"格式

".zip"是 Windows 中最常用的压缩格式，Linux 也可以正确识别".zip"格式，这可以方便地与 Windows 系统通用压缩文件。

1. ".zip"格式的压缩命令

压缩命令就是 zip，其基本信息如下。

- 命令名称：zip。
- 英文原意：package and compress (archive) files。
- 所在路径：/usr/bin/zip。
- 执行权限：所有用户。
- 功能描述：压缩文件或目录。

命令格式如下：

```
[root@localhost ~]# zip [选项] 压缩包名 源文件或源目录
选项：
    -r: 压缩目录
```

zip 压缩命令需要手工指定压缩之后的压缩包名,注意写清楚扩展名,以方便解压缩时使用。举个例子:

```
[root@localhost ~]# zip ana.zip anaconda-ks.cfg
adding: anaconda-ks.cfg (deflated 37%)
#压缩
[root@localhost ~]# ll ana.zip
-rw-r--r-- 1 root root 935 6月 17 16:00 ana.zip
#压缩文件生成
```

所有的压缩命令都可以同时压缩多个文件,例如:

```
[root@localhost ~]# zip test.zip bols cangls
adding: bols (deflated 72%)
adding: cangls (deflated 85%)
#同时压缩多个文件到test.zip压缩包中
[root@localhost ~]# ll test.zip
-rw-r--r-- 1 root root 8368 6月 17 16:03 test.zip
#压缩文件生成
```

如果想要压缩目录,则需要使用"-r"选项,例如:

```
[root@localhost ~]# mkdir dir1
#建立测试目录
[root@localhost ~]# zip -r dir1.zip dir1
adding: dir1/ (stored 0%)
#压缩目录
[root@localhost ~]# ls -dl dir1.zip
-rw-r--r-- 1 root root 160 6月 17 16:22 dir1.zip
#压缩文件生成
```

2. ".zip"格式的解压缩命令

".zip"格式的解压缩命令是 unzip,其基本信息如下。

- 命令名称:unzip。
- 英文原意:list, test and extract compressed files in a ZIP archive。
- 所在路径:/usr/bin/unzip。
- 执行权限:所有用户。
- 功能描述:列表、测试和提取压缩文件中的文件。

命令格式如下:

```
[root@localhost ~]# unzip [选项] 压缩包名
选项:
    -d: 指定解压缩位置
```

不论是文件压缩包,还是目录压缩包都可以直接解压缩,例如:

```
[root@localhost ~]# unzip dir1.zip
Archive:  dir1.zip
creating: dir1/
#解压缩
```

也可以手工指定解压缩位置,例如:

```
[root@localhost ~]# unzip -d /tmp/ ana.zip
Archive:  ana.zip
 inflating: /tmp/anaconda-ks.cfg
#把压缩包解压到指定位置
```

4.8.3 ".gz" 格式

1. ".gz" 格式的压缩命令

".gz" 格式是 Linux 中最常用的压缩格式,使用 gzip 命令进行压缩,其基本信息如下。

- 命令名称:gzip。
- 英文原意:compress or expand files。
- 所在路径:/usr/bin/gzip。
- 执行权限:所有用户。
- 功能描述:压缩文件或目录。

这个命令的格式如下:

```
[root@localhost ~]# gzip [选项] 源文件
选项:
    -c: 将压缩数据输出到标准输出中,可以用于保留源文件
    -d: 解压缩
    -r: 压缩目录
    -v: 显示压缩文件的信息
    -数字: 用于指定压缩等级,-1 压缩等级最低,压缩比最差;-9 压缩比最高。默认压缩比是-6
```

例子 1:基本压缩

gzip 压缩命令非常简单,甚至不需要指定压缩之后的压缩包名,只需指定源文件名即可。我们来试试:

```
[root@localhost ~]# gzip anaconda-ks.cfg
#压缩 install.log 文件
[root@localhost ~]# ls
anaconda-ks.cfg.gz
#压缩文件生成,但是源文件也消失了
```

例子 2:保留源文件压缩

在使用 gzip 命令压缩文件时,源文件会消失,从而生成压缩文件。这时有些人会有强迫症:能不能在压缩文件的时候,不让源文件消失?答案是可以的,不过很别扭。

```
[root@localhost ~]# gzip -c anaconda-ks.cfg > anaconda-ks.cfg.gz
#使用-c 选项,但是不让压缩数据输出到屏幕上,而是重定向到压缩文件中
#这样可以在压缩文件的同时不删除源文件
[root@localhost ~]# ls
anaconda-ks.cfg  anaconda-ks.cfg.gz
#可以看到压缩文件和源文件都存在
```

例子 3:压缩目录

我们可能会想当然地认为 gzip 命令可以压缩目录。我们来试试:

```
[root@localhost ~]# mkdir test
[root@localhost ~]# touch test/test1
[root@localhost ~]# touch test/test2
[root@localhost ~]# touch test/test3
#建立测试目录，并在里面建立几个测试文件
[root@localhost ~]# gzip -r test/
#压缩目录，并没有报错
[root@localhost ~]# ls
anaconda-ks.cfg  anaconda-ks.cfg.gz  test
#但是查看后发现test目录依然存在，并没有变为压缩文件
[root@localhost ~]# ls test/
test1.gz  test2.gz  test3.gz
#原来gzip命令不会打包目录，而是把目录下所有的子文件分别压缩
```

在 Linux 中，打包和压缩是分开处理的。而 gzip 命令只会压缩，不能打包，因此才会出现没有打包目录，而只把目录下的文件进行压缩的情况。

2. ".gz" 格式的解压缩命令

如果要解压缩 ".gz" 格式，那么使用 "gzip -d 压缩包" 和 "gunzip 压缩包" 命令都可以。我们先来看看 gunzip 命令的基本信息。

- 命令名称：gunzip。
- 英文原意：compress or expand files。
- 所在路径：/usr/bin/gunzip。
- 执行权限：所有用户。
- 功能描述：解压缩文件或目录。

常规用法就是直接解压缩文件，例如：

```
[root@localhost ~]# gunzip anaconda-ks.cfg.gz
```

如果要解压缩目录下的内容，则依然使用 "-r" 选项，例如：

```
[root@localhost ~]# gunzip -r test/
```

当然，"gunzip -r" 依然只会解压缩目录下的文件，而不会解打包。要想解压缩 ".gz" 格式，还可以使用 "gzip -d" 命令，例如：

```
[root@localhost ~]# gzip -d anaconda-ks.cfg.gz
```

3. 查看 ".gz" 格式压缩的文本文件内容

如果我们压缩的是一个纯文本文件，则可以直接使用 zcat 命令，在不解压缩的情况下查看这个文本文件中的内容。例如：

```
[root@localhost ~]# zcat anaconda-ks.cfg.gz
```

4.8.4 ".bz2" 格式

1. ".bz2" 格式的压缩命令

".bz2" 格式是 Linux 的另一种压缩格式，从理论上来讲，".bz2" 格式的算法更先进、压缩比更好；而 ".gz" 格式相对来讲压缩的时间更快。

".bz2"格式的压缩命令是bzip2,我们来看看这个命令的基本信息。
- 命令名称:bzip2。
- 英文原意:a block-sorting file compressor。
- 所在路径:/usr/bin/bzip2。
- 执行权限:所有用户。
- 功能描述:.bz2 格式的压缩命令。

来看看 bzip2 命令的格式。

```
[root@localhost ~]# bzip2 [选项] 源文件
选项:
    -d: 解压缩
    -k: 压缩时,保留源文件
    -v: 显示压缩的详细信息
    -数字:这个参数和 gzip 命令的作用一样,用于指定压缩等级,-1 压缩等级最低,压缩比最差;
    -9 压缩比最高
```

大家注意,gzip 只是不会打包目录,但是如果使用"-r"选项,则可以分别压缩目录下的每个文件;而 bzip2 命令则根本不支持压缩目录,也没有"-r"选项。

例子1:基本压缩命令

在压缩文件命令后面直接指定源文件即可,例如:

```
[root@localhost ~]# bzip2 anaconda-ks.cfg
#压缩成".bz2"格式
```

这个压缩命令依然会在压缩的同时删除源文件。

例子2:压缩的同时保留源文件

bzip2 命令可以直接使用"-k"选项来保留源文件,而不用像 gzip 命令一样使用输出重定向来保留源文件。例如:

```
[root@localhost ~]# bzip2 -k bols
#压缩
[root@localhost ~]# ls
anaconda-ks.cfg.bz2  bols  bols.bz2
#压缩文件和源文件都存在
```

2. ".bz2"格式的解压缩命令

".bz2"格式可以使用"bzip2 -d 压缩包"命令来进行解压缩,也可以使用"bunzip2 压缩包"命令来进行解压缩。先看看 bunzip2 命令的基本信息。
- 命令名称:bunzip2。
- 英文原意:a block-sorting file compressor。
- 所在路径:/usr/bin/bunzip2。
- 执行权限:所有用户。
- 功能描述:.bz2 格式的解压缩命令。

命令格式如下:

```
[root@localhost ~]# bunzip2 [选项] 源文件
选项:
```

-k：解压缩时，保留源文件

先试试使用 bunzip2 命令来进行解压缩，例如：

```
[root@localhost ~]# bunzip2 anaconda-ks.cfg.bz2
```

".bz2"格式也可以使用"bzip2 -d 压缩包"命令来进行解压缩，例如：

```
[root@localhost ~]# bzip2 -d anaconda-ks.cfg.bz2
```

3. 查看".bz2"格式压缩的文本文件内容

和".gz"格式一样，".bz2"格式压缩的纯文本文件也可以不解压缩直接查看，使用的命令是 bzcat。例如：

```
[root@localhost ~]# bzcat anaconda-ks.cfg.bz2
```

4.8.5 ".tar"格式

通过前面的学习，我们发现不论是 gzip 命令还是 bzip2 命令，好像都不太符合使用习惯，gzip 命令不能打包目录，而只能单独压缩目录下的子文件；bzip2 命令干脆就不支持目录的压缩。

在 Linux 中，对打包和压缩是区别对待的。也就是说，在 Linux 中，如果想把多个文件或目录打包到一个文件包中，使用的是 tar 命令；而压缩文件才使用 gzip 或 bzip2 命令。

1. ".tar"格式的打包命令

".tar"格式的打包和解打包都使用 tar 命令，区别只是选项不同。我们先看看 tar 命令的基本信息。

- 命令名称：tar。
- 英文原意：an archiving utility。
- 所在路径：/usr/bin/tar。
- 执行权限：所有用户。
- 功能描述：打包与解打包命令。

命令的基本格式如下：

```
[root@localhost ~]# tar [选项] [-f 压缩包名] 源文件或目录
选项：
    -c: 打包
    -f: 指定压缩包的文件名。压缩包的扩展名是用来给管理员识别格式的，一定要正确指定扩展名
    -v: 显示打包文件的过程
```

例子 1：基本使用

我们先打包一个文件练练手。

```
[root@localhost ~]# tar -cvf anaconda-ks.cfg.tar anaconda-ks.cfg
#把 anaconda-ks.cfg 打包为 anaconda-ks.cfg.tar 文件
```

选项"-cvf"一般是习惯用法，记住打包时需要指定打包之后的文件名，而且要用".tar"作为扩展名。那打包目录呢？我们也试试：

```
[root@localhost ~]# ll -d test/
drwxr-xr-x 2 root root 4096 6月  17 21:09 test/
#test 是我们之前的测试目录
```

```
[root@localhost ~]# tar -cvf test.tar test/
test/
test/test3
test/test2
test/test1
#把目录打包为 test.tar 文件
```
tar 命令也可以打包多个文件或目录，只要用空格分开即可。例如：
```
[root@localhost ~]# tar -cvf ana.tar anaconda-ks.cfg /tmp/
#把 anaconda-ks.cfg 文件和/tmp 目录打包成 ana.tar 文件包
```
例子 2：打包压缩目录

我们已经解释过了，压缩命令不能直接压缩目录，我们就先用 tar 命令把目录打成数据包，然后再用 gzip 命令或 bzip2 命令压缩。例如：
```
[root@localhost ~]# ll -d test test.tar
drwxr-xr-x 2 root root  4096 6月 17 21:09 test
-rw-r--r-- 1 root root 10240 6月 18 01:06 test.tar
#我们之前已经把 test 目录打包成 test.tar 文件
[root@localhost ~]# gzip  test.tar
[root@localhost ~]# ll test.tar.gz
-rw-r--r-- 1 root root 176 6月 18 01:06 test.tar.gz
#gzip 命令会把 test.tar 压缩成 test.tar.gz
[root@localhost ~]# gzip -d test.tar.gz
#解压缩，把 test.tar.gz 解压缩为 test.tar
[root@localhost ~]# bzip2 test.tar
[root@localhost ~]# ll test.tar.bz2
-rw-r--r-- 1 root root 164 6月 18 01:06 test.tar.bz2
#bzip2 命令会把 test.tar 压缩为 test.tar.bz2 格式
```

2．".tar"格式的解打包命令

".tar"格式的解打包也需要使用 tar 命令，但是选项不太一样。命令格式如下：
```
[root@localhost ~]# tar [选项] 压缩包
```
选项：
- -x：解打包
- -f：指定压缩包的文件名
- -v：显示解打包文件过程
- -t：测试就是不解打包，只是查看包中有哪些文件
- -C 目录：指定解打包位置

其实解打包和打包相比，只是把打包选项"-cvf"更换为"-xvf"。我们来试试：
```
[root@localhost ~]# tar -xvf anaconda-ks.cfg.tar
#解打包到当前目录下
```
如果使用"-xvf"选项，则会把包中的文件解压到当前目录下。如果想要指定解压位置，则需要使用"-C（大写）"选项。例如：
```
[root@localhost ~]# tar -xvf test.tar -C /tmp
#把文件包 test.tar 解打包到/tmp/目录下
```
如果只想查看文件包中有哪些文件，则可以把解打包选项"-x"更换为测试选项"-t"。

例如：

```
[root@localhost ~]# tar -tvf test.tar
drwxr-xr-x root/root          0 2016-06-17 21:09 test/
-rw-r--r-- root/root          0 2016-06-17 17:51 test/test3
-rw-r--r-- root/root          0 2016-06-17 17:51 test/test2
-rw-r--r-- root/root          0 2016-06-17 17:51 test/test1
#会用长格式显示test.tar文件包中文件的详细信息
```

4.8.6 ".tar.gz"和".tar.bz2"格式

你可能会觉得Linux实在太不智能了，一个打包压缩，居然还要先打包成".tar"格式，再压缩成".tar.gz"或".tar.bz2"格式。其实tar命令是可以同时打包压缩的，前面的讲解之所以把打包和压缩分开，是为了让大家了解在Linux中打包和压缩的区别。

使用tar命令直接打包压缩。命令格式如下：

```
[root@localhost ~]# tar [选项] 压缩包 源文件或目录
选项：
    -z：压缩和解压缩".tar.gz"格式
    -j：压缩和解压缩".tar.bz2"格式
```

例子1：压缩与解压缩".tar.gz"格式

让我们来看看如何压缩".tar.gz"格式。

```
[root@localhost ~]# tar -zcvf tmp.tar.gz /tmp/
#把/tmp/目录直接打包压缩为".tar.gz"格式，通过"-z"来识别格式，"-cvf"和打包选项一致
```

解压缩也只是在解打包选项"-xvf"前面加了一个"-z"选项。

```
[root@localhost ~]# tar -zxvf tmp.tar.gz
#解压缩与解打包".tar.gz"格式
```

前面讲的选项"-C"用于指定解压位置、"-t"用于查看压缩包内容，在这里同样适用。

例子2：压缩与解压缩".tar.bz2"格式

和".tar.gz"格式唯一的不同就是"-zcvf"选项换成了"-jcvf"。

```
[root@localhost ~]# tar -jcvf tmp.tar.bz2 /tmp/
#打包压缩为".tar.bz2"格式，注意压缩包的文件名
[root@localhost ~]# tar -jxvf tmp.tar.bz2
#解压缩与解打包".tar.bz2"格式
```

把文件直接压缩成".tar.gz"和".tar.bz2"格式，才是Linux中最常用的压缩方式，这是大家一定要掌握的压缩和解压缩方法。

4.9 关机和重启命令

说到关机和重启，很多人认为重要的服务器（比如银行的服务器、电信的服务器）如果重启了，则会造成大范围的灾难。笔者在这里解释一下。

首先，就算是银行或电信的服务器，也是需要维护的，重启是重要的维护手段。为了

防止重要服务器重启造成损失，这时一般会启用备份服务器。当备份服务器替代了主服务器后，再维护主服务器。

其次，每个人的经验都是和自己的技术成长环境息息相关的。比如笔者是游戏运维出身，而游戏又是数据为王，一切操作的目的就是保证数据的可靠和安全。这时，有计划地重启远比意外宕机造成的损失要小得多，因此定时重启是游戏运维的重要手段。既然是按照自己的技术出身来给出建议，那么难免有局限性，笔者一再强调，这些只是"建议"，如果你有经验，则完全可以按照经验来维护服务器。

4.9.1　sync 数据同步

当我们在计算机上保存数据的时候，其实是先在内存中保存一定时间，再写入硬盘。这其实是一种缓存机制，当在内存中保存的数据需要被读取的时候，从内存中读取要比从硬盘中读取快得多。不过这也会带来一些问题，如果数据还没有来得及保存到硬盘中，就发生了突然宕机（比如断电）的情况，数据就会丢失。

sync 命令的作用就是把内存中的数据强制向硬盘中保存。这个命令在常规关机的命令中其实会自动执行，但如果不放心，则应该在关机或重启之前手工执行几次，避免数据丢失。sync 命令的基本信息如下。

- 命令名称：sync。
- 英文原意：flush file system buffers。
- 所在路径：/usr/bin/sync。
- 执行权限：所有用户。
- 功能描述：刷新文件系统缓冲区。

sync 命令直接执行就可以了，不需要任何选项。

```
[root@localhost ~]# sync
```

记得在关机或重启之前多执行几次 sync 命令，多一重保险总是好的。

4.9.2　shutdown 命令

在早期的 Linux 系统中，应该尽量使用 shutdown 命令来进行关机和重启。因为在那时的 Linux 中，只有 shutdown 命令在关机或重启之前会正确地中止进程及服务，所以我们一直认为 shutdown 才是最安全的关机与重启命令。而在现在的系统中，一些其他的命令（如 reboot）也会正确地中止进程及服务，但我们仍建议使用 shutdown 命令来进行关机和重启。shutdown 命令的基本信息如下。

- 命令名称：shutdown。
- 英文原意：bring the system down。
- 所在路径：/usr/sbin/shutdown。
- 执行权限：超级用户。
- 功能描述：关机和重启。

命令的基本格式如下：
```
[root@localhost ~]# shutdown [选项] 时间 [警告信息]
选项：
    -c: 取消已经执行的 shutdown 命令
    -h: 关机
    -r: 重启
```

例子 1：重启与定时重启

先来看看如何使用 shutdown 命令进行重启。
```
[root@localhost ~]# shutdown -r now
#重启，now 是现在重启的意思
[root@localhost ~]# shutdown -r 05:30
#指定时间重启，但会占用前台终端
[root@localhost ~]# shutdown -r 05:30 &
#把定时重启命令放入后台，& 是后台的意思
[root@localhost ~]# shutdown -c
#取消定时重启
[root@localhost ~]# shutdown -r +10
#10 分钟之后重启
```

例子 2：关机和定时关机
```
[root@localhost ~]# shutdown -h now
#现在关机
[root@localhost ~]# shutdown -h 05:30
#指定时间关机
```

4.9.3 reboot 命令

在现在的系统中，reboot 命令也是安全的，而且不需要加入过多的选项。
```
[root@localhost ~]# reboot
#重启
```

4.9.4 halt 和 poweroff 命令

这两个都是关机命令，直接执行即可。
```
[root@localhost ~]# halt
#关机
[root@localhost ~]# poweroff
#关机
```

4.9.5 init 命令

init 是修改 Linux 运行级别的命令，也可以用于关机和重启。
```
[root@localhost ~]# init 0
```

```
#关机,也就是调用系统的 0 级别
[root@localhost ~]# init 6
#重启,也就是调用系统的 6 级别
```

4.10 常用网络命令

我们在做练习的时候,需要让 Linux 进行联网配置。本节介绍一下如何给 Linux 配置 IP 地址,以及一些常用的网络命令,便于大家完成必要的练习。

4.10.1 配置 Linux 的 IP 地址

IP 地址是计算机在互联网中唯一的地址编码。每台计算机如果需要接入网络与其他计算机进行数据通信,就必须配置唯一的公网 IP 地址。

1. nmtui 工具

在第 2 章中,我们详细解释了 nmtui 工具,这里不再赘述。强调一句,在 Linux 中,永久修改配置内容,最终还是依赖修改对应配置文件的。而 Rocky Linux 9 的网卡配置文件也发生了变化,现在是/etc/NetworkManager/system-connections/ens33.nmconnection 文件,需要注意!

2. 其他方式配置 IP 地址

Linux 还可以通过其他方式配置 IP 地址,比如直接修改网卡配置文件,但是修改文件的方式容易出错,目前还是推荐使用 nmtui 工具来配置 IP 地址。在后续的课程中,我们会详细讲解网卡配置文件的具体内容。

4.10.2 ip 命令

从 Linux 7.x 开始,官方开始推荐使用 ip 命令取代 ifconfig 命令,两条命令功能接近,但是 ip 命令更加强大。在 Rocky Linux 9.x 中,两条命令都可以使用,大家可以按照习惯来使用。其基本信息如下。

- 命令名称:ip。
- 英文原意:show / manipulate routing, network devices, interfaces and tunnels。
- 所在路径:/usr/sbin/ip。
- 执行权限:超级用户。
- 功能描述:显示和设置网络路由、网络设备、网络接口等。

1. 查看 IP 地址信息

ip 命令如果要查看 IP 地址信息,非常简单,只要执行以下命令:

```
[root@localhost ~]# ip address show
1: lo: <LOOPBACK,UP,LOWER_UP> mtu 65536 qdisc noqueue state UNKNOWN group default qlen 1000
```

```
        link/loopback 00:00:00:00:00:00 brd 00:00:00:00:00:00
        inet 127.0.0.1/8 scope host lo
           valid_lft forever preferred_lft forever
        inet6 ::1/128 scope host
           valid_lft forever preferred_lft forever
#以上是 lo，本地回环网卡的信息
2: ens33: <BROADCAST,MULTICAST,UP,LOWER_UP> mtu 1500 qdisc pfifo_fast state
UP group default qlen 1000
        link/ether 00:0c:29:14:18:ea brd ff:ff:ff:ff:ff:ff
        #MAC 地址
        inet 192.168.112.148/24 brd 192.168.112.255 scope global noprefixroute ens33
        #IP 地址和子网掩码
           valid_lft forever preferred_lft forever
        inet6 fe80::20c:29ff:fe14:18ea/64 scope link noprefixroute
           valid_lft forever preferred_lft forever
#以上是 ens33 网卡的信息
```

此命令可以查看 MAC 地址、IP 地址和子网掩码这三个信息，其他内容如 IPv6 的信息目前还没有大范围使用，可以忽略。

lo 网卡是 Loopback 的缩写，也就是本地回环网卡，这个网卡的 IP 地址是 127.0.0.1。它只代表我们的网络协议正常，就算不插入网线也可以 ping 通，基本没有实际使用价值，大家了解一下即可。

此命令可以简写为：

```
[root@localhost ~]# ip add
```

2．查看路由表

ip 命令可以查看本机的路由信息表，主要是可以看到网关信息，命令如下：

```
[root@localhost ~]# ip route show
default via 192.168.112.2 dev ens33 proto static metric 100
#此为网关
192.168.44.0/24 dev ens33 proto kernel scope link src 192.168.44.30 metric 100
```

这条命令可以简写为：

```
[root@localhost ~]# ip route
```

3．临时设定 IP 地址和删除 IP 地址

ip 命令可以临时设定 IP 地址，如果需要永久修改 IP 地址，还需要使用 nmtui 工具或修改 IP 配置文件（/etc/sysconfig/network-scripts/ifcfg-ens33）。命令如下：

```
[root@localhost ~]# ip address add 192.168.112.31/24 dev ens33
```

如果需要删除 IP 地址，命令如下：

```
[root@localhost ~]# ip address del 192.168.112.31/24 dev ens33
```

4．临时设定网关

同样 ip 命令只能临时设定网关，重启就会失效，如果需要永久设定网关，请使用 nmtui 工具或修改 IP 配置文件。命令如下：

```
[root@localhost ~]# ip route add default via 192.168.112.1
```

```
#添加临时网关
[root@localhost ~]# ip route del default via 192.168.112.1
#删除临时网关
```

注意：网关是当前电脑的默认路由，每台电脑如果没有特殊情况，只能配置一个网关，哪怕拥有多块网卡。如果没有特殊用途，不要临时配置网关，否则网络可能会出现问题。

4.10.3 ifconfig 命令

ifconfig 是 Linux 中查看和临时修改 IP 地址的命令，如果 Linux 采用的是最小化安装，此命令是没有安装的。如果需要安装，请安装 net-tools 软件包（安装方法请参考软件安装相关内容）。其基本信息如下。

- 命令名称：ifconfig。
- 英文原意：configure a network interface。
- 所在路径：/sbin/ifconfig。
- 执行权限：超级用户。
- 功能描述：配置网络接口。

1. 查看 IP 地址信息

ifconfig 命令最主要的作用就是查看 IP 地址的信息，直接输入 ifconfig 命令即可。

```
[root@localhost ~]# ifconfig
ens33: flags=4163<UP,BROADCAST,RUNNING,MULTICAST>  mtu 1500
#ens33 网卡信息              网络参数              最大传输单元
        inet 192.168.112.148  netmask 255.255.255.0  broadcast 192.168.112.255
         #IP 地址              子网掩码              广播地址
        inet6 fe80::20c:29ff:fe14:18ea  prefixlen 64  scopeid 0x20<link>
         #IPv6 信息，目前未生效
        ether 00:0c:29:14:18:ea  txqueuelen 1000  (Ethernet)
         #MAC 地址
        RX packets 14720  bytes 4218587 (4.0 MiB)
         #接收的数据包大小
        RX errors 0  dropped 0  overruns 0  frame 0
        TX packets 1062  bytes 131291 (128.2 KiB)
         #发送的数据包大小
        TX errors 0  dropped 0  overruns 0  carrier 0  collisions 0

lo: flags=73<UP,LOOPBACK,RUNNING>  mtu 65536
#本地回环网卡信息
        inet 127.0.0.1  netmask 255.0.0.0
        inet6 ::1  prefixlen 128  scopeid 0x10<host>
        loop  txqueuelen 1000  (Local Loopback)
        RX packets 644  bytes 56024 (54.7 KiB)
        RX errors 0  dropped 0  overruns 0  frame 0
```

```
        TX packets 644  bytes 56024 (54.7 KiB)
        TX errors 0  dropped 0  overruns 0  carrier 0  collisions 0
```

ifconfig 命令主要用于查看 IP 地址、子网掩码和 MAC 地址这三类信息，其他信息我们有所了解即可。

2．临时配置 IP 地址

ifconfig 命令除了可以查看 IP 地址，还可以临时配置 IP 地址，但是一旦重启，IP 地址就会失效，我们还是应该使用 setup 命令来进行 IP 地址的配置。使用 ifconfig 命令临时配置 IP 地址的示例如下：

```
[root@localhost ~]#ifconfig eth0 192.168.112.3
#配置 IP 地址，不指定子网掩码就会使用标准子网掩码
[root@localhost ~]#ifconfig eth0 192.168.112.3 netmask 255.255.255.0
#配置 IP 地址，同时配置子网掩码
```

4.10.4 ping 命令

ping 是常用的网络命令，主要通过 ICMP 协议进行网络探测，测试网络中主机的通信情况。ping 命令的基本信息如下。

- 命令名称：ping。
- 英文原意：send ICMP ECHO_REQUEST to network hosts。
- 所在路径：/bin/ping。
- 执行权限：所有用户。
- 功能描述：向网络主机发送 ICMP 请求。

命令的基本格式如下：

```
[root@localhost ~]# ping [选项] IP
选项：
    -b：后面加入广播地址，用于对整个网段进行探测
    -c 次数：用于指定 ping 的次数
    -s 字节：指定探测包的大小
```

例子 1：探测与指定主机通信

```
[root@localhost ~]# ping 192.168.103.151
PING 192.168.103.151 (192.168.102.151) 56(84) bytes of data.
64 bytes from 192.168.102.151: icmp_seq=1 ttl=128 time=0.300 ms
64 bytes from 192.168.102.151: icmp_seq=2 ttl=128 time=0.481 ms
…省略部分内容…
#探测与指定主机是否通信
```

Linux 是一个比较实在的操作系统，这个 ping 命令如果不使用"Ctrl+C"快捷键强行中止，就会一直 ping 下去。

这个命令用来测试与指定主机是否网络通畅，如例子中显示，则代表网络通畅，否则为不通。

例子 2：指定 ping 的次数

既然 ping 这么"实在"，如果不想一直 ping 下去，则可以使用"-c"选项指定 ping

的次数。例如:

```
[root@localhost ~]# ping -c 3 192.168.103.151
#只探测3次,就中止ping命令
```

例子3:探测网段中的可用主机

在 ping 命令中,可以使用"-b"选项,后面加入广播地址(当前测试机是192.168.103.255),探测整个网段。我们使用这个选项,可以知道整个网络中有多少主机是可以和我们通信的,IP 地址不用一个一个地进行探测。例如:

```
[root@localhost ~]# ping -b -c 3 192.168.103.255
WARNING: pinging broadcast address
PING 192.168.103.255 (192.168.103.255) 56(84) bytes of data.
64 bytes from 192.168.103.199: icmp_seq=1 ttl=64 time=1.95 ms
64 bytes from 192.168.103.168: icmp_seq=1 ttl=64 time=1.97 ms (DUP!)
64 bytes from 192.168.103.252: icmp_seq=1 ttl=64 time=2.29 ms (DUP!)
…省略部分内容…
#探测192.168.103.0/24网段中有多少可以通信的主机
```

4.10.5 ss 命令

从 Linux 7.x 开始,官方推荐使用 ss 命令替代 netstat 命令,在 Rocky Linux 9.x 中两个命令都可以使用,大家可以按照习惯来使用。ss 命令中的很多选项和 netstat 命令非常相似,我们来看看这个命令的基本信息。

- 命令名称:ss。
- 英文原意:another utility to investigate sockets。
- 所在路径:/usr/sbin/ss。
- 执行权限:超级用户。
- 功能描述:查询网络访问。

```
[root@localhost ~]# ss [选项]
选项:
    -a:列出所有网络状态,包括 Socket 程序
    -n:使用 IP 地址和端口号显示,不使用域名与服务名
    -p:显示 PID 和程序名
    -t:显示使用 TCP 协议端口的连接状态
    -u:显示使用 UDP 协议端口的连接状态
```

下面举例说明。

例子1:查看本机所有网络连接

"-an"选项可以查看本机所有的网络连接,包括 socket 程序连接,TCP 协议连接、UDP 协议连接。命令如下:

```
[root@localhost ~]# ss -an
Netid   State    Recv-Q   Send-Q   Local Address:Port      Peer Address:Port
nl      UNCONN   0        0        0:1358955377            *
…省略部分内容…
```

udp	UNCONN	0	0	127.0.0.1:323	0.0.0.0:*
udp	UNCONN	0	0	[::1]:323	[::]:*
tcp	LISTEN	0	128	0.0.0.0:22	0.0.0.0:*
tcp	ESTAB	0	52	192.168.112.148:22	192.168.112.1:62348
tcp	LISTEN	0	128	[::]:22	[::]:*
#协议	状态	接收队列	发送队列	本机地址和端口	远程访问地址和端口

此命令的输出内容如下。

- Netid：网络标识。正常网络连接是 TCP 或 UDP，其他的都是 socket 连接。
- State：状态。常见的状态主要有以下几种。
  - LISTEN：监听状态，只有 TCP 协议需要监听，而 UDP 协议不需要监听。
  - ESTABLISHED：已经建立连接的状态。如果使用 "-l" 选项，则看不到已经建立连接的状态。
  - UNCONN：无连接。
  - SYN_SENT：SYN 发起包就是主动发起连接的数据包。
  - SYN_RECV：接收到主动连接的数据包。
  - FIN_WAIT1：正在中断的连接。
  - FIN_WAIT2：已经中断的连接，但是正在等待对方主机进行确认。
  - TIME_WAIT：连接已经中断，但是套接字依然在网络中等待结束。
  - CLOSED：无连接状态。
- Recv-Q：表示接收到的数据，已经在本地的缓冲中，但是还没有被进程取走。
- Send-Q：表示从本机发送，对方还没有收到的数据，依然在本地的缓冲中，一般是不具备 ACK 标志的数据包。
- Local Address:Port：本机的 IP 地址和端口号。
- Foreign Address:Port：远程主机的 IP 地址和端口号。

例子 2：查询本机开启的端口

"-tu" 选项代表查看 TCP 和 UDP 连接，"-l" 选项代表查看监听状态，"-n" 代表用 IP 和端口号显示。命令如下：

```
[root@localhost ~]# ss -tuln
```

Netid	State	Recv-Q	Send-Q	Local Address:Port	Peer Address:Port
udp	UNCONN	0	0	127.0.0.1:323	*:*
udp	UNCONN	0	0	::1:323	:::*
tcp	LISTEN	0	128	*:22	*:*
tcp	LISTEN	0	100	127.0.0.1:25	*:*
tcp	LISTEN	0	128	:::22	:::*
tcp	LISTEN	0	100	::1:25	:::*
#协议	状态	接收队列	发送队列	本机地址和端口	远程访问地址和端口

这个命令的输出和 netstat 命令非常相似，我们在 netstat 命令的输出中会详细介绍。

例子 3：查看本机开启的端口与正在进行的连接

"-a" 选项代表所有内容，和 "-l" 选项的区别是，"-a" 选项除了可以看到监听状态的端口，还可以查看到正在连接的端口。如果只使用 "-an" 选项，会列出大量的 socket

连接，干扰我们的查看。因此使用"-tuan"可以只显示 TCP 和 UDP 协议的连接状态。
命令如下：

```
[root@localhost ~]# ss -tuan
Netid State      Recv-Q Send-Q     Local Address:Port           Peer Address:Port
udp   UNCONN     0      0          127.0.0.1:323                *:*
udp   UNCONN     0      0          ::1:323                      :::*
tcp   LISTEN     0      128                  *:22               *:*
tcp   LISTEN     0      100        127.0.0.1:25                 *:*
tcp   ESTAB      0      52         192.168.44.30:22             192.168.44.1:7905
#ESTAB 状态，代表这个连接正在进行。也就是 44.1 通过 7905 端口，正在连接 44.30 的 22 端口
tcp   LISTEN     0      128                :::22               :::*
tcp   LISTEN     0      100               ::1:25               :::*
```

4.10.6　netstat 命令

我们需要先简单了解一下端口的作用。在互联网中，如果 IP 地址是服务器在互联网中唯一的地址就标识，那么大家可以想象一下：我有一台服务器，它有固定的公网 IP 地址，通过 IP 地址就可以找到我的服务器。但是我的服务器中既启动了网页服务（Web 服务），又启动了文件传输服务（FTP 服务），那么你的客户端访问我的服务器，到底应该如何确定你访问的是哪一个服务呢？

端口就是用于网络通信的接口，是数据从传输层向上传递到应用层的数据通道。我们可以理解为每个常规服务都有默认的端口号，通过不同的端口号，我们就可以确定不同的服务。也就是说，客户端通过 IP 地址访问到我的服务器，如果数据包访问的是 80 端口，则访问的是 Web 服务；而如果数据包访问的是 21 端口，则访问的是 FTP 服务。

我们可以简单地理解为每个常规服务都有一个默认端口（默认端口可以修改），这个端口是所有人都知道的，客户端可以通过固定的端口访问指定的服务。而我们通过在服务器中查看已经开启的端口号，就可以判断服务器中开启了哪些服务。

netstat 是网络状态查看命令，既可以查看本机开启的端口，也可以查看有哪些客户端连接。netstat 命令在 Rocky Linux 最小化安装（咱们安装的是"服务器"模式，netstat 命令已经安装了）中，默认没有安装，需要手工安装 net-tools 软件包。

netstat 命令的基本信息如下。

- 命令名称：netstat。
- 英文原意：Print network connections, routing tables, interface statistics, masquerade connections, and multicast memberships。
- 所在路径：/usr/bin/netstat。
- 执行权限：所有用户。
- 功能描述：输出网络连接、路由表、接口统计、伪装连接和组播成员。

命令格式如下：

```
[root@localhost ~]# netstat [选项]
```

选项：
```
-a：列出所有网络状态，包括 Socket 程序
-c 秒数：指定每隔几秒刷新一次网络状态
-n：使用 IP 地址和端口号显示，不使用域名与服务名
-p：显示 PID 和程序名
-t：显示使用 TCP 协议端口的连接状况
-u：显示使用 UDP 协议端口的连接状况
-l：仅显示监听状态的连接
-r：显示路由表
```

例子 1：查看本机开启的端口

这是本机最常用的方式，使用选项"-tuln"。因为使用了"-l"选项，所以只能看到监听状态的连接，而不能看到已经建立连接状态的连接。例如：

```
[root@localhost ~]# netstat -tuln
Active Internet connections (only servers)
Proto Recv-Q Send-Q Local Address           Foreign Address         State
tcp        0      0 0.0.0.0:3306            0.0.0.0:*               LISTEN
tcp        0      0 0.0.0.0:11211           0.0.0.0:*               LISTEN
tcp        0      0 0.0.0.0:22              0.0.0.0:*               LISTEN
tcp        0      0 :::11211                :::*                    LISTEN
tcp        0      0 :::80                   :::*                    LISTEN
tcp        0      0 :::22                   :::*                    LISTEN
udp        0      0 0.0.0.0:11211           0.0.0.0:*
udp        0      0 :::11211                :::*
#协议 接收队列 发送队列 本机的 IP 地址及端口号  远程主机的 IP 地址及端口号   状态
```

这个命令的输出较多。

- Proto：网络连接的协议，一般就是 TCP 协议或者 UDP 协议。
- Recv-Q：表示接收到的数据，已经在本地的缓冲中，但是还没有被进程取走。
- Send-Q：表示从本机发送，对方还没有收到的数据，依然在本地的缓冲中，一般是不具备 ACK 标志的数据包。
- Local Address：本机的 IP 地址和端口号。
- Foreign Address：远程主机的 IP 地址和端口号。
- State：状态。常见的状态主要有以下几种。
  - LISTEN：监听状态，只有 TCP 协议需要监听，而 UDP 协议不需要监听。
  - ESTABLISHED：已经建立连接的状态。如果使用"-l"选项，则看不到已经建立连接的状态。
  - SYN_SENT：SYN 发起包就是主动发起连接的数据包。
  - SYN_RECV：接收到主动连接的数据包。
  - FIN_WAIT1：正在中断的连接。
  - FIN_WAIT2：已经中断的连接，但是正在等待对方主机进行确认。
  - TIME_WAIT：连接已经中断，但是套接字依然在网络中等待结束。
  - CLOSED：套接字没有被使用。

在这些状态中，我们最常用的就是 LISTEN 和 ESTABLISHED 状态，一种代表正在

监听，另一种代表已经建立连接。

例子 2：查看本机有哪些程序开启的端口

如果使用 "-p" 选项，则可以查看是哪个程序占用了端口，并且可以知道这个程序的 PID。例如：

```
[root@localhost ~]# netstat -tulnp
Active Internet connections (only servers)
Proto Recv-Q Send-Q Local Address       Foreign Address    State        PID/Program name
tcp        0      0 0.0.0.0:3306        0.0.0.0:*          LISTEN       2359/mysqld
tcp        0      0 0.0.0.0:11211       0.0.0.0:*          LISTEN       1563/memcached
tcp        0      0 0.0.0.0:22          0.0.0.0:*          LISTEN       1490/sshd
tcp        0      0 :::11211            :::*               LISTEN       1563/memcached
tcp        0      0 :::80               :::*               LISTEN       21025/httpd
tcp        0      0 :::22               :::*               LISTEN       1490/sshd
udp        0      0 0.0.0.0:11211       0.0.0.0:*                       1563/memcached
udp        0      0 :::11211            :::*                            1563/memcached
#比之前的命令多了一个 "-p" 选项，结果多了 "PID/程序名"，可以知道是哪个程序占用了端口
```

例子 3：查看所有连接

使用选项 "-an" 可以查看所有连接，包括监听状态的连接（LISTEN）、已经建立连接状态的连接（ESTABLISHED）、Socket 程序连接等。因为连接较多，所以输出的内容有很多。例如：

```
[root@localhost ~]# netstat -an
Active Internet connections (servers and established)
Proto Recv-Q Send-Q Local Address           Foreign Address         State
tcp        0      0 0.0.0.0:3306            0.0.0.0:*               LISTEN
tcp        0      0 0.0.0.0:11211           0.0.0.0:*               LISTEN
tcp        0      0 117.79.130.170:80       78.46.174.55:58815      SYN_RECV
tcp        0      0 0.0.0.0:22              0.0.0.0:*               LISTEN
tcp        0      0 117.79.130.170:22       124.205.129.99:10379    ESTABLISHED
tcp        0      0 117.79.130.170:22       124.205.129.99:11811    ESTABLISHED
…省略部分内容…
udp        0      0 0.0.0.0:11211           0.0.0.0:*
udp        0      0 :::11211                :::*
Active UNIX domain sockets (servers and established)
Proto RefCnt Flags       Type       State         I-Node Path
unix  2      [ ACC ]     STREAM     LISTENING     9761   @/var/run/hald/dbus-fr41WkQn1C
…省略部分内容…
```

从 "Active UNIX domain sockets" 开始，之后的内容就是 Socket 程序产生的连接，之前的内容都是网络服务产生的连接。我们可以在 "-an" 选项的输出中看到各种网络连接状态，而之前的 "-tuln" 选项则只能看到监听状态。

4.10.7 write 命令

在服务器上，有时会有多个用户同时登录，一些必要的沟通就显得尤为重要。比如，必须关闭某个服务，或者需要重启服务器，当然需要通知同时登录服务器的用户，这时

· 153 ·

就可以使用 write 命令。write 命令的基本信息如下。
- 命令名称：write。
- 英文原意：send a message to another user。
- 所在路径：/usr/bin/write。
- 执行权限：所有用户。
- 功能描述：向其他用户发送信息。

write 命令的基本格式如下：

```
[root@localhost ~]# write 用户名 [终端号]
```

write 命令没有多余的选项，我们要向在某个终端登录的用户发送信息，就可以这样来执行命令：

```
[root@localhost ~]#write user1 pts/1
hello
I will be in 5 minutes to restart, please save your data
#向在 pts/1（远程终端 1）登录的 user1 用户发送信息，使用 "Ctrl+D" 组合键保存发送的数据
```

这时，user1 用户就可以收到你要在 5 分钟之后重启系统的信息了。

4.10.8 wall 命令

write 命令用于给指定用户发送信息，而 wall 命令用于给所有登录用户发送信息，包括你自己。执行时，在 wall 命令后加入需要发送的信息即可，例如：

```
[root@localhost ~]# wall "I will be in 5 minutes to restart, please save your data"
```

4.10.9 mail 命令

mail 是 Linux 的邮件客户端命令，可以利用这个命令给其他用户发送邮件。

mail 命令的基本信息如下。
- 命令名称：mail。
- 英文原意：send and receive Internet mail。
- 所在路径：/usr/bin/mail。
- 执行权限：所有用户。
- 功能描述：发送和接收电子邮件。

在 Rocky Linux 9.x 中，mail 命令默认没有安装，需要手工安装 "s-nail" 和 "sendmail" 软件包，并且需要手工启动 sendmail 服务。命令如下：

```
[root@localhost ~]# yum -y install s-nail
#安装 s-nail 软件包
[root@localhost ~]# yum -y install sendmail
#安装 sendmail 软件包
[root@localhost ~]# systemctl start sendmail.service
#启动 sendmail 服务
```

安装对应软件包并启动服务之后，mail 命令才可以正常使用。

第4章 万丈高楼平地起：Linux常用命令

例子1：发送邮件

如果我们想要给其他用户发送邮件，则可以执行如下命令：

```
[root@localhost ~]# mail user1
Subject: hello                    <- 邮件标题
Nice to meet you!                 <- 邮件具体内容
^D                                <- 使用"Ctrl+D"组合键来结束邮件输入
(Preliminary) Envelope contains:  <- 确认邮件信息
To: user1
Subject: hello
Send this message [yes/no, empty: recompose]? yes    <-提示：输入"yes"发送邮件
#发送邮件给user1用户
```

我们接收到的邮件都保存在"/var/spool/mail/用户名"中，每个用户都有一个以自己的用户名命名的邮箱。

例子2：发送文件内容

如果我们想把某个文件的内容发送给指定用户，则可以执行如下命令：

```
[root@localhost ~]# mail -s "test mail" root < /root/anaconda-ks.cfg
选项：
    -s：指定邮件标题
#把/root/anaconda-ks.cfg文件的内容发送给root用户
```

我们在写脚本时，有时需要脚本自动发送一些信息给指定用户，把要发送的信息预先写到文件中，这是一个非常不错的选择。

例子3：查看已经接收的邮件

我们可以直接在命令行中执行 mail 命令，进入 mail 的交互命令中，可以在这里查看已经接收到的邮件。例如：

```
[root@localhost ~]# mail
Heirloom Mail version 12.4 7/29/08.Type ?for help.
"/var/spool/mail/root": 1 message 1 new
>N  1 root              Mon Dec  5 22:45  68/1777  "test mail"  <-之前收到的邮件
>N  2 root              Mon Dec  5 23:08  18/602   "hello"
#未阅读 编号 发件人      时间                       标题
&                                                               <-等待用户输入命令
```

可以看到已经接收到的邮件列表，"N"代表未读邮件，如果是已经阅读过的邮件，则前面是不会有"N"的；之后的数字是邮件的编号，我们主要通过这个编号来进行邮件的操作。如果我们想要查看第一封邮件，则只需要输入邮件的编号"1"就可以了。

在交互命令中执行"？"，可以查看这个交互界面支持的命令。例如：

```
& ?                                 <-输入命令
mail commands
type<message list>             type messages
next                           goto and type next message
from<message list>             give head lines of messages
headers                        print out active message headers
delete<message list>           delete messages
```

```
undelete<message list>         undelete messages
save<message list> folder      append messages to folder and mark as saved
copy<message list> folder      append messages to folder without marking them
write<message list> file       append message texts to file, save attachments
preserve<message list>         keep incoming messages in mailbox even if saved
Reply <message list>           reply to message senders
reply<message list>            reply to message senders and all recipients
mail addresses                 mail to specific recipients
file folder                    change to another folder
quit                           quit and apply changes to folder
xit                            quit and discard changes made to folder
!                              shell escape
cd<directory>                  chdir to directory or home if none given
list                           list names of all available commands
```

这些交互命令是可以简化输入的，比如"headers"命令，就可以直接输入"h"，这是列出邮件标题列表的命令。我们解释一下常用的交互命令。

- headers：列出邮件标题列表，直接输入"h"命令即可。
- delete：删除指定邮件。比如想要删除第二封邮件，可以输入"d 2"。
- save：保存邮件。可以把指定邮件保存成文件，如"s 2 /tmp/test.mail"。
- quit：退出，并把已经操作过的邮件进行保存。比如移除已删除邮件、保存已阅读邮件等。
- exit：退出，但是不保存任何操作。

4.11 本章小结

1．本章重点

本章介绍了 Linux 常用命令，首先介绍了命令的基本格式，然后依次讲解了目录操作命令、文件操作命令、目录和文件都能操作的命令、权限管理命令、帮助命令、搜索命令、压缩和解压缩命令、关机和重启命令、常用网络命令等。

本章学习的重点是文件权限的理解和相关操作、软/硬链接文件的特点和不同、搜索命令 find 的众多选项，以及帮助命令的使用思路和方法。

2．本章难点

一是文件权限，因为 Linux 的权限管理与 Windows 的权限管理大不相同，可能初学时并不太容易理解，建议多做练习，后续章节会继续深入讲解 Linux 权限的其他方面；二是软/硬链接讲解中 Inode 的概念，后面的课程学习还会用到，需要理解和掌握；三是帮助命令，它往往容易被忽视，从长久的成长学习来看，学会使用帮助命令、习惯使用帮助命令至关重要，只有善用帮助命令，才能快速地解决问题。

第 5 章　简约而不简单的文本编辑器 Vim

学前导读

　　Linux 中的所有内容以文件形式进行管理，在命令行下更改文件内容，常常会用到文本编辑器。

　　我们首选的文本编辑器是 Vim，它是一个基于文本界面的编辑工具，使用简单且功能强大，更重要的是，Vim 是所有 Linux 发行版本的默认文本编辑器。

　　很多 UNIX 和 Linux 的老用户习惯称呼它为 Vi。Vi 是 Vim 的早期版本，现在我们使用的 Vim（Vi improved）是 Vi 的增强版，增加了一些正则表达式的查找、多窗口的编辑等功能，使得 Vim 对于程序开发来说更加方便。想了解 Vi 和 Vim 的区别，可以在 Vim 命令模式下输入 ":help vi_diff"，就能够看到两者区别的摘要。

　　值得一提的是，Vim 是慈善软件，如有赞助或评比得奖，所得钱财将用于救助乌干达孤儿。使用软件是免费的，使用者是否捐款赞助当然不会勉强。

　　若想了解 Vim 的更多信息，则可以访问 Vim 官网。

5.1　Vim 的工作模式

　　在使用 Vim 编辑文件前，我们先来了解一下它的三种工作模式：命令模式、输入模式和末行模式，如图 5-1 所示。

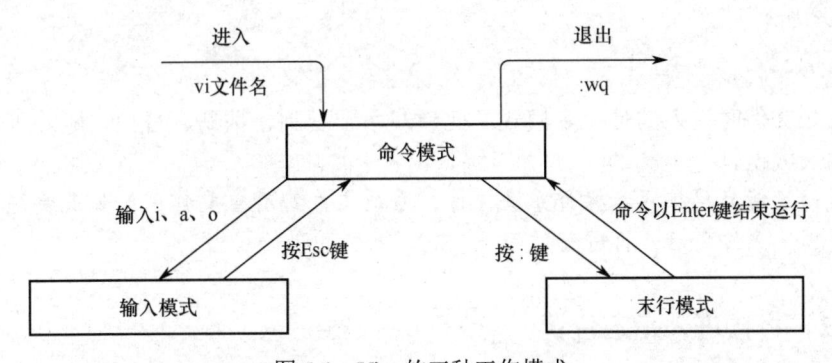

图 5-1　Vim 的三种工作模式

1. 命令模式

　　使用 Vim 编辑文件时，默认处于命令模式。在此模式下，可以使用上、下、左、右键或者 k、j、h、l 命令进行光标移动，还可以对文件内容进行复制、粘贴、替换、删除等操作。

这些操作在 Windows 中是使用鼠标进行的，但是 Linux 通过快捷键完成了对应的操作。

2. 输入模式

在输入模式下可以对文件执行写操作，类似在 Windows 的文档中输入内容。进入输入模式的方法是输入 i、a、o 等插入命令，编写完成后按 Esc 键即可返回命令模式。

3. 末行模式

如果要保存、查找或者替换一些内容等，就需要进入末行模式。末行模式的进入方法为：在命令模式下按":"键，Vim 窗口的左下方会出现一个":"符号，这时就可以输入相关的指令进行操作了。指令执行后会自动返回命令模式。

对于新手来说，经常不知道自己处于什么模式。不论是自己忘了，还是不小心切换了模式，都可以直接按一次 Esc 键返回命令模式。如果你多按几次 Esc 键后听到了"嘀——"的声音，则代表你已经处于命令模式了。

5.2 进入 Vim

了解了 Vim 的工作模式后，就可以愉快地使用 Vim 进行文件编辑了。下面我们先来看一下 Vim 打开文件的方法。

5.2.1 使用 Vim 打开文件

使用 Vim 打开文件很简单，例如，打开一个自己编写的文件/test/vi.test，打开方法如下：

```
[root@localhost ~]# cp anaconda-ks.cfg test
#复制建立测试文件 test
[root@localhost ~]# vim test
#使用 vim 打开 test 文件
```

刚打开文件时进入的是命令模式，此模式用于复制、粘贴、替换、删除等操作，不能直接输入数据。

注意：不能直接编辑和操作系统文件，系统文件都有重要作用！如果要练习，那么请在复制测试文件之后，再进行练习。

5.2.2 直接进入指定位置

如果想直接进入 Vim 编辑文件的指定行数或者特定字符串所在行，为了节省编辑时间，例如，打开/tmp/passwd.vi 文件时直接进入第 20 行，则可以这样操作：

```
[root@localhost ~]# vim +20 /root/test
```

打开文件后，直接进入"size"字符串所在行，则可以这样操作：

```
[root@localhost ~]# vim +/size /root/test
```

如果文件中有多个"size"字符串，则会以查到的第一个为准。
注意：需要在"+/字符串"之间，加入"/"符号。

5.3 Vim 的基本应用

打开文件后，接下来开始对文件进行编辑。Vim 虽然是一个基于文本模式的编辑器，但它却提供了丰富的编辑功能。对于习惯使用图形界面的朋友来说，刚开始会比较难适应，但是熟练后就会发现，使用 Vim 进行编辑实际上更加快速。

5.3.1 进入输入模式

从命令模式进入输入模式进行编辑，可以按下 I、i、O、o、A、a 等键来完成，不同的键只是光标所处的位置不同而已。当进入输入模式后，你会发现，在 Vim 编辑窗口的左下角会出现"插入"标志，这就代表我们可以执行写入操作了，如图 5-2 所示。

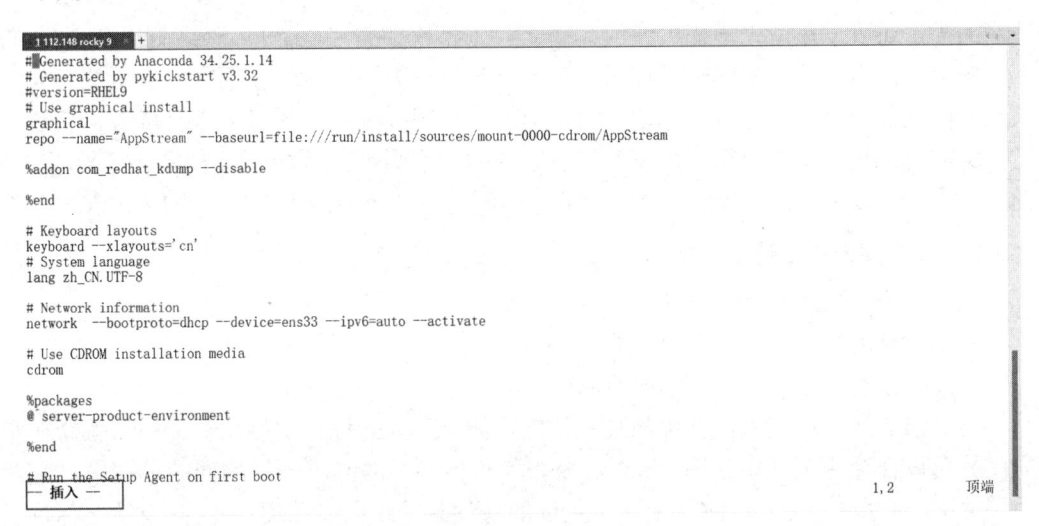

```
1 112.148 rocky 9
#Generated by Anaconda 34.25.1.14
# Generated by pykickstart v3.32
#version=RHEL9
# Use graphical install
graphical
repo --name="AppStream" --baseurl=file:///run/install/sources/mount-0000-cdrom/AppStream

%addon com_redhat_kdump --disable

%end

# Keyboard layouts
keyboard --xlayouts='cn'
# System language
lang zh_CN.UTF-8

# Network information
network  --bootproto=dhcp --device=ens33 --ipv6=auto --activate

# Use CDROM installation media
cdrom

%packages
@ server-product-environment

%end

# Run the Setup Agent on first boot
-- 插入 --                                                        1,2         顶端
```

图 5-2　输入模式

常用的进入输入模式的命令如下。
- i：在当前光标所在位置插入数据，光标后的文本相应向右移动。
- I：在光标所在行的行首插入数据。
- a：在当前光标所在位置之后插入数据。
- A：在光标所在行的行尾插入数据。
- o：在光标所在行的下面插入新的一行。
- O（大写）：在光标所在行的上面插入新的一行。

注意：在 Linux 纯字符界面中，默认是不支持中文输入的。如果想要输入中文，有三种方法。

（1）安装中文语言支持和图形界面，在图形界面下输入中文，使用 gVim（Vim 的图形前端）。

（2）安装中文语言支持，使用远程连接工具（如 PuTTY），在远程连接工具中调整中文编码，进行中文输入。具体内容参见第 2 章。

（3）倘若非要在 Linux 纯字符界面中输入中文，则可以安装中文插件，如 zhcon。

5.3.2 光标移动命令

在进行编辑工作之前，需要将光标移动到适当的位置。Vim 提供了大量的光标移动命令，注意这些命令需要在命令模式下执行。下面介绍一些常用的光标移动命令。

1．移动光标

- 上、下、左、右方向键：移动光标。

在 Vim 中进行定位需要通过上、下、左、右方向键，无论是命令模式还是输入模式，都可以通过方向键来移动光标（在末行模式中，方向键是用来查看命令历史记录的）。

- h、j、k、l 键：移动光标。

另外，还可以在命令模式中使用 h、j、k、l 四个字符控制方向，分别表示向左、向下、向上、向右。在大量编辑文档时，会频繁地移动光标，这时使用方向键可能会比较浪费时间，使用这四个键就很方便快捷。当然，这同样是一件熟能生巧的事情。

大家可以把右手四个指头放在 h、j、k、l 四个字母上，食指（j）向左，小拇指（l）向右，中指（j）向下，无名指（k）向上。用四个手指对应四个字母，方便记忆。

2．以单词为单位移动光标

- w：移动光标到下一个单词的单词首。
- b：移动光标到上一个单词的单词首。
- e：移动光标到下一个单词的单词尾。

有时候需要迅速进入一行中的某个位置，如果能使光标一次移动一个单词就会非常方便。可以在命令模式中使用"w"命令来使光标向后跳到下一个单词的单词首，或者使用"b"命令使光标向前跳到上一个单词的单词首，还可以使用"e"命令使光标跳到下一个单词的单词尾。

3．移动光标到行尾或行首

- $：移动光标到行尾。
- ^或 0（数字）：移动光标到行首。

可以使用"$"命令将光标移至行尾，使用"0"或"^"命令将光标移至行首。其实，对于"$"命令来说，可以使用诸如"n$"类的命令来将光标移至当前光标所在行之后 n 行的行尾（n 为数字）；对于"0"命令来说却不可以，但可以使用"n^"将光标移动至当前行之前 n 行的行首。

4．移动到指定行

- :n 或 nG：移动光标到指定的行。

可以直接在命令模式中输入"nG"（n 为数字，G 为大写。先按数字键，再按 G 键）或":n"（在末行模式中输入数字）命令将光标快速地定位到指定行的行首。这种方法对于快速移动光标非常有效。

5．移动光标到文件首或文件尾
- gg：移动光标到文件首。
- G：移动光标到文件尾。

在命令模式中，输入"gg"可以快速将光标移动到文件首。在命令模式中，输入"G"（大写），可以快速将光标移动到文件尾。

5.3.3　Vim 中查找、删除、复制、替换

在 Windows 的编辑器中，日常操作都是配合鼠标完成的。而 Vim 中，没有了鼠标，这些操作全部会转换为快捷命令，初学时，这些快捷命令光标移动到指定位置后，如何进行编辑操作呢？Vim 提供了大量的编辑命令，下面介绍其中一些常用的命令。

1．查找指定字符串
- "/"查找的字符串：从光标所在行向下查询所需要的字符串。
- "?"查找的字符串：从光标所在行向上查询所需要的字符串。

一个字符串可以是一个或多个字母的集合。如果想在 Vim 中查找字符串，则需要在命令模式下进行。在 Vim 命令模式中输入"/要查找的字符串"，再按一下回车键，就可以从光标所在行开始向下查找指定的字符串。如果要向上查找，则只需输入"?要查找的字符串"即可。我们在 test 文档中，搜索"size"字符串，光标会自动移动到第一个匹配的字符串，同时所有的"size"字符串会高亮显示，如图 5-3 所示。

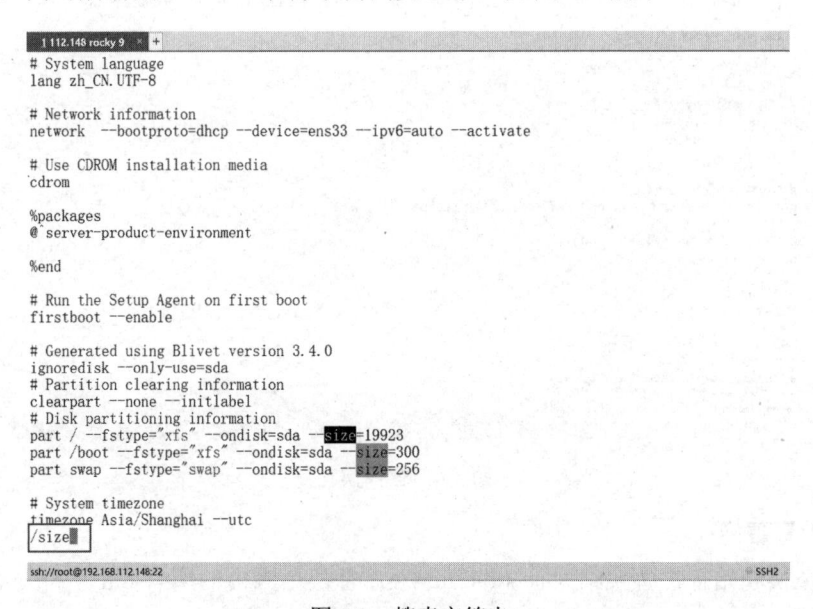

图 5-3　搜索字符串

如果匹配的字符串有多个，则可以按"n"键向下继续匹配查找，按"N"键向上继续匹配查找。如果在文件中并没有找到所要查找的字符串，则在文件底部会出现"Pattern not found（找不到模式）"提示。

在查找过程中需要注意的是，要查找的字符串是严格区分大小写的，如查找"shenchao"和"ShenChao"会得到不同的结果。如果想忽略大小写，则输入命令":set ic"；想调整回来，则输入命令":set noic"。如果在字符串中出现特殊符号，则需要加上转义字符"\"。常见的特殊符号有"\""*""？""^""$"等。如果出现这些字符，例如，要查找字符串"10$"，则需要在命令模式中输入"/10\$"。

还可以查找指定的行。例如，要查找一个以 root 为行首的行，则可以进行如下操作：

```
/^root
```

要查找一个以 root 为行尾的行，则可以进行如下操作：

```
/root$
```

2. 使用 Vim 进行替换

- r：替换光标所在处的字符。
- R：开启替换模式，直到按 Esc 键结束。

小写"r"可以替换光标所在处的某个字符，将光标移动到想替换的单个字符处，按下"r"键，然后直接输入替换的字符即可。

大写"R"可以从光标所在处开始替换字符，输入会覆盖后面的文本内容，直到按 Esc 键结束替换，如图 5-4 所示。

图 5-4 替换模式

3. 批量替换

- :替换起始行,替换结束行 s/old/new/g：替换范围内的所有 old 字符为 new 字符。
- :%s/old/new/g：整篇文档的 old 字符替换为 new 字符。

举例如下：

```
:10,20s/fengjie/fanbingbing/g
#把10行到20行范围内的"fengjie"替换为"fanbingbing"（现实中要能这样替换就好了）
:%s/fengjie/fanbingbing/g
#把整篇文档中的"fengjie"替换为"fanbingbing"
```

批量替换是在末行模式下操作的。

4．删除操作

1）删除字符

- x：删除光标所在字符。
- nx：从光标所在位置向右删除 n 个字符，n 为数字。

在命令模式中，可以使用"x"键删除光标所在字符。可以使用"nx"键从光标所在位置向右删除多个字符（n 为数字，先按数字，再按 x 键）。

2）删除整行

- dd：删除光标所在行（如果粘贴则为剪切）。
- ndd：从光标所在行开始，向下删除 n 行（n 为数字）。
- dG：从光标所在行删除到文件尾。
- D：从光标所在字符删除到行尾。
- :10,20d：从文件的 10 行起，删除到 20 行为止（末行模式操作）。

如果想要删除整篇文档，只需要在命令模式中，按"gg"键把光标移动到文件头，再按"dG"键，从光标所在的文件头删除到文件尾。

"D"键也很有用，可以从光标所在位置，一直删除到这行的结尾。

":10,20d"可以指定范围，删除范围内所有内容。

注意：删除的内容并没有彻底删除，而是放在了"剪切板"里，如果不粘贴，则为删除操作，如果粘贴，则为剪切操作。

粘贴的方式："p"粘贴到光标所在行的下面；"P（大写）"粘贴到光标所在行的上面。

5．复制和粘贴

- yy 或 Y：复制单行。
- nyy 或 nY：复制多行。
- p：粘贴到光标所在行的下面。
- P：粘贴到光标所在行的上面。

6．撤销和反撤销

如果操作失误造成了误删除，不用怕，可以撤销之前的操作。

- u：撤销上一步操作（类似 Windows 中的"Ctrl+z"快捷键）。
- Ctrl+r：反撤销之前的撤销（类似 Windows 中的"Ctrl+y"快捷键）。

撤销操作可以多次按"u"键，一直撤销到文件打开时的状态；反撤销可以多次按"Ctrl+z"快捷键，一直反撤销到最后一次操作状态。

5.3.4 保存退出命令

估计前面一大堆的操作已经让你有些力不从心了，其实，这还只是总结出来的常用部分，不过对于日常使用基本足够了，不用死记硬背，只需多练习就能掌握。

Vim 的保存和退出是在末行模式中进行的，为了方便记忆，只需要记住":w"":q""!"三个符号的含义即可完成保存任务。

- :w：保存不退出。
- :q：退出不保存。
- !：强制。

举几个例子，在末行模式中输入：

```
:w
#保存不退出
:wq
#保存退出
```

那么"!"用在什么情况呢？

- 强制不保存退出":q!"。

如果你修改了文件内容，但是想要不保存退出，这时你会发现":q"是不能退出文件的，系统会提示您有未保存数据（Windows 修改数据不保存，也有类似提示），导致不能不保存退出。这时，只要加入强制":q!"就可以强制不保存退出文件了。

- 强制保存退出":wq!"。

强制保存退出只能 root 用户使用，用于 root 用户对某文件没有写权限时，可以强制保存退出。这是因为 root 用户在 Linux 系统中有特权，普通用户没有此功能！

在命令模式中，还可以输入"ZZ"命令保存退出，按两次"Shift+Z"快捷键比较方便，笔者强烈推荐。

5.4 Vim 的进阶应用

以上几节介绍了 Vim 的常见用法，接下来给大家介绍一下 Vim 使用的小技巧。

5.4.1 Vim 配置文件

在使用 Vim 进行编辑的过程中，经常会遇到需要同时对连续几行进行操作的情况，这时如果每行都有行号提示，就会非常方便。在末行模式下输入":set nu"即可显示每一行的行号，如图 5-5 所示。

如果想要取消行号显示，可以在末行模式执行":set nonu"命令。但是这个行号显示只是临时显示，下次打开文件还需要执行":set nu"命令，才能显示行号。

如果希望每次打开文件，都能默认显示行号，则可以编辑 Vim 的配置文件，这样就能永久生效，不论打开任何文件都可以显示行号。

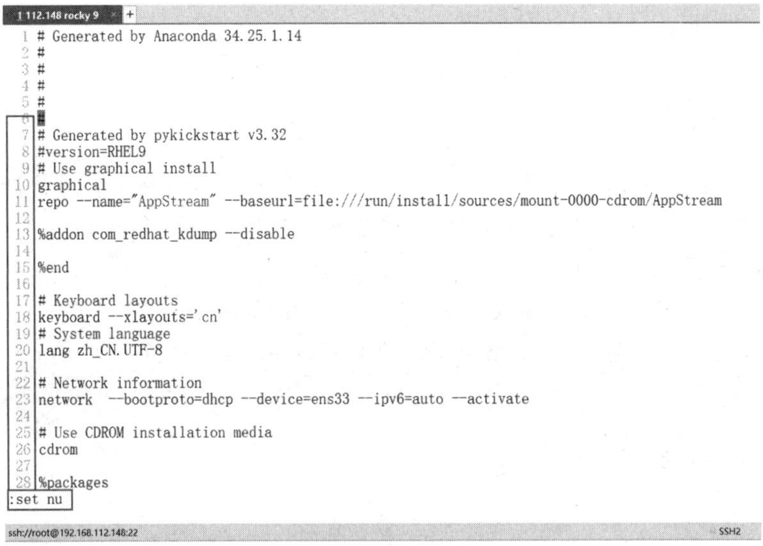

第 5 章 简约而不简单的文本编辑器 Vim

图 5-5 显示行号

Vim 的配置文件默认放在用户的家目录下"~/.vimrc",这样只对当前用户生效。这样非常合理,毕竟不是每个用户的操作习惯都是一样的。

"~/.vimrc"文件默认不存在,大家可以手工建立,然后把":set nu"写入配置文件即可生效,如果有多个配置,每个配置单独一行即可。

常见的可以写入.vimrc 文件中的设置参数如表 5-1 所示。

表 5-1 常见的可以写入.vimrc 文件中的设置参数

设 置 参 数	含 义
:set nu :set nonu	设置与取消行号
:syn on :syn off	是否依据语法显示相关的颜色帮助。在 Vim 中修改相关的配置文件或 Shell 脚本文件时(如前面示例的脚本/etc/init.d/sshd),默认会显示相应的颜色,用来帮助排错。如果觉得颜色产生了干扰,则可以取消此设置
:set hlsearch :set nohlsearch	设置是否将查找的字符串高亮显示。默认是 hlsearch 高亮显示
:set nobackup :set backup	是否保存自动备份文件。默认是 nobackup 不自动备份。如果设定了:set backup,则会产生"文件名~"作为备份文件
:set ruler :set noruler	设置是否显示右下角的状态栏。默认是 ruler 显示
:set showmode :set noshowmode	设置是否在左下角显示,如"--INSERT--"类的状态栏。默认是 showmode 显示
:set list :set nolist	设置是否显示隐藏字符。默认是 nolist 不显示

设置参数实在太多了,这里只列举了常见的几个,可以使用":set all"命令查看所有的设置参数。这些设置参数都可以写入.vimrc 配置文件中,让它们永久生效;也可以

· 165 ·

直接在 Vim 中执行，让它们临时生效。

5.4.2 多窗口编辑

在编辑文件时，有时需要参考另一个文件，如果在两个文件之间进行切换，则比较麻烦。可以使用 Vim 同时打开两个文件，每个文件分别占用一个窗口。
- -o 或:sp 第二个文件名：上下分屏打开两个文件。
- -O（大写）或:vs 第二个文件名：左右分屏打开两个文件。

例如，我们需要同时打开/etc/passwd 和/etc/shadow 两个文件，则可以：

```
[root@localhost ~]# vi -O /etc/passwd /etc/shadow
#左右分屏打开两个文件
```

这样会左右分屏打开两个文件，如图 5-6 所示。

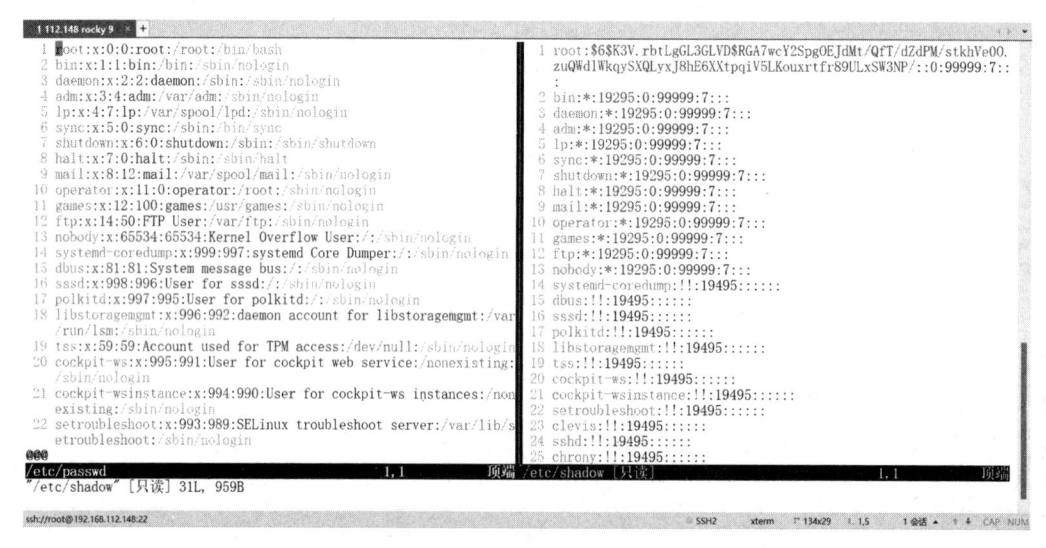

图 5-6 左右分屏打开两个文件

如果想要在两个文件之间左右切换，可以先按"Ctrl+w"快捷键，再按"右（左）箭头"，就可以在两个文件中任意切换了。

当然，也可以先打开/etc/passwd 文件，然后在末行模式中执行":vs /etc/shadow"，也可以实现左右分屏打开两个文件。

5.4.3 区域复制

通过前面的操作，大家会发现，Vim 是以行为单位进行整体编辑的。但是有时候需要对一些特定格式的文件进行某个范围的编辑，就需要使用区域复制功能。

举例来说，现在想将/etc/services 文件（此文件记录了所有服务名与端口的对应关系）中的服务名都复制下来，就可以执行以下操作：先使用 Vim 打开/etc/services 文件，再将光标移动到需要复制的第一行处，然后按下"Ctrl+V"快捷键，这时底部状态栏出现"VISUAL BLOCK",就可以使用上、下、左、右方向键进行区域的选取了;当全部选完后,按下"y"键,然后将光标移动到目标位置处,按下"p"键,即可完成区域复制。

5.4.4 定义快捷键

使用 Vim 编辑 Shell 脚本,在进行调试时,需要进行多行注释,每次都要先切换到输入模式,在行首输入注释符"#",再退回命令模式,非常麻烦。连续行的注释其实可以用替换命令来完成。

在指定范围行加"#"注释,可以使用":起始行,终止行 s/^/#/g",例如:

```
:1,10s/^/#/g
```

表示在第 1~10 行的行首加"#"注释。"^"意为行首。"g"表示执行替换时不询问确认。如果希望每行交互询问是否执行,则可以将"g"修改为"c"。

取消连续行注释,则可以使用":起始行,终止行 s/^#//g",例如:

```
:1,10s/^#//g
```

意为将行首的"#"替换为空,即删除。

当然,使用语言不同,注释符号或想替换的内容不同,都可以采用此方法,灵活运用即可。

如果是在 PHP 语言当中添加"//"注释,要稍微麻烦一些,":起始行,终止行 s /^/\/\//g",因为"/"前面需要加转义字符"\",所以写出来比较奇特,例如:

```
:1,5s /^/\/\//g
```

表示在第 1~5 行行首加"//"注释。

以上方法可以解决连续行的注释问题,如果是非连续的多行就不灵了,这时我们可以定义快捷键简化操作,格式如下。

- :map 快捷键 执行命令 定义快捷键

例子 1:

如定义"Ctrl+P"快捷键为在行首添加"#"注释,可以执行:

```
:map ^P I#<Esc>
#定义"Ctrl+P"键为行首添加"#"的快捷键
```

其中"^P"为定义"Ctrl+P"快捷键。

注意:必须同时按"Ctrl+V+P"快捷键生成"^P"才有效,或先按"Ctrl+V"快捷键再按"Ctrl+P"快捷键也可以,直接输入"^P"是无效的。

"I#<Esc>"就是此快捷键要触发的动作,"I"为在光标所在行行首插入,"#"为要输入的字符,"<Esc>"表示退回命令模式。"<Esc>"要逐个字符输入,不可以直接按键盘上的 Esc 键。

设置成功后,直接在任意需要注释的行上按"Ctrl+P"快捷键,就会自动在行首加上"#"注释。取消此快捷键定义,输入":unmap ^P"即可。

例子 2:

既然可以用快捷键添加注释,那么也应该可以用快捷键删除注释了:

```
:map ^B ^x
#定义"ctrl+p"快捷键为行首添加"#"的快捷键
```

当按"Ctrl+B"快捷键时,"^"会让光标跳到行首,"x"代表删除光标所在字符,这样是不是就可以用于删除注释了。

再如,有时我们写完脚本等文件,需要在末尾注释中加入自己的邮箱,则可以直接定义每次按"Ctrl+E"快捷键实现插入邮箱,定义方法为":map ^E ashenchao@163.com <Esc>"。其中,"a"表示在当前字符后插入,"shenchao@163.com"为插入的邮箱,"<Esc>"表示插入后返回命令模式。

因此,通过定义快捷键,我们可以把前面讲到的命令组合起来使用。

将快捷键对应的命令保存在.vimrc 文件中,即可在每次使用 Vim 时自动调用,非常方便。

5.4.5 在 Vim 中与 Shell 交互

在 Vim 中,可以在末行模式下使用"!"命令来访问 Linux 的 Shell 以进行操作。命令格式如下:

```
:! 命令
```

直接在"!"后面加上所要执行的命令即可,这样可以在系统中直接查看命令的执行结果。例如,在编辑过程中想查看一下/etc/passwd 文件的权限,则可以使用如下命令:

```
:!ls -l /etc/passwd
```

执行后,会在当前编辑文件中显示命令的执行结果,完毕后会提示用户按回车键返回编辑状态。

如果想把命令的执行结果导入编辑文件中,则还可以与导入命令"r"一起使用。如在编辑完文件后,在文件末尾加入当前时间,命令如下:

```
:r !date
```

这也是一种可以展开想象的使用方法,笔者就不再举例了,大家可以自行尝试。

5.4.6 文本格式转换

unix2dos 和 dos2unix 命令可以实现文本格式转换的功能。从命令名称即可得知,这两个文本操作命令是在 UNIX 与 DOS 文件格式之间进行数据转换的。

在文本文件中,隐藏符号也是特殊符号。例如,空格符、回车符、制表符等,这些特殊符号虽然在文本文件中不能直接看到(Linux 中可以通过特殊选项看到),但实际存在。而且 Windows 系统和 Linux 系统的隐藏符号居然不一样,这就会导致如果我们使用 Windows 编辑器编辑文本,直接复制到 Linux 中会报错。

举个例子,我们先查看一下 Linux 文本中的隐藏字符,查看隐藏字符需要使用"cat -A 文件名"命令,如图 5-7 所示。

我们在 Vim 的末行模式下执行":set list",就可以显示隐藏字符。可以清楚地看到,Linux 的回车符号是"$"。

```
[root@localhost ~]# cat -A test
# Generated by Anaconda 34.25.1.14$
# Generated by pykickstart v3.32$
#version=RHEL9$
# Use graphical install$
graphical$
repo --name="AppStream" --baseurl=file:///run/install/sources/mount-0000-cdrom/AppStream$
$
%addon com_redhat_kdump --disable$
$
%end$
$
```

图 5-7　Linux 文本隐藏字符

我们再试试在 Windows 下编辑文本内容。需要使用 Windows 的记事本工具编辑一个文件，并上传到 Linux 系统中，如果大家按照笔者要求，使用的是 xshell 远程工具，那么在命令行中执行“rz”命令，就可以把 Windows 的文件上传到 Linux 系统中。

我们在 Linux 系统中，查看一下 Windows 文本隐藏字符，如图 5-8 所示。

```
[root@localhost ~]# cat  -A  test-win.txt
hello world.^M$
^M$
welcome to beijing.^M$
[root@localhost ~]#
```

图 5-8　Windows 文本隐藏字符

看到了吧，Windows 文本的回车符号是“^M$”。如果这只是一个普通文本，这种隐藏符号的区别并没有太大的影响。但如果这个文本是 shell 脚本程序，隐藏符号的不同，会导致 shell 脚本程序执行失败，必须把隐藏符号转换为 Linux 的隐藏符号。

这个转换就需要用到 dos2unix 和 unix2dos 命令。如果系统报错，此命令不存在，就可以执行以下安装命令，安装之后就不会报错了。

```
[root@localhost ~]# yum -y install dos2unix
[root@localhost ~]# yum -y install unix2dos
#安装 dos2unix 和 unix2dos 命令
```

笔者就很喜欢将 Linux 的 Shell 脚本备份存放在 Windows 个人计算机上，有时会在 Windows 上进行更改，但是再复制到 Linux 中可能就无法执行了。

unix2dos 命令的作用就是把 Linux 中的隐藏符号“$”转换为 Windows 的隐藏符号“^M$”。命令格式如下：

```
[root@localhost ~]# unix2dos  文件名
```

可以想象，dos2Unix 命令的作用正好相反，即把 Windows 文档中的隐藏符号“^M$”转换为 Linux 隐藏符号“$”，命令如下：

```
[root@localhost ~]# dos2unix 文件名
```

笔者在 Windows 上编辑后无法执行的 Shell 脚本就是通过上面的命令来解决的。

5.4.7　ab 命令的小技巧

在 Vim 中可以使用 map 定义快捷键，如输入电子邮箱、通信地址、联系电话……但是定义太多，难以记住，此时可以使用神奇的“ab”命令。命令格式如下：

```
:ab 替代符 原始信息
```

示例如下:
```
:ab mymail liming@atguigu.com
:ab shenchao http:// http://weibo.com/lampsc
```
执行之后,在任何地方输入"mymail""shenchao",再输入任意非字母、非数字的符号(如句号、逗号等符号),回车或者空格,马上就会变成对应的邮箱和微博,非常方便。

Linux 的编辑工具当然不止 Vim 一种,如大名鼎鼎的 Emacs、类似 DOS 下的 edit 程序的 Pico、名字很华丽的午夜执行官 MC(Midnight Commander)……不过 Vim 始终是 Linux 平台上默认及应用最为广泛的文本编辑器,是编辑器中的"霸主"。本书只介绍了 Vim 的使用,虽然初学时可能应用起来比较吃力,但是一旦用熟,必将情有独钟。

5.5 本章小结

1. 本章重点

学习 Vim,首先需要掌握 Vim 的工作模式,其次需要掌握 Vim 的插入、移动光标、复制、粘贴、剪切、删除、搜索、替换、撤销、保存退出等基本应用,我们在后续学习中会经常使用。

在进阶应用中,重点掌握 Vim 配置文件。vimrc 中的各项设置,包括各种使用的小技巧,如多窗口编辑、区域复制、定义快捷键、与 Shell 交互、宏记录、ab 命令等,其中很多操作可以把基本应用中的命令融会贯通。

Windows 与 Linux 的文件格式转换因涉及后续章节知识,可以在学习软件安装后再进行学习。

2. 本章难点

最难的知识点恐怕还是如快捷键、与 Shell 交互、宏记录等的灵活使用。初学者不必心急,先熟练掌握常见操作。Vim 官方手册也是厚厚的一本,笔者已经尽可能地缩减内容,只讲到了经常使用的部分。

其实绝大多数 Vim 命令都是英文单词的缩写,如 w for write、q for quit、p for paste、set nu for set number、syn on for syntax on……可以联想记忆。

总之,多练习,联想记忆,慢慢熟悉,以后逐步会熟练使用的!

第6章 从"小巧玲珑"到"羽翼渐丰": 软件安装

学前导读

如果计算机没有安装操作系统,就不能实现任何功能;如果计算机安装了操作系统,但没有应用软件,也不能实现复杂功能。因此我们需要学习软件的安装,只有安装了所需要的软件,才能实现想要的功能。比如,想要上网就需要安装浏览器,想要看电影就需要安装视频播放器。

很多初学者会很困惑: Linux 中的软件安装方法是否和 Windows 中的软件安装方法一样呢?Windows 中的软件是否可以直接安装到 Linux 上呢?答案是否定的,Linux 和 Windows 是完全不同的操作系统,软件包管理是截然不同的。有一个坏消息和一个好消息,坏消息是我们需要重新学习一种新的软件包管理方法,而且 Linux 软件包的管理要比 Windows 软件包的管理复杂得多;好消息是 Windows 下所有的软件都不能在 Linux 中识别,因此 Windows 中大量的木马和病毒也都无法感染 Linux。

6.1 软件包管理简介

6.1.1 软件包的分类

首先,明确一件事,Windows 和 Linux 软件包不通用! Windows 中的 ".exe" 执行程序无法在 Linux 中执行,当然也不能安装。

Linux 下的软件包众多,而且几乎都是经过 GPL 授权的,也就是说这些软件都是免费的。更棒的是,这些软件几乎都提供源代码(开源的),只要你愿意,就可以修改程序源代码,以符合个人的需求和习惯。当然,你要具备修改这些软件的能力才可以。

源码包到底是什么呢?其实就是软件工程师使用特定的格式和语法所书写的文本代码,也就是计算机源程序代码。众所周知,计算机可以识别的是机器语言,也就是二进制语言,因此需要一名翻译官把 abcd 翻译成二进制机器语言。我们一般把这名翻译官称为编译器,它的作用就是把人能够识别的 abcd 翻译成二进制机器语言,让计算机可以识别并执行。

在 Linux 中,所有软件都是开源的,包括 Linux 系统自身也是开源的。也就是说 Linux 中的所有软件,包括 Linux 内核都有源码包。源码包的优点很明确:开放源代码。但是缺点也很明显,比如安装时间长,安装时容易报错,初学者很难解决。如果 Linux 只有源码包程序，那么 Linux 的学习和普及都会受到影响。大家设想一下，初学 Linux，连 Linux 系统都不会安装，如何进行学习呢？

因此 Linux 也开发了二进制包，在 RedHat 系列中（包含 Rocky Linux），二进制包就是 RPM 包。二进制包解决源码包的缺点，安装速度快，报错概率低，支持软件包一键安装。这些优点都适合初学者来学习 Linux，但是二进制包就不再开源了。

Linux 和 Windows 软件系统的区别是：Windows 下所有软件包都是二进制包（.exe 程序、.msi 程序）为主，这些软件，包括 Windows 系统都不开源。少量 .bat 程序可以查看源代码，但用途较少。而 Linux 中是同样的软件包，即提供源码包，也提供二进制包供用户选择使用，因此我们认为 Linux 是开源系统。

总结一下，Linux 中可以安装的软件包有两种：
- 源码包。
- 二进制包。

接下来，我们看看这两种包有什么特点。

6.1.2 源码包的特点

源码包既然是软件包，就不是一个文件，而是多个文件的集合。出于发行的需要，我们一般会把源码包打包压缩之后发布，而 Linux 中最常用的打包压缩格式是 "*.tar.gz"，因此我们也把源码包叫 Tarball。源码包需要大家自己去软件的官方网站进行下载。

源码包的压缩包中一般会包含如下内容：
- 源代码文件。
- 配置和检测程序（如 configure 或 config 等）。
- 软件安装说明和软件说明（如 INSTALL 或 README）。

源码包的优点如下：
- 开源。如果你有足够的能力，则可以修改源代码。
- 可以自由选择所需要的功能。
- 因为软件是编译安装的，所以更加适合自己的系统，更加稳定，效率也更高。
- 卸载方便。

源码包的缺点如下：
- 安装过程步骤较多，尤其是在安装较大的软件集合时（如 LAMP 环境搭建），容易出现拼写错误。
- 编译过程时间较长，安装时间比二进制包安装要长。
- 因为软件是编译安装的，所以在安装过程中一旦报错，新手就很难解决。

6.1.3 二进制包的特点

因为二进制包是在软件发布的时候已经进行过编译的软件包，所以安装速度比源码包快得多（和 Windows 下软件安装速度相当）。但是因为已经进行过编译，所以大家也就不能再看到软件的源代码了。目前两大主流的二进制包系统是 DPKG 包和 RPM 包。
- DEB 包是由 Debian Linux 所开发的包管理机制，通过 DEB 包，Debian Linux 就可以进行软件包管理，主要应用在 Debian 和 Ubuntu 中。
- RPM 包是由 Red Hat 公司开发的包管理系统，功能强大，安装、升级、查询和卸载都非常简单和方便。目前很多 Linux 版本都在使用这种包管理方式，包括 Fedora、CentOS、SuSE 等。

Linux 默认采用 RPM 包来安装系统，因此常用的 RPM 包都在安装光盘中。

RPM 包的优点如下：
- 包管理系统简单，只通过几个命令就可以实现包的安装、升级、查询和卸载。
- 开发者提前编译，安装速度比源码包安装快得多，报错的概率也低得多。

RPM 包的缺点如下：
- 经过编译，不能再看到源代码。
- 功能选择不如源码包灵活。
- 依赖性。有时我们会发现，在安装软件包 a 时，需要先安装 b 和 c；而在安装 b 时，需要先安装 d 和 e。这就需要先安装 d 和 e，再安装 b 和 c，最后才能安装 a。安装软件要有一定的顺序，但是有时依赖性会非常强。

6.1.4 初识源码包

1. 源码包长什么样

说了这么多的源码包，那么源码包到底是什么样子的呢？我们写一段简单的 C 语言源代码程序，如下：

```
[root@localhost ~]# vim hello.c
#include <stdio.h>
int main (void)
{
    printf ("hello world\n");
}
```

这段代码是我们学习所有语言都要学习的第一个程序"hello world"，需要注意第一行的"#"不是注释，不能省略。在 Linux 中不靠扩展名区分文件类型，但我们一般会把 C 语言的源程序文件用".c"作为扩展名，这样管理员马上就能知道这是 C 语言的源代码；而且用".c"作为扩展名，Vim 也会有相应的颜色提示。

2. 源码包的编译器安装

前面说过，源码包需要经过编译之后才能执行。我们在 Linux 中编译 C 语言源代码需要使用 gcc 编译器，如果没有安装 gcc 的话，可以执行以下命令安装 gcc 编译器：

```
[root@localhost ~]# yum -y install gcc
```

我们在这里安装的是二进制包的 gcc 编译器，如果你的 Linux 的网络环境正常，是可以连接到官方 yum 源的，这个命令可以正常执行。我们在本章还会学习，利用光盘搭建本地 yum 源。

注意：Linux 中的大多数软件包是用 C 语言和 C++语言开发的，如果要安装源代码程序，则一定要安装 gcc 和 gcc-c++编译器。但是请大家注意，**我们的 gcc 编译器只能使用二进制包方式安装**。如果我们使用源码包安装 gcc，那么它同样需要 C 语言编译器来解释，这样就会出现安装 gcc，但是需要 gcc 的无厘头错误。

3. 源码包编译和执行

源代码有了，编译器也有了，我们就可以编译和执行了。

```
[root@localhost ~]# gcc -c hello.c
#-c 生成 ".o" 头文件。这里会生成 hello.o 头文件，但是不会生成执行文件
[root@localhost ~]# gcc -o hello hello.o
#-o 生成执行文件，并指定执行文件名。这里生成的 hello 就是执行文件
[root@localhost ~]# ./hello
hello world
#执行 hello 文件
```

我们利用 gcc 编译 hello.c 生成 hello.o 头文件，然后用 hello.o 生成 hello 执行文件，执行 hello 文件就可以看到程序的结果了。

通过上面简单的 C 语言的源代码程序，我们可以简单地了解源代码程序是什么样子、源代码程序该如何执行。

6.2 RPM 包管理——rpm 命令管理

6.2.1 RPM 包的命名规则

1. RPM 包所在位置

RPM 包不需要单独下载，而是保存在系统安装光盘中。我们之前安装 Rocky Linux 9 系统的时候，已经提前下载了光盘，所有的 RPM 包都在这张光盘中。

```
[root@localhost ~]# mkdir /mnt/cdrom
#建立挂载点
[root@localhost ~]# mount /dev/sr0 /mnt/cdrom/
#挂载光盘
[root@localhost ~]# ls /mnt/cdrom/
AppStream  COMMUNITY-CHARTER  EFI     images    LICENSE     RPM-GPG-KEY-Rocky-9
BaseOS     Contributors              EULA    isolinux  media.repo  RPM-GPG-KEY-Rocky-9-Testing
#查看光盘中的数据
```

我们可以看到，在光盘中包含 AppStream 和 BaseOS 两个目录，RPM 包就保存在这两个目录的 Packages 子目录中。例如：

```
[root@localhost ~]# ls /mnt/cdrom/AppStream/Packages/
3 a b c d e f g h i j k l m n o p q r s t u v w x y z
#RPM 包按照包全名首字母分别保存在这些子目录中
```

Rocky Linux 9 为了查找方便，把所有的 RPM 包按照包全名的首字母，分别建立了子目录，放在了不同的子目录中。也就是说/mnt/cdrom/AppStream/Packages/a/这个目录中，

放置的是所有以 a 开头的 RPM 包。

在 AppStream 和 BaseOS 两个目录中都有 RPM 包,但绝大多数常用 RPM 包保存在 AppStream 目录中。

注意:目录名称的大小写。

2. RPM 包命名规则

既然我们学习的是 Rocky Linux 系统,我们的二进制包当然是 RPM 包系统。RPM 包的命名一般都会遵守统一的命名规则,例如:

```
httpd-2.4.53-7.el9.x86_64.rpm
```

- httpd:软件包名。
- 2.4.53:软件版本。
- 7:软件发布的次数。
- el9:软件发行商。el9 指的就是 RHEL 9.x(Red Hat Enterprise Linux),Rocky Linux 的软件包大多数是和 RHEL 通用的。
- x86_64:适合的硬件平台,适合 64 位操作系统。RPM 包可以在不同的硬件平台上安装,选择适合不同 CPU 的软件版本,可以最大限度地发挥 CPU 性能,因此出现了所谓的 i386(386 以上的计算机都可以安装)、i586(586 以上的计算机都可以安装)、i686(奔腾Ⅱ以上的计算机都可以安装,目前所有的 CPU 都是奔腾Ⅱ以上的,因此这个软件版本居多)、x86_64(64 位 CPU 可以安装)和 noarch(没有硬件限制)等文件名。
- rpm:RPM 包的扩展名。我们说过,Linux 下的文件不是靠扩展名区分文件类型的,也就是说 Linux 中的扩展名没有任何含义。可是这里怎么又出现了扩展名呢?原因很简单,如果不把 RPM 包的扩展名叫作".rpm",那么管理员很难知道这是一个 RPM 包,当然也就无法正确安装了。也就是说,如果 RPM 包不用".rpm"作为扩展名,那么系统可以正确识别,但是管理员很难识别这是一个什么样的软件。

注意:我们把 httpd-2.4.53-7.el9.x86_64.rpm 叫作包全名,而把 httpd 叫作包名。为什么要做出特殊说明呢?如果命令操作的是未安装的软件包,则必须使用包全名(如安装和升级),而且需要注意要写绝对路径,或者进入软件包保存目录下。这是因为未安装的软件包,系统需要知道完整路径和包全名,才能找到这个软件包。

而如果命令操作的是已经安装的软件包,则只需要写包名即可(如查询和卸载)。这是因为 RPM 包系统会对已经安装的软件包建立数据库(在/var/lib/rpm/中),而且在任意路径下都可以找到已经安装的软件包。

包全名和包名如果弄错,命令就会报错。

6.2.2 RPM 包的依赖性

笔者之所以不太喜欢 RPM 包管理系统,是因为 RPM 包的依赖性。根据依赖的形式不同,把依赖性分为树形依赖、环形依赖和函数库依赖。

- 树形依赖。

我们先看看树形依赖的示意图，如图 6-1 所示。

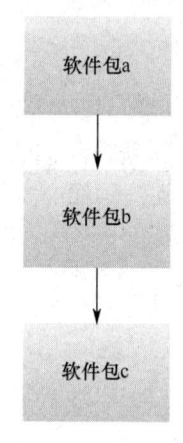

图 6-1　树形依赖的示意图

刚刚说过，假设我们要安装软件包 a，则可能需要先安装软件包 b 和 c，当安装 b 包时，又会依赖软件包 d 和 e。有时这种依赖可能会有几十个之多，当然这也要看你的系统默认安装了哪些软件。这种依赖称为树形依赖，树形依赖是最常见的依赖形式，举个例子，我们尝试用手工命令安装一下 RPM 包版本的 Apache：

```
[root@localhost h]# rpm -ivh /mnt/cdrom/AppStream/Packages/h/httpd-2.4.53-7.
el9.x86_64.rpm
错误：依赖检测失败：
    httpd-core = 0:2.4.53-7.el9 被 httpd-2.4.53-7.el9.x86_64 需要
    system-logos-httpd 被 httpd-2.4.53-7.el9.x86_64 需要
#手工命令安装，需要手工解决依赖性，否则会报依赖性错误
```

这个安装命令，稍后我们会详细解释，这里只是看一下依赖性报错即可。

这里的依赖就是典型的树形依赖！"httpd-core = 0:2.4.53-7.el9" 指的是必须安装此版本的软件包才可以。"=" 还可以写成 ">=" 或 "<="，含义是 ">=" 表示版本要大于或等于所显示版本；"<=" 表示版本要小于或等于所显示版本；"=" 表示版本要等于所显示版本。

- 环形依赖。

环形依赖的意思是安装软件包 a，需要软件包 b；安装软件包 b，需要软件包 c；安装软件包 c，需要软件包 a……按照正常逻辑，这样是安装不了的，怎么办呢？其实这种依赖也非常简单，只要在一条命令中同时安装 a、b、c 三个软件包，就可以解决环形依赖。例如：

```
[root@localhost ~]# rpm -ivh a.rpm b.rpm c.rpm
```

- 函数库依赖。

之前这两种依赖还不是最可怕的，最可怕的依赖性是什么呢？我们来安装一个 RPM 包 mysql-connector-odbc。这里我们并非讲解安装命令，因此先不说安装命令，只是来看一下安装这个软件的报错。

```
[root@localhost h]# rpm -ivh httpd-core-2.4.53-7.el9.x86_64.rpm
错误：依赖检测失败：
    httpd-filesystem 被 httpd-core-2.4.53-7.el9.x86_64 需要
    httpd-filesystem = 2.4.53-7.el9 被 httpd-core-2.4.53-7.el9.x86_64 需要
    httpd-tools = 2.4.53-7.el9 被 httpd-core-2.4.53-7.el9.x86_64 需要
    libapr-1.so.0()(64bit) 被 httpd-core-2.4.53-7.el9.x86_64 需要
    libaprutil-1.so.0()(64bit) 被 httpd-core-2.4.53-7.el9.x86_64 需要
```

这个报错很明显是“依赖检测失败”，也就是说，在安装 httpd-core 前需要先安装 httpd-filesystem 、httpd-tools 、libapr-1.so.0 和 libaprutil-1.so.0 这四个软件包（**注意：英文是被动式语句，依赖包在整句话的最前面**）。解决起来很简单，在光盘中找到这个软件包安装上不就行了吗？可是问题来了，我们找遍了光盘，发现居然没有叫 libapr-1.so.0 和 libaprutil-1.so.0 的软件包。这是怎么回事呢？原因很简单，我们一直在说 RPM 软件包，既然是软件包，那么包中就不只有一个文件，而我们刚刚依赖的 libapr-1.so.0 和 libaprutil-1.so.0，这两个文件是库文件，只是包中的一个文件而已。如果想要安装 libapr-1.so.0 和 libaprutil-1.so.0 这两个库文件，就必须安装它所在的软件包。怎么知道这个库文件属于哪个软件包呢？因为库文件名不和它所属的软件包名类似，所以很难确定这个库文件属于哪个软件包。RPM 包管理系统也发现了这个问题，它给我们提供的解决办法是一个名为“rpmfind”的网站，如图 6-2 所示。

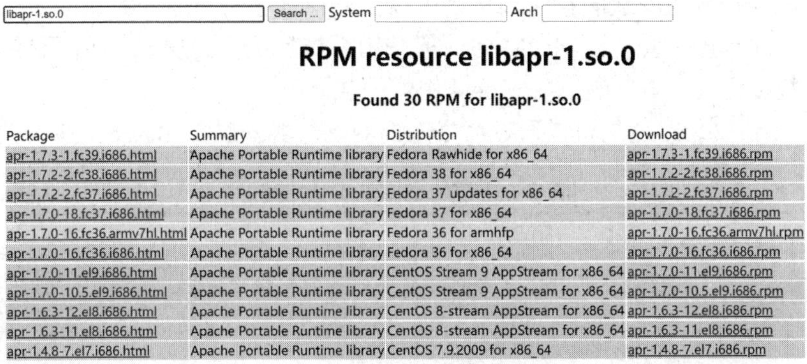

Package	Summary	Distribution	Download
apr-1.7.3-1.fc39.i686.html	Apache Portable Runtime library	Fedora Rawhide for x86_64	apr-1.7.3-1.fc39.i686.rpm
apr-1.7.2-2.fc38.i686.html	Apache Portable Runtime library	Fedora 38 for x86_64	apr-1.7.2-2.fc38.i686.rpm
apr-1.7.2-2.fc37.i686.html	Apache Portable Runtime library	Fedora 37 updates for x86_64	apr-1.7.2-2.fc37.i686.rpm
apr-1.7.0-18.fc37.i686.html	Apache Portable Runtime library	Fedora 37 for x86_64	apr-1.7.0-18.fc37.i686.rpm
apr-1.7.0-16.fc36.armv7hl.html	Apache Portable Runtime library	Fedora 36 for armhfp	apr-1.7.0-16.fc36.armv7hl.rpm
apr-1.7.0-16.fc36.i686.html	Apache Portable Runtime library	Fedora 36 for x86_64	apr-1.7.0-16.fc36.i686.rpm
apr-1.7.0-11.el9.i686.html	Apache Portable Runtime library	CentOS Stream 9 AppStream for x86_64	apr-1.7.0-11.el9.i686.rpm
apr-1.7.0-10.5.el9.i686.html	Apache Portable Runtime library	CentOS Stream 9 AppStream for x86_64	apr-1.7.0-10.5.el9.i686.rpm
apr-1.6.3-12.el8.i686.html	Apache Portable Runtime library	CentOS 8-stream AppStream for x86_64	apr-1.6.3-12.el8.i686.rpm
apr-1.6.3-11.el8.i686.html	Apache Portable Runtime library	CentOS 8-stream AppStream for x86_64	apr-1.6.3-11.el8.i686.rpm
apr-1.4.8-7.el7.i686.html	Apache Portable Runtime library	CentOS 7.9.2009 for x86_64	apr-1.4.8-7.el7.i686.rpm

图 6-2　rpmfind 网站

在搜索框中输入要查找的库文件名，如 libapr-1.so.0，单击“Search”按钮，网站会帮你查询出此库文件所在的软件包。我们可以看到网站提示，在 CentOS 系统中，此库文件属于 apr-1.7.0-11.el9.i686.html 软件包。虽然我们的系统是 Rocky Linux，但软件包基本和 RedHat 系列的系统通用。因此只要安装了 apr-1.7.0-11.el9.i686.html 软件包，库文件 libapr-1.so.0 就会安装好了。另一个库文件 libaprutil-1.so.0，也可以通过同样的方式找到所属的软件包。

之所以说函数库依赖是最可怕的，是因为 rpmfind 网站不是一直都有的，在笔者十几年前学习 Linux 的时候，这个网站并不存在，但是函数库依赖可是一直存在的……那么在此网站出现之前怎么办呢？只能靠“猜”！猜对了，函数库依赖问题就解决了，猜错了，对不起，接着猜！你说可怕不可怕！

注意：并不是安装 httpd-core 包时一定会缺少 libapr-1.so.0 和 libaprutil-1.so.0 这两个库文件，这和你的系统安装方式有关。

什么是库文件？库文件就是函数库文件，是系统写好的实现一定功能的计算机程序，其他软件如果需要这个功能，就不用再自己写了，直接拿过来使用就可以了，大大加快了软件开发的速度。比如，我喜欢玩高达模型，这个模型是已经做好的一个一个的零件，自己组装的时候，只要把这些零件组装在一起就可以了，而不用自己去制作这些零件，大大简化了模型组装的难度。

6.2.3 RPM 包的安装与升级

说了这么多，终于可以开始安装了，我们先安装 apache 程序。之所以选择安装 apache 程序，是因为我们后续安装源码包时也计划安装 apache 程序，这样就能初步认识到源码包和 RPM 包的区别。不过需要注意的是，同一个程序的 RPM 包和源码包可以安装到一台服务器上，但是只能启动一个，因为它们需要占用同样的 80 端口。不过，如果真在生产服务器上，那么一定不会同时安装两个 apache 程序，容易把管理员搞糊涂，而且会占用更多的服务器磁盘空间。

1. RPM 包默认安装路径

源码包和 RPM 包安装的程序为什么可以在一台服务器上运行呢？主要是因为安装路径不同，所以不会覆盖安装。RPM 包一般采用系统默认路径安装，而源码包一般通过手工指定安装路径（一般安装到/usr/local/中）安装。

RPM 包默认安装路径是可以通过命令查询的，一般安装在如表 6-1 所示的目录中。

表 6-1 RPM 包默认安装路径

安 装 路 径	含　　义	安 装 路 径	含　　义
/etc/	配置文件安装目录	/usr/share/doc/	基本的软件使用手册保存位置
/usr/bin/	可执行的命令安装目录	/usr/share/man/	帮助文件保存位置
/usr/lib/	程序所使用的函数库保存位置		

RPM 包难道就不能手工指定安装路径吗？当然是可以的，但是一旦手工指定安装路径，所有的安装文件就会安装到手工指定位置，而不会安装到系统默认位置。而系统的默认搜索位置并不会改变，依然会去默认位置之下搜索，当然系统就不能直接找到所需要的文件，也就失去了作为系统默认安装路径的一些好处。因此我们一般不会指定 RPM 包的安装路径，而使用默认安装路径。

2. RPM 包的安装

```
[root@localhost ~]# rpm -ivh 包全名
#注意一定是包全名。如果是写包全名的命令，则要注意绝对路径，因为软件包在光盘当中
选项：
  -i: 安装（install）
  -v: 显示更详细的信息（verbose）
```

第 6 章 从"小巧玲珑"到"羽翼渐丰":软件安装

-h:打印#,显示安装进度(hash)

例如,安装 apache 软件包,注意出现三个 100%才是正确安装,第一个 100%仅是在验证,第二个 100%是在准备,第三个 100%才是安装。

例子 1:
```
[root@localhost ~]# rpm -ivh /mnt/cdrom/AppStream/Packages/h/httpd-2.4.53-7.el9.x86_64.rpm
Verifying...                   ################################# [100%]
准备中...                       ################################# [100%]
正在升级/安装...
  1:httpd-2.4.53-7.el9          ################################# [100%]
```

注意:你的系统中安装 httpd 软件,会报很多依赖性错误,其中既有树形依赖,也有函数库依赖,还有环形依赖,非常不方便!你需要手工解决这些依赖包,httpd 才可以正常安装。依赖性手工解决非常麻烦,即使对熟练的 Linux 工程师有时候也很麻烦!那么没有更好的方法了吗?当然有,yum 工具可以全自动地解决依赖性的问题,我们在 6.3 节详细学习。

还有些读者很纳闷,为什么 Apache 还叫 httpd 呢?其实 Apache 是软件名,而 httpd 是 Linux 中的服务名,不论叫什么都是 Apache 这个软件。

如果还有其他安装要求,比如想强制安装某个软件包而不管它是否有依赖性,就可以通过选项进行调整。

- --nodeps:不检测依赖性安装。软件安装时会检测依赖性,确定所需要的底层软件是否安装,如果没有安装,则会报错。如果不管依赖性,想强制安装,则可以使用这个选项。需要注意的是,这样不检测依赖性安装的软件是不能使用的,所以不建议这样做。
- --replacefiles:替换文件安装。如果要安装软件包,但是包中的部分文件已经存在,那么在正常安装时会报"某个文件已经存在"的错误,从而导致软件无法安装。使用这个选项可以忽视这个报错而覆盖安装。
- --replacepkgs:替换软件包安装。如果软件包已经安装,那么此选项可以把软件包重复安装一遍。
- --force:强制安装。不管是否已经安装都重新安装。也就是--replacefiles 和--replacepkgs 的综合。
- --test:测试安装。不会实际安装,只是检测一下依赖性。
- --prefix:指定安装路径。为安装软件指定安装路径,而不使用默认安装路径。

注意:如果指定了安装路径,软件没有安装到系统默认路径中,那么系统会找不到这些安装的软件,需要进行手工配置才能被系统识别。因此,我们一般采用默认路径安装 RPM 包。

apache 服务安装成功后,尝试启动。命令如下:
```
[root@localhost ~]# systemctl start|stop|restart|status 服务名
```
参数:
```
  start:启动服务
  stop:停止服务
```

restart：重启服务
status：查看服务状态

例如：

```
[root@localhost ~]# systemctl restart httpd
#启动 apache 服务
```

服务启动之后，就可以查看端口号 80 是否出现。命令如下：

```
[root@localhost ~]# netstat -tulnp | grep 80
tcp6       0      0 :::80              :::*              LISTEN      4504/httpd
#查看 80 端口是否开启
```

我们也可以在浏览器中输入 Linux 服务器的 IP 地址，访问这个 apache 服务器。因为目前在 apache 中没有建立任何网页，所以看到的只是测试页，如图 6-3 所示。

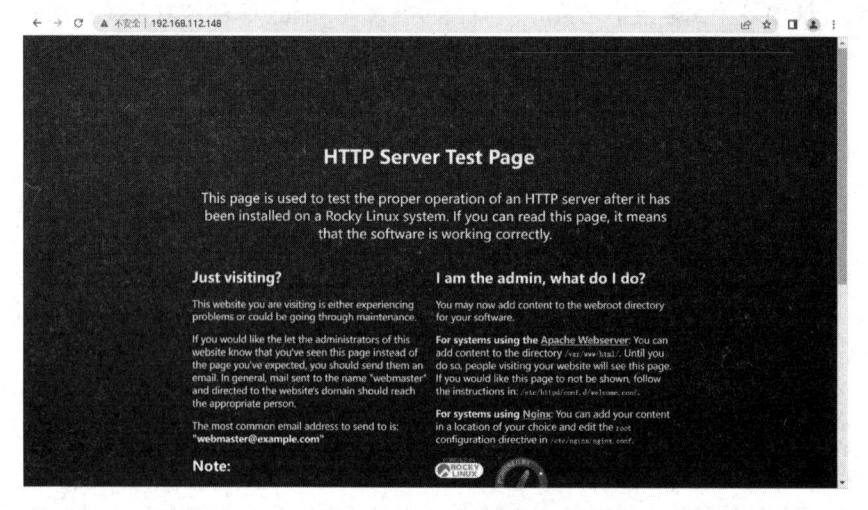

图 6-3 Apache 测试页

注意：不要忘记关闭防火墙（systemctl stop firewalld.service）。

3．RPM 包的升级

```
[root@localhost ~]# rpm -Uvh 包全名
选项：
    -U（大写）：  升级安装。如果没有安装过，则系统直接安装。如果安装过的版本较低，则
                  升级到新版本（upgrade）
[root@localhost ~]# rpm -Fvh 包全名
选项：
    -F（大写）：  升级安装。如果没有安装过，则不会安装。必须安装有较低版本才能升级
（freshen）
```

6.2.4 RPM 包查询

RPM 包管理系统是非常强大和方便的包管理系统，它比源码包的方便之处就在于可以使用命令查询、升级和卸载。在查询的时候，其实是在查询/var/lib/rpm/这个目录下的

数据库文件，那么为什么不直接查看这些文件呢？你可以尝试使用 Vim 查看这些文件，会发现都是乱码。也就是说，这些文件其实都是二进制文件，不能直接用编辑器查看，因此才需要使用命令查看。

1. 查询命令的格式

RPM 查询命令采用如下格式：

```
[root@localhost ~]# rpm  选项  查询对象
```

2. 查询软件包是否已安装

可以查询软件包是否已安装，命令格式如下：

```
[root@localhost ~]# rpm -q 包名
选项：
    -q: 查询（query）
```

例如，查看一下 apache 包是否已安装，可以执行如下命令：

```
[root@localhost ~]# rpm -q httpd
httpd-2.4.53-7.el9.x86_64
```

因为 httpd 是已经安装完成的软件包，所以只需要给出"包名"，系统就可以识别。而没有安装的 RPM 包就必须使用"绝对路径+包全名"格式才可以确定软件包。前面一直强调的包名和包全名不能写混乱就是这个原因。

3. 查询系统中的所有安装软件包

可以查询 Linux 系统中所有已经安装的软件包，命令格式如下：

```
[root@localhost ~]# rpm -qa
#查询系统中所有已经安装的 RPM 包
linux-firmware-whence-20220708-127.el9.noarch
crypto-policies-20220815-1.git0fbe86f.el9.noarch
fonts-filesystem-2.0.5-7.el9.1.noarch
hwdata-0.348-9.5.el9.noarch
…省略部分输出…
```

当然，可以用管道符来查看所需要的内容，比如：

```
[root@localhost ~]# rpm -qa | grep httpd
httpd-filesystem-2.4.53-7.el9.noarch
httpd-tools-2.4.53-7.el9.x86_64
httpd-core-2.4.53-7.el9.x86_64
rocky-logos-httpd-90.13-1.el9.noarch
httpd-2.4.53-7.el9.x86_6
```

你会发现，使用"rpm -q 包名"只能查看这个包是否已安装，但是使用"rpm -qa | grep httpd"会把包名中，所有包含 httpd 的 RPM 包都列出来。

4. 查询软件包的详细信息

可以查询已经安装的某个软件包的详细信息，命令格式如下：

```
[root@localhost ~]# rpm -qi 包名
选项：
    -i: 查询软件信息（information）
```

例如，查看 apache 包的安装信息，可以使用以下命令：

```
[root@localhost ~]# rpm -qi httpd
Name            : httpd
#包名
Version         : 2.4.53
#版本
Release         : 7.el9
Architecture    : x86_64
Install Date    : 2023年06月14日 星期三 15时04分31秒
#安装时间
Group           : Unspecified
Size            : 60229
License         : ASL 2.0
Signature       : RSA/SHA256, 2022年11月16日 星期三 15时21分08秒, Key ID 702d426d350d275d
#数字签名
Source RPM      : httpd-2.4.53-7.el9.src.rpm
#源 RPM 包文件
Build Date      : 2022年11月16日 星期三 15时10分24秒
Build Host      : pb-593d299e-bc37-4b75-91d7-832050c0bb71-b-x86-64
#此 RPM 包已建立信息
Packager        : Rocky Linux Build System (Peridot) <releng@rockylinux.org>
Vendor          : Rocky Enterprise Software Foundation
URL             : https://httpd.apache.org/
#厂商信息
Summary         : Apache HTTP Server
Description :
The Apache HTTP Server is a powerful, efficient, and extensible
web server.
#说明与描述
```

通过这条命令可以看到包名、版本、发行版本、安装时间、软件包大小等信息。

也可以查询还没有安装的软件包的详细信息，命令格式如下：

```
[root@localhost ~]# rpm -qip 包全名
```

选项：
　　-p：查询没有安装的软件包（package）

注意：没有安装的软件包是存放在光盘中的，需要使用绝对路径，而且因为没有安装，所以需要使用包全名。

5. 查询软件包中的文件列表

可以查询已经安装的软件包中的文件列表和安装的完整目录，命令格式如下：

```
[root@localhost ~]# rpm -ql 包名
```

选项：
　　-l：列出软件包中所有的文件列表和软件所安装的目录（list）

例如，想要查看一下 apache 包中的文件的安装位置，可以执行如下命令：

```
[root@localhost ~]# rpm -ql httpd
```

```
/etc/httpd/conf.modules.d/00-brotli.conf
/etc/httpd/conf.modules.d/00-systemd.conf
/usr/lib/.build-id
/usr/lib/.build-id/0b
…省略部分输出…
```

那么，可以查询还没有安装的软件包中的文件列表和打算安装的位置吗？答案是可以，命令格式如下：

```
[root@localhost ~]# rpm -qlp 包全名
```
选项：
    -p：查询没有安装的软件包信息（package）

想要查询还没有安装的 mariadb 软件包中的文件列表和打算安装的位置，可以执行如下命令（注意绝对路径和包全名）：

```
[root@localhost ~]# rpm -qlp /mnt/cdrom/AppStream/Packages/m/mariadb-10.5.16-2.el9_0.x86_64.rpm
/etc/my.cnf.d/mysql-clients.cnf
/usr/bin/mariadb
/usr/bin/mariadb-access
/usr/bin/mariadb-admin
/usr/bin/mariadb-binlog
/usr/bin/mariadb-check
…省略部分输出…
```

6. 查询系统文件属于哪个 RPM 包

既然可以知道每个 RPM 包中的文件的安装位置，那么可以查询系统文件属于哪个 RPM 包吗？当然可以，不过需要注意的是，手工建立的文件是不能查询的，因为这些文件不是通过 RPM 包安装的，当然不能反向查询它属于哪个 RPM 包。命令格式如下：

```
[root@localhost ~]# rpm -qf 系统文件名
```
选项：
    -f：查询系统文件属于哪个软件包（file）

想查询一下 ls 命令是由哪个软件包提供的，可以执行如下命令：

```
[root@localhost ~]# rpm -qf /bin/ls
coreutils-8.32-32.el9.x86_64
```

7. 查询软件包所依赖的软件包

查询系统中和已经安装的软件包有依赖关系的软件包，命令格式如下：

```
[root@localhost ~]# rpm -qR 包名
```
选项：
    -R：查询软件包的依赖性（requires）

例如，想查询一下 apache 包的依赖包，可以执行如下命令：

```
[root@localhost ~]# rpm -qR httpd
/bin/sh
/bin/sh
/bin/sh
/bin/sh
```

```
config(httpd) = 2.4.53-7.el9
httpd-core = 0:2.4.53-7.el9
```
…省略部分输出…

可以查询没有安装的软件包的依赖性吗？加"-p"选项即可。例如，查看一下还没有安装的 bind 软件包的依赖包，可以执行如下命令：

```
[root@localhost ~]# rpm -qRp /mnt/cdrom/AppStream/Packages/m/mariadb-10.5.
16-2.el9_0.x86_64.rpm
/usr/bin/perl
/usr/bin/sh
bash
config(mariadb) = 3:10.5.16-2.el9_0
coreutils
grep
libc.so.6()(64bit)
libc.so.6(GLIBC_2.14)(64bit)
libc.so.6(GLIBC_2.17)(64bit)
```
…省略部分输出…

6.2.5　RPM 包卸载

卸载也是有依赖性的。比如，在安装的时候，要先安装 httpd 软件包，再安装 httpd 的功能模块 mod_ssl 包。那么，在卸载的时候，一定要先卸载 mod_ssl 软件包，再卸载 httpd 软件包，否则就会报错。软件包安装时，需要遵守依赖性，从底层向上逐个安装软件；软件包卸载时，也同样需要遵守依赖性，只不过是需要从上层向下层逐个卸载软件，否则也会报依赖性错误。

删除格式非常简单，如下：

```
[root@localhost ~]# rpm -e 包名
选项：
    -e：卸载（erase）
    --nodeps：不检测依赖性
```

如果不按依赖性卸载，就会报依赖性错误。例如：

```
[root@localhost ~]# rpm -e httpd
#卸载 httpd 包
```

当然，卸载命令是支持"--nodeps"选项的，可以不检测依赖性直接卸载。但是，如果这样做，则很可能导致其他软件包无法正常使用，因此并不推荐这样卸载。

6.2.6　RPM 包校验与数字证书

1. RPM 包校验

系统中安装的 RPM 包数量众多，而每个 RPM 包中都包含大量的文件，万一某个文件被误删除了，或者误修改了某个文件中的数据，或者有人恶意修改了某个文件，我们是否有监控和检测手段发现这些问题呢？这时候，必须使用 RPM 包校验来确认文件是否被动过手脚。校验其实就是把已经安装的文件和/var/lib/rpm/目录下的数据库内容进行比较，以确定是否有文件被修改。校验的格式如下：
```
[root@localhost ~]# rpm -Va
```
选项：
  -Va：校验本机已经安装的所有软件包

```
[root@localhost ~]# rpm -V 已安装的包名
```
选项：
  -V：校验指定 RPM 包中的文件（verify）

```
 [root@localhost ~]# rpm -Vf 系统文件名
```
选项：
  -Vf：校验某个系统文件是否被修改

我们来查询一下 apache 服务是否被人做过手脚，命令如下：
```
[root@localhost ~]# rpm -V httpd
```
没有任何提示信息，恭喜，你的 apache 服务没有做过任何修改，是"原包装"的。

如果 apache 包中的文件被修改过了，会是什么样的呢？我们在 httpd 软件包安装的文件中，挑选启动脚本文件"/usr/lib/systemd/system/httpd.service"测试一下。这个文件是重要系统文件，如果不熟悉，不要乱改，我们在文件尾加入一行空白行。

保存退出后，我们再来验证一下。
```
[root@localhost ~]# rpm -V httpd
S.5....T.    /usr/lib/systemd/system/httpd.service
#验证内容         文件名
```

出现了提示信息，我们来解释一下：最前面共有 8 个信息，它们是表示验证内容的；文件名前面的 c 表示这是一个配置文件（configuration file）；最后是文件名。验证内容中的 8 个信息的具体含义如下。

- S：文件大小是否改变。
- M：文件的类型或文件的权限（rwx）是否改变。
- 5：文件 MD5 校验和（校验的值）是否改变（可以看成文件内容是否改变）。
- D：设备的主从代码是否改变。
- L：文件路径是否改变。
- U：文件的属主（所有者）是否改变。
- G：文件的属组是否改变。
- T：文件的修改时间是否改变。

刚刚 apache 配置文件的验证结果如下：
```
[root@localhost ~]# rpm -V httpd
S.5....T.    /usr/lib/systemd/system/httpd.service
```

文件大小改变了，文件的内容改变了，文件的修改时间也改变了。也就是说，如果出现了相应的字母，则代表相关项被修改；如果只出现了"."，则代表相关项没有被修改。

是不是所有的文件在验证的时候都不能被修改？当然不是，一般情况下，配置文件被修改都是正常修改；但如果是二进制文件被修改，大家就要小心了。当然，如果能确定是自己修改的，则另当别论。

2．数字证书

刚刚的校验方法只能对已经安装的 RPM 包中的文件进行校验，但如果 RPM 包本身就被动过手脚，那么 RPM 包校验就不能解决问题了，必须使用数字证书验证。

数字证书也叫数字签名，它由软件开发商直接发布。只要安装了这个数字证书，如果 RPM 包被进行了修改，那么数字证书验证就不能匹配，软件也就不能安装。数字签名，可以想象成人的签名，每个人的签名都是不能模仿的（厂商的数字证书是唯一的），只有我认可的文件我才会签名（只要是厂商发布的软件，都要符合数字证书验证）；如果我的文件被人修改了，那么我的签名就会变得不同（如果软件改变，数字证书就会改变，从而通不过验证。当然，现实中人的手工签名不会直接改变，因此数字证书比手工签名还要可靠）。

数字证书有如下特点：
- 必须找到原厂的公钥文件，然后才能进行安装。
- 再安装 RPM 包，会提取 RPM 包中的证书信息，然后和本机安装的原厂证书进行验证。
- 如果验证通过，就允许安装；如果验证不通过，就不允许安装并发出警告。

数字证书存放在系统安装光盘中，也会存放在系统的/etc/目录下，两个证书的作用一致，选择其中之一就可以了。

```
[root@localhost ~]# ll  /mnt/cdrom/RPM-GPG-KEY-Rocky-9
-rw-r--r--. 1 root root 1750 11Ô 24  2022 /mnt/cdrom/RPM-GPG-KEY-Rocky-9
#光盘中的数字证书位置
[root@localhost ~]# ll /etc/pki/rpm-gpg/RPM-GPG-KEY-Rocky-9
-rw-r--r--. 1 root root 1750 12月 13  2022 /etc/pki/rpm-gpg/RPM-GPG-KEY-Rocky-9
#系统中的数字证书位置
```

安装数字证书的命令如下：
```
[root@localhost ~]# rpm --import /mnt/cdrom/RPM-GPG-KEY-Rocky-9
```
选项：
　　--import：　导入数字证书

查询系统中安装好的数字证书的命令如下：
```
[root@localhost ~]# rpm -qa | grep gpg-pubkey
gpg-pubkey-350d275d-6279464b
```

可以看到系统中已经有一个安装好的数字证书了。我安装的所有 RPM 包都会与这个数字证书进行验证，如果验证不能通过就会报错，当然也就不能安装了。这些验证过程是系统自动进行的，大家只需安装好原厂的数字证书即可。

当然，这个数字证书也是一个 RPM 包，因此既可以查询数字证书的详细信息，也可以卸载这个数字证书，命令如下：
```
[root@localhost ~]# rpm -qi gpg-pubkey-c105b9de-4e0fd3a3
#查询数字证书包的详细信息
```

要想卸载数字证书，可以使用-e 选项。当然，我们并不推荐卸载。
```
[root@localhost ~]# rpm -e gpg-pubkey-350d275d-6279464b
```

6.2.7 RPM 包中的文件提取

在讲解 RPM 包文件提取之前，先介绍一下 cpio 命令。cpio 命令可以把文件或目录从文件库中提取出来，也可以把文件或目录复制到文件库中。可以把 cpio 命令看成备份或还原命令，它既可以把数据备份成 cpio 文件库，也可以把 cpio 文件库中的数据还原出来。不过，cpio 命令最大的问题是不能自己指定备份或还原的文件是什么，而必须由其他命令告诉 cpio 命令要备份和还原哪个文件，这必须依赖数据流重定向的命令。

cpio 命令主要有三种基本模式："-o" 模式指的是 copy-out 模式，就是把数据备份到文件库中；"-i" 模式指的是 copy-in 模式，就是把数据从文件库中恢复；"-p" 模式指的是复制模式，就是不把数据备份到 cpio 库中，而是直接复制为其他文件。命令格式如下：

```
[root@localhost ~]# cpio -o[vcB] > [文件|设备]
#备份
选项:
    -o: copy-out 模式，备份
    -v: 显示备份过程
    -c: 使用较新的 portable format 存储方式
    -B: 设定输入/输出块为 5120B，而不是模式的 512B
[root@localhost ~]# cpio -i[vcdu] < [文件|设备]
#还原
选项:
    -i: copy-in 模式，还原
    -v: 显示还原过程
    -c: 使用较新的 portable format 存储方式
    -d: 还原时自动新建目录
    -u: 自动使用较新的文件覆盖较旧的文件
```

先来看一下使用 cpio 备份数据的方法，命令如下：

```
[root@localhost ~]# find /etc -print | cpio -ocvB > /root/etc.cpio
#利用 find 命令指定要备份/etc/目录，使用>导出到 etc.cpio 文件
[root@localhost ~]# ll -h etc.cpio
-rw-r--r--. 1 root root 21M 6月  5 12:29 etc.cpio
#etc.cpio 文件生成
```

再来看看如何恢复 cpio 的备份数据，命令如下：

```
[root@localhost ~]# cpio -idvcu < /root/etc.cpio
#还原 etc 的备份
#如果大家查看一下当前目录/root/，就会发现没有生成/etc/目录。这是因为备份时/etc/目录使
用的是绝对路径，因此数据直接恢复到/etc/系统目录中，而没有生成在/root/etc/目录中
```

这里注意，如果备份时 find 命令使用的是绝对路径，则会恢复到绝对路径指定的路径中；如果需要把数据恢复到当前目录中，则 find 命令需要使用相对路径。例如：
备份：

```
[root@localhost ~]# cd /etc
#进入/etc/目录
[root@localhost /etc]# find . -print | cpio -ocvB > /root/etc.cpio
#利用find命令指定要备份/etc/目录，使用>导出到etc.cpio文件
#这里find命令使用的是相对路径
```

恢复：
```
[root@localhost /etc]# cd /root
#回到/root/目录中
[root@localhost ~]# mkdir etc_test
#建立恢复测试目录
[root@localhost ~]# cd etc_test
#进入测试目录，数据恢复到此
[root@localhost etc_test]# cpio -idvcu < /root/etc.cpio
#还原/etc/目录中的数据。如果备份时使用的是相对路径，则会还原到/root/etc_test/目录下
```

最后来演示一下cpio命令的"-p"复制模式，命令如下：
```
[root@localhost ~]# cd /tmp/
#进入/tmp/目录
[root@localhost tmp]# rm -rf *
#删除/tmp/目录中的所有数据
[root@localhost tmp]# mkdir test
#建立备份目录
[root@localhost tmp]# find /boot/ -print | cpio -p /tmp/test
#备份/boot/目录到/tmp/test/目录中
[root@localhost tmp]# ls test/
boot
#在/tmp/test/目录中备份出了/boot/目录
```

接下来介绍如何在 RPM 包中提取某个特定的文件。假设在服务器使用过程中，我们发现某个系统文件被人动了手脚，或者不小心删除了某个系统重要文件，可以在 RPM 包中把这个系统文件提取出来，并修复有问题的源文件吗？当然可以。RPM 包中的文件虽然众多，但也是可以逐个提取的。命令格式如下：

```
[root@localhost ~]# rpm2cpio 包全名 | cpio -idv .文件绝对路径
    rpm2cpio         ←将RPM包转换为cpio格式的命令
    cpio             ←这是一个标准工具，用于创建软件档案文件和从档案文件中提取文件
```

举个例子，假设把系统中的/bin/ls 命令误删除了，可以修复吗？这时有两种修复方法：一种方法是使用--force 选项覆盖安装一遍 coreutils-8.32-32.el9.x86_64 包；另一种方法是先使用 cpio 命令提取出/bin/ls 命令文件，再把它复制到对应位置。不过，怎么知道/bin/ls 命令属于 coreutils-8.4-19.el6.i686 软件包呢？还记得-qf 选项吗？命令如下：

```
[root@localhost ~]# rpm -qf /bin/ls
coreutils-8.32-32.el9.x86_64
#查看ls文件属于哪个软件包
```

我们先使用 cpio 命令提取出 ls 命令文件，然后复制到对应位置，命令如下：
```
[root@localhost ~]# mv /usr/bin/ls /root/
```

第6章 从"小巧玲珑"到"羽翼渐丰":软件安装

```
#把/bin/ls命令移动到/root/目录下,造成误删除的假象

[root@localhost ~]# ls
-bash: ls: command not found
#这时执行ls命令,系统会报"命令没有找到"错误

[root@localhost ~]# rpm2cpio /mnt/cdrom/Packages/coreutils-8.22-21.el7.
x86_64.rpm | cpio -idv ./usr/bin/ls
./bin/ls
24772 块
#提取ls命令文件到当前目录下

[root@localhost ~]# cp /root/usr/bin/ls /usr/bin/
#把提取出来的ls命令文件复制到/bin/目录下

[root@localhost ~]# ls
anaconda-ks.cfg usr inittab install.log install.log.syslog ls
#恭喜,ls命令又可以正常使用了
```

6.2.8 SRPM 包的使用

RPM 包的安装介绍完了,现在我们说说 SRPM 包。SRPM 包是什么呢?SRPM 包中的软件不再是经过编译的二进制文件,而是源码文件,因此你可以认为 SRPM 包是软件以源码形式发布之后,再封装成 RPM 包格式的。不过,既然是将源码文件封装成 RPM 包格式,那么它的安装方法既不和 RPM 包软件安装方法一致,也不和源码包软件安装方法一样,我们需要单独学习它的安装方法。

我们依然下载 apache 的 SRPM 包,来看看 SRPM 包的安装方法。大家可以在 RedHat 官网下载 httpd-2.2.15-5.el6.src.rpm 版本的 SRPM 包。下载是免费的,只需注册一下就可以了。

需要注意一下 SRPM 包的命名规则,其实和 RPM 包的命名规则是一致的,只是多了".src"这个标志。比如" httpd-2.2.15-5.el6.src.rpm",采用"包名-版本-发行版本.软件发行商.src.rpm"这样的方式命名。

SRPM 包管理需要使用命令 rpmbuild,默认这个命令没有安装,需要手工安装。命令如下:

```
[root@localhost ~]# rpm -ivh /mnt/cdrom/AppStream/Packages/r/rpm-build-4.
16.1.3-19.el9_1.x86_64.rpm
#安装rpm-build软件包
```

如果 rpm-build 软件包手工安装,依赖包太多,解决依赖性麻烦,可以采用我们稍后讲解的 yum 命令来一键安装。

SRPM 包有两种安装方式:一种方式是利用 rpmbuild 命令直接安装;另一种方式是利用*.spec 文件安装。下面我们分别介绍。

1. rpmbuild 命令安装

如果我们只想安装 SRPM 包，而不用修改源代码，那么它的安装方式还是比较简单的，命令如下：

```
[root@localhost ~]# rpmbuild [选项] 包全名
选项：
    --rebuild：编译 SRPM 包，不会自动安装，等待手工安装
    --recompile：编译 SRPM 包，同时安装
```

需要注意的是，虽然 SRPM 包内是源码包，但毕竟是采用 RPM 包封装的，所以依然会有依赖性，这时需要先安装它的依赖包，才能正确安装。我们使用如下命令编译 SRPM 包的 apache。

```
[root@localhost ~]# rpmbuild --rebuild httpd-2.2.15-5.el6.src.rpm
warning: InstallSourcePackage at: psm.c:244: Header V3 RSA/SHA256 Signature, key ID fd431d51: NOKEY
warning: user mockbuild does not exist - using root
warning: group mockbuild does not exist - using root
#警告为 mockbuild 用户不存在，使用 root 代替。这里不是报错，不用紧张
…省略部分输出…
Wrote: /root/rpmbuild/RPMS/i386/httpd-2.2.15-5.el6.i386.rpm
Wrote: /root/rpmbuild/RPMS/i386/httpd-devel-2.2.15-5.el6.i386.rpm
Wrote: /root/rpmbuild/RPMS/noarch/httpd-manual-2.2.15-5.el6.noarch.rpm
Wrote: /root/rpmbuild/RPMS/i386/httpd-tools-2.2.15-5.el6.i386.rpm
Wrote: /root/rpmbuild/RPMS/i386/mod_ssl-2.2.15-5.el6.i386.rpm
#写入 RPM 包的位置，只要看到就说明编译成功
Executing(%clean): /bin/sh -e /var/tmp/rpm-tmp.Wb8TKa
+ umask 022
+ cd /root/rpmbuild/BUILD
+ cd httpd-2.2.15
+ rm -rf /root/rpmbuild/BUILDROOT/httpd-2.2.15-5.el6.i386
+ exit 0
Executing(--clean): /bin/sh -e /var/tmp/rpm-tmp.3UBWqI
+ umask 022
+ cd /root/rpmbuild/BUILD
+ rm -rf httpd-2.2.15
+ exit 0
```

exit 0 是编译成功的标志，同时命令会自动删除临时文件。编译之后生成的软件包在哪里呢？当然在当前目录下了。在当前目录下会生成一个 rpmbuild 目录，所有编译之后生成的软件包都存放在这里。

```
[root@localhost ~]# ls /root/rpmbuild/
BUILD  RPMS  SOURCES  SPECS  SRPMS
```

rpmbuild 目录下有几个子目录，我们用表格说明其中保存了哪些文件，其作用如表 6-2 所示。

第 6 章 从"小巧玲珑"到"羽翼渐丰":软件安装

表 6-2 子目录的作用

文 件 名	文 件 内 容
BUILD	编译过程中产生的数据保存位置
RPMS	编译成功后,生成的 RPM 包保存位置
SOURCES	从 SRPM 包中解压出来的源码包(*.tar.gz)保存位置
SPECS	生成的设置文件的安装位置。第二种安装方法就是利用这个文件进行安装的
SRPMS	放置 SRPM 包的位置

编译好的 RPM 包已经生成在/root/rpmbuild/RPMS/目录下。

```
[root@localhost ~]# ll /root/rpmbuild/RPMS/i386/
总用量 3620
-rw-r--r-- 1 root root 3039035 11月 19 06:30 httpd-2.2.15-5.el6.i386.rpm
-rw-r--r-- 1 root root  154371 11月 19 06:30 httpd-devel-2.2.15-5.el6.i386.rpm
-rw-r--r-- 1 root root  124403 11月 19 06:30 httpd-tools-2.2.15-5.el6.i386.rpm
-rw-r--r-- 1 root root  383539 11月 19 06:30 mod_ssl-2.2.15-5.el6.i386.rpm
```

其实,rpmbuild 命令就是先把 SRPM 包解开,得到源码包;然后进行编译,生成二进制文件;最后把二进制文件重新打包生成 RPM 包。

2.利用*.spec 文件安装

想利用*.spec 文件安装,当然需要先把 SRPM 包解开才能获取。可以利用 rpmbuild 命令解开 SRPM 包,但是这样一来不就和上一种方法冲突了吗?可以使用 rpm -i 命令解开 SRPM 包,命令如下:

```
[root@localhost ~]# rpm -i httpd-2.2.15-5.el6.src.rpm
```

选项:
- -i:安装。不过对*.src.rpm 包只会解开后放置到当前目录的 rpmbuild 目录下,而不会安装

这时,在当前目录下也会生成 rpmbuild 目录,不过只有 SOURCES 和 SPECS 两个子目录。其中,SOURCES 目录中放置的是源码,也可以使用源码安装方式安装(源码包安装参见 6.4 节);SPECS 目录中放置的是设置文件,我们现在要利用设置文件进行安装。接下来生成 RPM 包文件,命令如下:

```
[root@localhost ~]# rpmbuild -ba /root/rpmbuild/SPECS/httpd.spec
```

选项:
- -ba:编译,同时生成 RPM 包和 SRPM 包
- -bb:编译,仅生成 RPM 包

命令执行完成后,也会在/root/rpmbuild/目录下生成 BUILD、RPMS、SOURCES、SPECS 和 SRPMS 目录,RPM 包放在 RPMS 目录中,SRPM 包生成在 SRPMS 目录中。这时安装 RPM 包即可。

两种安装 SRPM 包的方法使用一种即可,大家可以选用自己喜欢的方式。

6.3 RPM 包管理——yum 在线管理

RPM 包的安装虽然很方便和快捷,但是依赖性实在是很麻烦,尤其是库文件依赖,

还要去 rpmfind 网站查找库文件到底属于哪个 RPM 包，从而导致 RPM 包的安装非常烦琐。那有没有可以自动解决依赖性、自动安装的方法呢？

当然，yum 在线管理就可以自动处理 RPM 包的依赖性问题，从而大大简化 RPM 包的安装过程。但是大家需要注意：首先，yum 安装的软件包还是 RPM 包；其次，yum 安装是需要有可用的 yum 服务器存在的，当然，这个 yum 服务器可以在网上搭建，也可以使用光盘在本地搭建。

yum 可以方便地进行 RPM 包的安装、升级、查询和卸载，而且可以自动解决依赖性问题，非常方便和快捷。但是，一定要注意 yum 的卸载功能。yum 在卸载软件的同时会卸载这个软件的依赖包，但是如果卸载的依赖包是系统的必备软件包，就有可能导致系统崩溃。除非你确实知道 yum 在自动卸载时会卸载哪些软件包，否则最好还是不要执行 yum 卸载。

在 Rocky Linux 9 中，系统推荐使用 dnf 命令。dnf 命令的作用和 yum 一致，甚至选项也是一样的，完全可以当作 yum 命令使用。

6.3.1 yum 源搭建

yum 源既可以使用网络 yum 源，也可以使用本地光盘作为 yum 源。要使用网络 yum 源，那么你的主机必须是正常联网的。

当然，要使用 yum 进行 RPM 包安装，那么必须安装 yum 软件。查看命令如下：

```
[root@localhost ~]# rpm -qa | grep yum
yum-4.12.0-4.el9.noarch
```

如果没有安装，则需要手工使用 RPM 包方式安装。

1. 网络 yum 源服务器搭建

在主机网络正常的情况下，Rocky Linux 的 yum 源是可以直接使用的，不需要特殊配置，只要你的 Linux 可以正常联网即可（如果使用的是 RedHat 系列的 Linux，yum 源是需要付费使用的）。

不过我们需要了解一下 yum 源配置文件的内容。yum 源配置文件保存在 /etc/yum.repos.d/ 目录中，文件的扩展名一定是 "*.repo"。也就是说，yum 源配置文件只要扩展名是 "*.repo" 就会生效。

```
[root@localhost ~]# ls /etc/yum.repos.d/
rocky-addons.repo  rocky-devel.repo  rocky-extras.repo  rocky.repo
```

这个目录中有 4 个 yum 源配置文件，默认情况下 rocky.repo 文件和 rocky-extras.repo 文件同时生效。我们打开 rocky.repo 文件看看，命令如下：

```
[root@localhost yum.repos.d]# vi /etc/yum.repos.d/rocky.repo
[baseos]
name=Rocky Linux $releasever - BaseOS
mirrorlist=https://mirrors.rockylinux.org/mirrorlist?arch=$basearch&repo=BaseOS-$releasever$rltype
#baseurl=http://dl.rockylinux.org/$contentdir/$releasever/BaseOS/$basearch
```

```
/os/
gpgcheck=1
enabled=1
countme=1
metadata_expire=6h
gpgkey=file:///etc/pki/rpm-gpg/RPM-GPG-KEY-Rocky-9
…省略部分输出…
```

在 rocky.repo 文件中有 9 个 yum 源仓库，这里只列出了 baseos 源仓库，其他软件源仓库和 baseos 源仓库类似。下面我们解释一下 baseos 源仓库中每个选项的作用。

- [baseos]：yum 源仓库的名称，一定要放在"[]"中。
- name：yum 源说明，可以自定义。
- mirrorlist：镜像站点地址。这里默认采用的是 Rocky Linux 官方 yum 源服务器，是可以使用的。官方服务器在国外，可以替换成你喜欢的 yum 源地址。
- baseurl：yum 源地址。baseurl 和 mirrorlist 作用一致，有一个生效即可，在默认情况下此地址被注释了。
- enabled：此容器是否生效。如果不写或写成 enabled=1，则表示此容器生效；如果写成 enabled=0，则表示此容器不生效。
- metadata_expire：从 yum 源下载的元数据的过期时间。
- countme：是否开启 yum 的计数功能。查询官方资料，这个功能是给 Rocky Linux 官方用于统计用户数量的。
- gpgcheck：如果为 1，则表示 RPM 的数字证书生效；如果为 0，则表示 RPM 的数字证书不生效。
- gpgkey：数字证书的公钥文件保存位置。不用修改。

yum 源配置文件默认不需要进行任何修改就可以使用，只要网络可用即可。

这里强调一下，gpgcheck 选项定义的就是 RPM 包的数字证书验证，是为了保证 yum 源中安装的 RPM 包都是没有被篡改过的，必须开启，不能关闭，否则有可能会出现严重的安全问题。

2. 以本地光盘作为 yum 源服务器

如果 Linux 不能联网呢？或者我们的网络速度比较慢，下载软件包的时间非常长，我们该如何处理？yum 已经考虑到了这个问题，我们的光盘中包含所有的 RPM 包软件，可以利用光盘搭建本地 yum 源。本地 yum 源的优点是不需要联网；但是缺点是版本固定，不能升级最新版本的 RPM 包。

接下来我们看看搭建本地 yum 源的步骤。

第一步：放入 Rocky Linux 的安装光盘，并挂载光盘到指定位置。命令如下：

```
[root@localhost ~]# mkdir /mnt/cdrom
#创建 cdrom 目录，作为光盘的挂载点
[root@localhost ~]# mount /dev/sr0  /mnt/cdrom/
mount: block device /dev/sr0 is write-protected, mounting read-only
#挂载光盘到/mnt/cdrom 目录下
```

第二步：修改其他几个网络 yum 源配置文件的扩展名，让它们失效，因为只有扩展名是"*.repo"的文件才能作为 yum 源配置文件。当然也可以删除其他几个 yum 源配置文件，但是如果删除了，当你又想用网络作为 yum 源时，就没有了参考文件，因此最好还是修改扩展名。命令如下：

```
[root@localhost ~]# cd /etc/yum.repos.d/
[root@localhost yum.repos.d]# mv rocky-addons.repo rocky-addons.repo.bak
[root@localhost yum.repos.d]# mv rocky-devel.repo rocky-devel.repo.bak
[root@localhost yum.repos.d]# mv rocky-extras.repo rocky-extras.repo.bak
[root@localhost yum.repos.d]# mv rocky.repo rocky.repo.bak
#把现有 yum 源改名，使其失效
```

第三步：建立本地光盘 yum 源 local.repo 文件（文件名可以自定义，后缀名是".repo"即可），此文件需要手工建立，参照以下方法修改：

```
[root@localhost yum.repos.d]# vim local.repo
[local-AppStream]
#yum 源仓库名称修改一下，方便区分是哪个源仓库起作用
name=local AppStream
baseurl=file:///mnt/cdrom/AppStream
#修改到光盘所在位置
gpgcheck=1
enabled=1
#把 enabled 改为 1，开启此 yum 源
gpgkey=file:///etc/pki/rpm-gpg/RPM-GPG-KEY-Rocky-9

[local-BaseOS]
name=local BaseOS
baseurl=file:///mnt/cdrom/BaseOS
gpgcheck=1
enabled=1
gpgkey=file:///etc/pki/rpm-gpg/RPM-GPG-KEY-Rocky-9
```

配置完成，现在可以感受一下 yum 的便捷了。

本地 yum 源文件里的内容，可以从现有的几个复制修改，能简单一点，而且不容易出错。

注意：在 Rocky Linux 9 的光盘中，把 RPM 包文件放在了 AppStream 和 BaseOS（注意大小写）两个目录中了，因此建立本机 yum 源时，需要建立两个 yum 源仓库，分别对应这两个目录。

6.3.2 常用 yum（dnf）命令

1. 查询

1）查询 dnf 源服务器上所有可安装的软件包列表

在 Rocky Linux 9 系统中，推荐使用 dnf 命令，如果不习惯，也可以使用 yum 命令，两个命令几乎完全一致。

```
[root@localhost yum.repos.d]# dnf list
#查询所有可用软件包列表
上次元数据过期检查：0:05:02 前，执行于 2023 年 06 月 26 日 星期一 16 时 19 分 51 秒。
已安装的软件包
NetworkManager.x86_64                      1:1.40.0-1.el9       @anaconda
NetworkManager-config-server.noarch        1:1.40.0-1.el9       @anaconda
NetworkManager-libnm.x86_64                1:1.40.0-1.el9       @anaconda
PackageKit.x86_64                          1.2.4-2.el9          @AppStream
#软件名                                      版本                 来源 yum 源
…省略部分输出…
```

注意：dnf list 命令是列出 yum 源中所有可以安装的 RPM 包信息，不是列出系统中已经安装的 RPM 包信息。

2）查询系统中已经安装的 RPM 包

dnf 命令也可以查询系统中已经安装的 RPM 包，执行以下命令：

```
[root@localhost ~]# yum list --installed
#查询当前系统中已安装的软件包
NetworkManager.x86_64                      1:1.40.0-1.el9       @anaconda
NetworkManager-config-server.noarch        1:1.40.0-1.el9       @anaconda
NetworkManager-libnm.x86_64                1:1.40.0-1.el9       @anaconda
NetworkManager-team.x86_64                 1:1.40.0-1.el9       @anaconda
NetworkManager-tui.x86_64                  1:1.40.0-1.el9       @anaconda
PackageKit.x86_64                          1.2.4-2.el9          @AppStream
#软件名                                      版本                 来源 yum 源
…省略部分输出…
```

"dnf list" 命令和 "dnf list --installed" 命令查询的信息是不一样的。

"dnf list" 查询的是 yum 源上所有的 RPM 包信息。既包含当前系统中已经安装的 RPM 包；也包含当前系统中没有安装的 RPM 包。我们可以利用管道符统计一下默认网络 yum 源软件包总数（不同版本包数量稍有不同）：

```
[root@localhost ~]# yum list | wc -l
6914
#yum 源上总共有 6914 个 RPM 包
```

"dnf list --installed" 统计的是当前系统中已经安装的 RPM 包信息，类似 "rpm -qa" 的作用。我们也可以统计一下当前系统已经安装的 RPM 包总数：

```
[root@localhost ~]# dnf list --installed | wc -l
712
#当前系统中安装的 RPM 包是 712 个
```

补充："wc" 是统计命令，"-l" 选项是统计总共有多少行。"yum list" 的查询信息是每个软件包单独一行，因此统计的总行数，可以看成 RPM 包的总数。

3）查询 dnf 源服务器中是否包含某个软件包

```
[root@localhost dnf.repos.d]# yum list 包名
#查询单个软件包
例如：
[root@localhost dnf.repos.d]# yum list samba
```

```
可安装的软件包
samba.x86_64                    4.17.5-102.el9                    baseos
```

4）搜索 yum 源服务器上所有和关键字相关的软件包

```
[root@localhost yum.repos.d]# dnf search 关键字
#搜索服务器上所有和关键字相关的软件包
例如：
[root@localhost yum.repos.d]# dnf search samba
#搜索服务器上所有和 samba 相关的软件包
========================== 名称精准匹配: samba ==========================
samba.x86_64 : Server and Client software to interoperate with Windows machines
======================= 名称和概况匹配: samba ==========================
ipa-client-samba.x86_64 : Tools to configure Samba on IPA client
pcp-pmda-samba.x86_64 : Performance Co-Pilot (PCP) metrics for Samba
python3-samba.i686 : Samba Python3 libraries
…省略部分输出…
```

5）查询包含指定内容的软件包

如果我们想安装某个命令或文件，但是我们不知道这个命令在哪个软件包中，这时我们就可以使用以下命令：

```
[root@localhost yum.repos.d]# dnf provides 关键字
#搜索指定内容在哪个软件包中
例如：
[root@localhost yum.repos.d]# dnf provides ifconfig
上次元数据过期检查: 0:36:27 前, 执行于 2023 年 06 月 26 日 星期一 16 时 19 分 51 秒
net-tools-2.0-0.62.20160912git.el9.x86_64 : Basic networking tools
仓库             : @System
匹配来源：
文件名           : /usr/sbin/ifconfig

net-tools-2.0-0.62.20160912git.el9.x86_64 : Basic networking tools
仓库             : baseos
匹配来源：
文件名           : /usr/sbin/ifconfig
```

我们就能发现 ifconfig 命令是在 "net-tools"（加粗内容）软件包中的，只要安装了 "net-tools" 包，ifconfig 命令就可以安装了。

"dnf search" 选项和 "dnf provides" 选项都可以用于查询某个命令或文件属于哪个 RPM 包。在实际使用过程中，如果一个命令找不到，可以换另一个命令再尝试一下。

6）查询指定软件包的信息

```
[root@localhost yum.repos.d]# dnf info samba
#查询 samba 软件包的信息
[root@localhost ~]# dnf info samba
可安装的软件包
名称    : samba
版本    : 4.17.5
发布    : 102.el9
```

```
架构   : x86_64
大小   : 933 k
源     : samba-4.17.5-102.el9.src.rpm
仓库   : baseos
概况   : Server and Client software to interoperate with Windows machines
URL    : https://www.samba.org
协议   : GPLv3+ and LGPLv3+
描述   : Samba is the standard Windows interoperability suite of programs for Linux and
       : Unix.
```

因为我们使用的 Linux 的默认安装语言是中文，所以这个命令的结果都显示的是中文，很好理解，不再单独注释了。

2．安装

1）yum 安装命令

```
[root@localhost yum.repos.d]# dnf -y install 包名
选项：
    Install：安装
    -y：自动回答 yes。如果不加-y，那么每个安装的软件都需要手工回答 yes
例如：
[root@localhost yum.repos.d]# dnf -y install gcc
#使用 yum 自动安装 gcc
```

在介绍 RPM 包安装时提到过，gcc 是 C 语言的编译器，如果没有安装，那么 6.4 节的源码包就无法安装。但 gcc 依赖的软件包比较多，手工使用 RPM 包安装太麻烦了，因此使用 dnf 安装。

dnf 安装可以自动解决依赖性，而且安装速度也比源码包快得多。因为 dnf 命令和 rpm 命令作用一致，dnf 安装的也是 RPM 包，所以 rpm 命令还是必须学习和使用的。

注意：在 dnf 当中，就不再区分"包全名"和"包名"的概念了，不论操作的是已经安装的软件包，还是未安装的软件包都使用包名。这是因为 dnf 是去服务器中搜索安装的，只要提供包名，不用写完整的包全名，在服务器上就能搜索到对应的软件包。

2）在本地保存安装的 RPM 包

dnf 安装 RPM 包的时候，并不会把下载到本地的 RPM 包进行保存。但是我们可能会需要这些 RPM 包，是否可以在安装 dnf 的同时，把下载的 RPM 包保存在本地呢？当然可以，我们可以使用 "man 5 dnf.conf" 命令，查询 dnf 配置文件的帮助（配置文件名是 dnf.conf，就是 dnf 命令的配置文件）。

通过查询帮助，可以知道 "dnf.conf" 配置文件支持 "keepcache" 选项和 "cachedir" 选项。我们只要开启 "keepcache" 选项，并指定 RPM 下载位置，就可以在安装 yum 的同时，把 RPM 包下载保存到本地。

具体操作如下：

```
[root@localhost ~]# vi /etc/dnf/dnf.conf
#修改 dnf.conf 配置文件，在此文件中加入以下两句话
keepcache=1
#开启 keepcache 选项
```

```
cachedir=/root/dnf/
#指定下载保存位置,注意此目录需要root用户有写权限
```
这样就可以在安装dnf的同时,把RPM包下载到指定位置的"packages"目录下了。

3. 升级

```
[root@localhost yum.repos.d]# yum -y update 包名
#升级指定的软件包
选项:
    update: 升级
    -y: 自动回答yes
```

注意:在进行升级操作时,dnf源服务器中软件包的版本要比本机安装的软件包的版本高。

```
[root@localhost yum.repos.d]# yum -y update
#升级本机所有软件包
```

这条命令会升级系统中所有的软件包,相当于系统版本更新。

4. 卸载

再次强调一下,除非你确定卸载的软件的依赖包不会对系统产生影响,否则不要执行dnf的卸载,因为很有可能在卸载软件包的同时,卸载的依赖包也是重要的系统文件,这就有可能导致系统崩溃。卸载命令如下:

```
[root@localhost yum.repos.d]# dnf remove 包名
#卸载指定的软件包
例如:
[root@localhost yum.repos.d]# dnf remove samba
#卸载samba软件包
```

6.3.3 dnf软件组管理

在安装Linux的过程中,在选择软件包的时候,如果选择了"现在自定义",就会看到Linux支持的许多软件组,比如编辑器、系统工具、开发工具等。那么,在系统安装完成后,是否可以利用dnf安装这些软件组呢?当然可以,只需要利用dnf的软件组管理命令即可。

- 查询可以安装的软件组。

```
[root@localhost ~]# dnf grouplist
#查询可以安装的软件组
```

- 查询软件组中包含的软件。

```
[root@localhost ~]# dnf groupinfo 软件组名
#查询软件组中包含的软件
例如:
[root@localhost ~]# dnf groupinfo "系统工具"
#查询软件组"系统工具"中包含的软件包
```

- 安装软件组。

在Rocky Linux 9中已经可以直接支持中文了,也就是"dnf grouplist"查出来,软

件组叫什么，安装的时候直接复制过来就可以安装了，不需要再转换成英文。

```
[root@localhost ~]# dnf groupinstall 软件组名
#安装指定软件组，组名可以由 grouplist 查询出来
例如：
[root@localhost ~]# dnf groupinstall "系统工具"
#安装系统工具软件组
```

- 卸载软件组。

```
[root@localhost ~]# dnf groupremove 软件组名
#卸载指定软件组
```

软件组管理对于安装功能集中的软件集合非常方便。比如，在安装 Linux 的时候没有安装图形界面，但是后来发现需要图形界面的支持，这时可以手工安装图形界面软件组（dnf grouplist 查询出来叫"带 GUI 的服务器"），就可以很方便地安装图形界面了。

6.4 源码包管理

6.4.1 源码包的安装准备

1. 支持软件的安装

Linux 下的绝大多数源码包都是用 C 语言编写的，还有少部分是用 C++等程序语言编写的。要想安装源码包，必须安装 C 语言编译器 gcc（如果是用 C++编写的程序，则还需要安装 gcc-c++）。我们可以先检测一下 gcc 是否已经安装，命令如下：

```
[root@localhost ~]# rpm -q gcc
gcc-11.3.1-4.3.el9.x86_64
```

如果没有安装 gcc，则推荐大家采用 yum 安装方式进行安装。如果手工使用 rpm 命令安装，那么 gcc 所依赖的包太多了。命令如下：

```
[root@localhost yum.repos.d]# yum -y install gcc
```

有了编译器，还需要考虑一个问题：刚刚写的"hello.c"只有一个源码文件，因此我们可以利用 gcc 手工编译。但是真正发布的源码包软件内的源码文件可能有成百上千个，而且这些文件之间都是有联系的，编译时有先后顺序。如果这样的源码文件需要手工编译，光想想就是一项难以完成的工作。这时就需要 make 命令来帮助我们完成编译，因此 make 也是必须安装的。我们也需要查看一下 make 是否已经安装，命令如下：

```
[root@localhost yum.repos.d]# rpm -q make
make-4.3-7.el9.x86_64
```

2. 源码包从哪里来

RPM 包保存在 Linux 的安装光盘中，那么源码包从哪里来呢？是从官网下载的，我们依然使用源码包 Apache 为例进行学习。

当然在生产服务器上，不能同时安装和启动两种 Apache（推荐使用源码包 Apache），因为 80 端口只有一个。我们这里只是为了学习需要，用于进一步区分源码包和 RPM 包的区别。

6.4.2 源码包注意事项

在安装之前，我们先来解释一下源码包的安装注意事项。
- 软件包来源。源码包是从互联网下载的，推荐从官网下载，当然也可以从众多的国内分发站点下载。
- 下载的软件包格式。下载格式一般都是压缩格式，常见的是".tar.gz"或".tar.bz2"，选择你习惯的格式下载即可。
- 下载的软件包名称。细心的同学会发现，我们一直说要安装的是源码包 Apache，怎么下载的软件包叫"httpd-2.4.57.tar.gz"，名称为什么不一样呢？由于 Apache 是软件名称，httpd 是进程名称，指的都是同一个软件。
- 下载之后保存源代码的位置。Linux 是一个非常严谨的操作系统，每个目录的作用都是固定而且明确的，作为管理员，养成良好的操作习惯非常重要，其中在正确的目录中保存正确的数据就是一个约定俗成的习惯。在系统中保存源代码的位置主要有两个："/usr/src/"和"/usr/local/src/"。其中，"/usr/src/"用来保存内核源代码；"/usr/local/src/"用来保存用户下载的源代码。为了方便，在本书的举例中，我们把下载的软件包保存在了"/root/"目录下。
- 软件安装位置。我们刚说了 Linux 非常注意每个目录的作用，安装软件时也有默认目录，即"/usr/local/软件名"。我们需要给安装的软件包单独规划一个安装目录，以便于管理和卸载。可以想象一下，如果我们把每个软件都安装到"/usr/local/"目录下，但是没有给每个软件单独分配一个安装目录，那么以后还能分清哪个软件是哪个软件吗？这样一来也就不能正确地卸载软件了。
- 软件安装报错。源码包如果安装不报错，那么安装还是很方便的。但是报错后的排错对刚学习的人来说还是有难度的，不过我们先要知道什么样的情况是报错。报错有两个典型特点，这两个特点必须都具备才是报错：其一是出现"error"或"warning"字样；其二是安装过程停止。如果没有停止但是出现警告信息，那么只是软件中的部分功能不能使用，而不是报错。

6.4.3 源码包安装步骤

1. 安装步骤说明

我们先来解释一下源码包安装的具体步骤。
（1）下载软件包。
（2）解压缩。
（3）进入解压目录。
（4）使用./configure 命令，检测安装环境并配置安装选项。这一步主要有三个作用：
- 在安装之前需要检测系统环境是否符合安装要求。
- 定义需要的功能选项。"./configure"支持的功能选项较多，可以执行"./configure --help"

命令查询其支持的功能。一般都会通过"./configure --prefix=安装路径"来指定安装路径。
- 把系统环境的检测结果和定义好的功能选项写入 Makefile 文件，后续的编译和安装需要依赖这个文件的内容。

需要注意的是，configure 不是系统命令，而是源码包软件自带的一个脚本程序，所以必须采用"./configure"方式执行（"./"代表在当前目录下）。

（5）make 编译。

make 会调用 gcc 编译器，并读取 Makefile 文件中的信息进行系统软件编译。编译的目的就是把源码程序转变为能被 Linux 识别的可执行文件，这些可执行文件保存在当前目录下。编译过程较为耗时，需要有足够的耐心。

如果在"./configure"或"make"编译中报错，那么我们在重新执行命令前一定要记得执行"make clean"命令，它会清空 Makefile 文件或编译产生的".o"头文件。

（6）make install 安装。

这才是真正的安装过程，一般会写清楚程序的安装位置。如果忘记指定安装目录，则可以把这个命令的执行过程保存下来，以备将来删除使用。

2．举例安装源码包 apache

（1）下载。

去官网下载 httpd-2.4.57.tar.gz 软件包，并同时下载"apr-1.6.5.tar.gz"和"apr-util-1.6.3.tar.gz"软件包。使用 winscp 工具将文件拷贝到 Linux 服务器上。

（2）解压缩。

```
[root@localhost ~]# tar -zxvf httpd-2.4.57.tar.gz
[root@localhost ~]# tar -zxvf apr-1.6.5.tar.gz
[root@localhost ~]# tar -zxvf apr-util-1.6.3.tar.gz
```

解压缩下载的三个软件包。

Rocky Linux 9 的源码包 Apache 安装相比旧版本，安装步骤稍微复杂了一点点。这个变化从 CentOS 7.x 版本开始，就已经发生了。

解压缩 httpd 软件之后，我们在 httpd-2.4.57 目录下，会看到一个叫作"INSTALL"的文件，这是源码包的安装说明文件。查询"INSTALL"文件可以知道，源码包 Apache 安装必须在 Apache 官网下载 apr 和 apr-util 两个软件包，在"./configure"时，需要调用这两个软件包，安装才能完成（通过 RPM 方式安装的 apr 和 apr-util 不能使用）。

同样是查询"INSTALL"文件，我们知道必须把解压缩之后的"apr-1.6.5"和"apr-util-1.6.3"拷贝到加压之后的"httpd-2.4.57/srclib/"目录下，并去掉相关版本号。命令如下：

```
[root@localhost ~]# cp -r apr-1.6.5 httpd-2.4.57/srclib/apr/
#把 apr-1.6.5 改名，去掉版本号，拷贝到 httpd-2.4.57/srclib/目录下
[root@localhost ~]# cp -r apr-util-1.6.3 httpd-2.4.57/srclib/apr-util/
#把 apr-util-1.6.3 改名，去掉版本号，也拷贝到 httpd-2.4.57/srclib/目录下
```

如果不把 apr 和 apr-util 拷贝到"httpd-2.4.57/srclib/"目录下，也是可以的，但是在使用"./configure"命令编译准备时，需要手工指定 apr 和 apr-util 的位置，相对来讲，还

是改名拷贝到指定位置，更方便一些。

（3）进入解压目录。

```
[root@localhost ~]# cd httpd-2.4.57/
#进入解压缩目录
```

别忘记进入解压缩目录，后续命令需要在此目录下执行。

（4）软件配置。

我们开始使用"./configure"命令，进行编译前配置与准备，命令如下：

```
[root@localhost httpd-2.4.57]# ./configure --prefix=/usr/local/apache2/
--with-included-apr
选项：
    --prefix：指定安装目录
    --with-included-apr：加载 apr 和 apr-util，这是当前系统的必需选项
…省略部分输出…
```

等"./configure"命令执行完成，需要大家注意一下是否有"warning"或"error"等报错信息，如果真报错了，则还需要解决报错内容。如果没有出现这些关键字，那么恭喜您，此命令执行成功了。

"./configure"支持的选项非常复杂，如果我们仅仅是单独安装源码包 Apache，只需要指定这两个选项即可。但如果是安装 LAMP（Linux+Apache+MySQL+PHP）开发环境，则需要加载更多的选项。

"/usr/local/apache2/"目录不需要手工建立，安装完成后会自动建立，这个目录是否生成也是检测软件是否正确安装的重要标志。

当然，在配置之前也可以查询一下 apache 支持的选项功能，命令如下：

```
[root@localhost httpd-2.2.9]# ./configure --help
#查询 apache 支持的选项功能（不是必需步骤）
```

注意：源码包安装也是有依赖性的，虽然没有 RPM 包那么明显。在咱们当前安装 Apache 的实验中，笔者在执行"./configure"命令之前，还通过 yum 安装了几个必备支持包，否则安装过程会报错。命令如下：

```
[root@localhost httpd-2.2.9]# yum -y install pcre2-devel
[root@localhost httpd-2.2.9]# yum -y install expat-devel
[root@localhost httpd-2.2.9]# yum -y install libxml2-devel
#源码包 Apache 必备依赖包，可以通过 yum 安装
```

这些依赖关系和报错，并不是绝对的，需要参考系统本身的环境。

（5）编译。

```
[root@localhost httpd-2.2.9]# make
```

这一步命令较为简单，但是编译时间较长，主要作用是把源码文件转换为二进制文件，但是如果报错，初学者很难解决。

（6）安装。

```
[root@localhost httpd-2.2.9]# make install
```

如果不报错，这一步完成后就安装成功了。

提示：同学们可能会有疑问，源码包安装这么麻烦，远没有 yum 安装方便，为什么还要学习源码包安装呢？主要有两个原因：源码包是 Linux 开源精神的体现，只有源码

包才是开源软件;源码包安装的程序,虽然安装步骤烦琐,但是执行效率更高,更加适合服务器使用。

6.4.4 源码包升级

我们的软件如果进行了数据更新,那么是否需要先把整个软件卸载,然后重新安装呢?当然不需要,我们只需要下载补丁、打上补丁,重新编译和安装就可以了(不用./configure 生成新的 Makefile 文件,make 命令也只是重新编译数据),速度会比重新安装一次快得多。

当前的源码包软件,很少会采用补丁的方式升级,一般都会直接提供更新的版本。本部分知识,大家了解一下即可。

怎么知道两个软件之间的不同呢?难道需要手工比对两个软件吗?当然不是,Linux 利用 diff 命令用来比较两个软件的不同,当然也是利用这个命令生成补丁文件的。那么我们先看看这个命令的格式。

```
[root@localhost ~]# diff 选项 old new
#比较 old 和 new 文件的不同
选项:
    -a:将任何文档都当作文本文档处理
    -b:忽略空格造成的不同
    -B:忽略空白行造成的不同
    -I:忽略大小写造成的不同
    -N:当比较两个目录时,如果某个文件只在一个目录中,则在另一个目录中视作空文件
    -r:当比较目录时,递归比较子目录
    -u:使用统一输出格式
```

我们举一个简单的例子,来看看补丁是怎么来的,然后应用一下这个补丁,看看有什么效果,这样就可以说明补丁的作用了。先写两个文件,命令如下:

```
[root@localhost ~]# mkdir test
#建立测试目录
[root@localhost ~]# cd test
#进入测试目录
[root@localhost test]# vi old.txt
our
school
is
chao's school
#文件 old.txt。为了便于比较,将每行都分开
[root@localhost test]# vi new.txt
our
school
is
chao's school
in
```

```
Beijing
#文件 new.txt
```
　　比较一下两个文件的不同，并生成补丁文件"txt.patch"，命令如下：
```
[root@localhost test]# diff -Naur /root/test/old.txt /root/test/new.txt >
txt.patch
#比较两个文件的不同，同时生成 txt.patch 补丁文件

[root@localhost test]# vi txt.patch
#查看一下这个文件
--- /root/test/old.txt    2023-6-23 05:51:14.347954373 +0800
#前一个文件
+++ /root/test/new.txt    2023-6-23 05:50:05.772988210 +0800
#后一个文件
@@ -2,3 +2,5 @@
 school
 is
 chao's school
+in
+beijing
#后一个文件比前一个文件多两行（用+表示）
```
　　既然"new.txt"比"old.txt"文件多了两行，那么我们能不能让"old.txt"文件按照补丁文件"txt.patch"进行更新呢？当然可以，使用 patch 命令即可。命令格式如下：
```
[root@localhost test]# patch -pn < 补丁文件
#按照补丁文件进行更新
选项：
    -pn：n 为数字。代表按照补丁文件中的路径，指定更新文件的位置
```
　　"-pn"不好理解，我们说明一下。补丁文件是要打入旧文件的，但是你当前所在的目录和补丁文件中记录的目录不一定是匹配的，因此就需要使用"-pn"选项来同步两个目录。

　　比如，当前在"/root/test/"目录中（我们要打补丁的旧文件就在当前目录下），补丁文件中记录的文件目录为"/root/test/old.txt"，这时如果写入"-p1"（在补丁文件目录中取消一级目录），那么补丁文件就会打入"/root/test/root/test/old.txt"文件中，这显然是不对的。如果写入的是"-p2"（在补丁文件目录中取消二级目录），那么补丁文件就会打入"/root/test/test/old.txt"文件中，这显然也不对。如果写入的是"-p3"（在补丁文件目录中取消三级目录），那么补丁文件就会打入"/root/test/old.txt"文件中，我们的 old.txt 文件就在这个目录下，因此应该使用"-p3"选项。

　　如果我们当前所在的目录是"/root/"目录呢？因为补丁文件中记录的文件目录为"/root/test/old.txt"，所以这里就应该使用"-p2"选项，代表取消两级目录，补丁打在当前目录下的"test/old.txt"文件上。

　　大家可以这样理解："-pn"就是想要在补丁文件所记录的目录中取消几个"/"，n 是数字，就代表要取消几个"/"。去掉目录的目的是和当前所在目录匹配。

　　我们更新一下"old.txt"文件，命令如下：

```
[root@localhost test]# patch -p3 < txt.patch
patching file old.txt
#给old.txt文件打补丁

[root@localhost test]# cat old.txt
#查看一下old.txt文件的内容
our
school
is
chao's school
in
Beijing
#多出了in Beijing两行
```

注意：（1）给旧文件打补丁依赖的不是新文件，而是补丁文件，即使新文件被删除也没有关系。

（2）补丁文件中记录的目录和你当前所在目录是需要通过"-pn"选项来同步的。

6.4.5 源码包卸载

我们在说源码包卸载之前，先回顾一下 Windows 系列操作系统中的软件卸载。在 Windows 系统中，只要是通过.exe 安装程序安装的软件，都严禁用右键删除，因为这样删除会遗留大量的垃圾文件。Windows 系统中，要正确卸载安装软件，需要使用控制面板中的"卸载程序"工具。这些垃圾文件越多，会导致 Windows 系统越不稳定。

我们在 Linux 中删除源码包应该怎样操作呢？太简单了，只要找到软件的安装位置（还记得我们要求在安装时必须指定安装位置吗），然后直接删除就可以了。比如删除 apache，只需要执行如下命令即可，而且不会遗留任何垃圾文件。

```
[root@localhost ~]# rm -rf /usr/local/apache2/
```

如果 apache 服务启动了，记得先停止服务再删除。

6.4.6 函数库管理

1. 什么是函数库

函数库其实就是函数，只不过是系统所调用的函数。这样说吧，我们写一个软件，所有的功能都需要自己完成吗？其实是不需要的，因为很多功能是别人已经写好的，我们只需要拿来使用就好了。这些有独立功能，可以被其他程序调用的程序就是函数。比如，我想打电话，那么我需要自己去制造和生产一部手机吗？当然不需要，我只需要明确我的需求，然后按照需求去买一部手机使用就可以了。

2. 函数库分类

当其他程序调用函数时，根据是否把函数直接整合到程序中而分为静态函数和动态函数。我们分别看看这两种函数的优缺点。

1）静态函数库

函数库文件一般以"*.a"扩展名结尾，这种函数库在被程序调用时会被直接整合到程序当中。

优点：程序执行时，不需要再调用外部数据，可以直接执行。

缺点：因为要将所有内容都整合到程序中，所以编译生成的文件会比较大，升级比较困难，需要把整个程序重新编译。

2）动态函数库

函数库文件通常以"*.so"扩展名结尾，这种函数库在被程序调用时，并没有直接整合到程序当中，当程序需要用到函数库的功能时，再去读取函数库，在程序中只保存了函数库的指向，如图 6-4 所示。

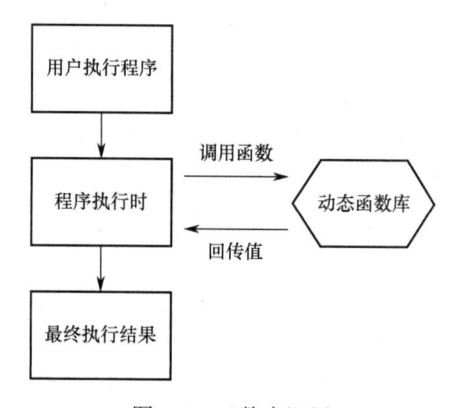

图 6-4 函数库调用

优点：因为没有把整个函数库整合到程序中，所以文件较小，升级方便，不需要把整个程序重新编译，只需要重新编译安装函数库即可。

缺点：程序在执行时需要调用外部函数，如果这时函数出现问题，或指向位置不正确，那么程序将不能正确执行。

目前 Linux 中的大多数函数库都是动态函数库，这主要是因为它们方便升级；但是函数的存放位置非常重要，而且不能更改。目前被系统程序调用的函数主要存放在"/usr/lib"和"/lib"中，而 Linux 内核所调用的函数库主要存放在"/lib/modules"中。

3. 安装函数库

系统中的可执行程序到底调用了哪些函数库呢？可以查询到吗？当然可以，命令如下：

```
[root@localhost ~]# ldd -v 可执行文件名
选项:
    -v:显示详细版本信息
```

比如，查看一下 ls 命令调用了哪些函数库，命令如下：

```
[root@localhost ~]# ldd /bin/ls
    linux-gate.so.1 =>  (0x00d56000)
    libselinux.so.1 => /lib/libselinux.so.1 (0x00cc8000)
    librt.so.1 => /lib/librt.so.1 (0x00cb8000)
```

```
            libcap.so.2 => /lib/libcap.so.2 (0x00160000)
            libacl.so.1 => /lib/libacl.so.1 (0x00140000)
            libc.so.6 => /lib/libc.so.6 (0x00ab8000)
            libdl.so.2 => /lib/libdl.so.2 (0x00ab0000)
            /lib/ld-linux.so.2 (0x00a88000)
            libpthread.so.0 => /lib/libpthread.so.0 (0x00c50000)
            libattr.so.1 => /lib/libattr.so.1 (0x00158000)
```

新安装了一个函数库，如何让它被系统识别呢？其实软件如果是正常安装的，是不需要手工调整函数库的。但是万一没有安装正确，需要手工安装呢？也很简单，只要把函数库放入指定位置，一般放在"/usr/lib"或"/lib"中，然后把函数库所在目录写入"/etc/ld.so.conf"文件中。注意是写入函数库所在目录，而不是写入函数库的文件名。比如：

```
[root@localhost ~]# cp *.so /usr/lib/
#把函数库复制到/usr/lib/目录中
[root@localhost ~]# vi /etc/ld.so.conf
#修改函数库配置文件
include ld.so.conf.d/*.conf
/usr/lib
#写入函数库所在目录（其实/usr/lib/目录默认已经被识别）
```

接着使用 ldconfig 命令重新读取/etc/ld.so.conf 文件，把新函数库读入缓存即可。命令如下：

```
[root@localhost ~]# ldconfig
#从/etc/ld.so.conf 文件中把函数库读入缓存
[root@localhost ~]# ldconfig -p
#列出系统缓存中所有识别的函数库
```

6.5 脚本程序包管理

6.5.1 脚本程序简介

脚本程序包更加类似于 Windows 下的程序安装，有一个可执行的安装程序，只要运行安装程序，然后进行简单的功能定制选择（比如指定安装目录等），就可以安装成功，只不过是在字符界面下完成的。

脚本程序包并不是单独的一类软件包，它依然安装的是源码包或 RPM 包，只是把复杂的安装过程通过一个提前写好的安装脚本，实现了一键安装。

我们举个例子，比如采用源码包安装 LAMP 环境，大概需要安装十几个源码包，而且还需要安装几十个 RPM 包，才能搭建好 LAMP 开发环境。如果我们有几十台服务器（或者更多的服务器）都需要部署 LAMP 环境，那么部署过程可能是灾难性的。这时，如果我们把 LAMP 部署过程写成安装脚本，那么是不是就可以实现一键安装了！虽然编写这个脚本很麻烦，而且需要一定的编程能力，但是和手工部署大量服务器相比，还是更加方便的，这就是脚本程序的优势。

脚本安装程序还有一种常见情况，就是非标准硬件的驱动程序。一般情况下，硬件不需要单独安装驱动，Linux 可以自动识别绝大多数常见硬件的驱动。但是一些非常规硬件，需要手工安装驱动，这对一般的 Linux 使用者都很难解决。硬件厂商会把驱动程序写成脚本安装程序，方便这些硬件在 Linux 下安装。

提示： 其实 LAMP 环境部署的一键安装脚本，很多人已经写好了，我们一会举例的宝塔 Linux 管理系统，就具备一键安装 LAMP 环境的功能。

6.5.2 宝塔 Linux 管理系统

1．宝塔 Linux 管理系统简介

宝塔 Linux 面板是一个国内团队开发的，网页图形方式管理 Linux 系统的一种管理软件，支持一键 LAMP、LNMP、集群/监控、网站/FTP、数据库、Java 等 100 多项服务器管理功能。

纯命令行的 Linux 系统很多初学者并不习惯，网页图形化的 Linux 管理工具就应运而生了，从早期国外的 Webmin 系统，到目前国内比较流行的宝塔 Linux 管理系统，都是这类软件。这类图形化管理软件照顾了一些用户的使用习惯，并且学习起来比纯 Linux 系统容易，很多初学者喜欢这类软件。

笔者自身并不推荐采用图形化综合管理工具管理 Linux 系统，主要原因是：这类系统也是需要花费大量时间学习的，但是所学的不是根本技术，而仅仅是这个图形系统的使用方法，一旦环境发生改变，所学的内容就丧失了作用。而学习 Linux 系统，才是本质技术。

我们安装宝塔 Linux 管理系统，并不是为了要学习此系统，而是为了了解一键安装包的作用。

2．安装宝塔 Linux 管理系统

安装宝塔 Linux 管理系统时，需要一个纯净的 Linux 系统，也就是说不能有已经安装好的 Apache、Nginx、MySQL、PHP、pgsql、gitlab、Java 等软件，请大家还原 Linux 快照，保证 Linux 系统是纯净系统。

这里，细心的学员应该可以发现，宝塔 Linux 管理系统不仅可以图形化管理 Linux 系统，也能一键安装 LAMP 或 LNMP 环境，是一个强大的管理系统。

注意： 一键安装宝塔 Linux 管理系统，必须是纯净的 Linux 系统（不能有已经安装好的 Apache、Nginx、MySQL、PHP、pgsql、gitlab、Java 等软件）。

我们来学习一下具体的安装使用步骤。

1）还原 Linux 快照

把 Linux 系统快照还原到初始安装状态，保证系统是纯净系统，并且正确地配置 Linux 的 IP 地址，保证网络通畅，一键安装时会需要下载软件。如果是没有制作初始安装快照，则需要安装一个新的 Linux 系统。

2）一键安装宝塔 Linux 管理系统

打开宝塔 Linux 管理系统的网站，如图 6-5 所示。

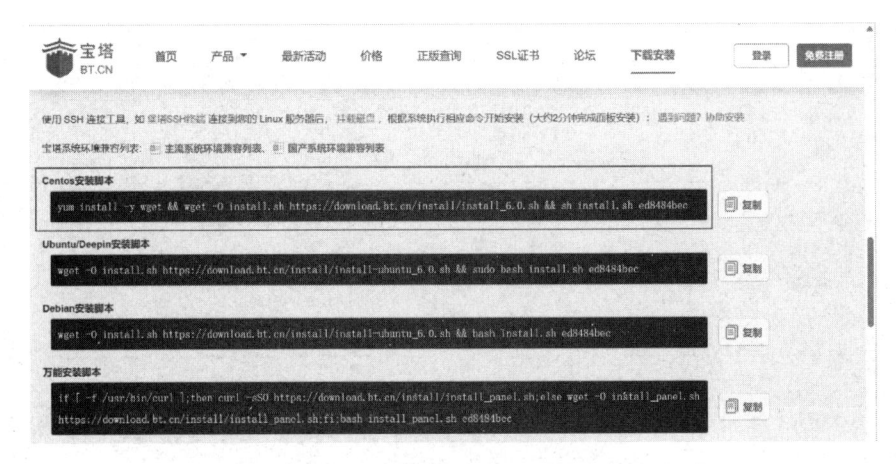

第 6 章 从"小巧玲珑"到"羽翼渐丰":软件安装

图 6-5 宝塔 Linux 管理系统安装

执行 CentOS 安装脚本,就可以安装到 Rocky Linux 系统中(毕竟两个系统的开发者是同一个人)。命令如下:

```
[root@localhost ~]# yum install -y wget && wget -O install.sh https://download.bt.cn/install/install_6.0.sh && sh install.sh ed8484be
#一键安装宝塔系统命令
```

解释一下这条命令,毕竟里面有一些知识咱们还没有学习。

- &&:这个符号在 shell 符号中,叫作"逻辑与"命令。它的作用是命令 1 正确执行,才会执行命令 2。这里用"&&"连接了三条命令,意思是命令 1 正确执行,再执行命令 2;命令 2 正确执行了,再执行命令 3。如果任何一条命令报错,后续命令就停止执行。
- yum install -y wget:这条命令是用 yum 安装了"wget"命令,"wget"命令是下载命令,一会用来下载安装脚本程序。如果你的系统没有安装"wget"命令,则会安装;如果系统已经安装了"wget"命令,yum 命令不会报错,不影响后续命令执行。
- wget -O install.sh https://download.bt.cn/install/install_6.0.sh:这条命令是下载一键安装脚本的命令。
- sh install.sh ed8484be:是执行安装脚本的命令。

在 Linux 中,复制执行此条安装命令,一键安装脚本会检测安装环境,并需要用户做一些选择,如:

```
+----------------------------------------------------------------------
| Bt-WebPanel FOR CentOS/Ubuntu/Debian
+----------------------------------------------------------------------
| Copyright © 2015-2099 BT-SOFT(http://www.bt.cn) All rights reserved.
+----------------------------------------------------------------------
| The WebPanel URL will be http://SERVER_IP:8888 when installed.
+----------------------------------------------------------------------
| 为了您的正常使用,请确保使用全新或纯净的系统安装宝塔面板,不支持已部署项目/环境的系统安装
+----------------------------------------------------------------------
```

```
Do you want to install Bt-Panel to the /www directory now?(y/n):y
#询问是否安装宝塔面板到/www/目录（我们就是为了安装此面板，当然选"y"）

-------------------------------------------------------------------
为了您的面板使用安全，建议您开启面板 SSL，开启后请使用 https 访问宝塔面板
输入 y，按回车键，即可开启面板 SSL 并进行下一步安装
输入 n，按回车键，跳过面板 SSL 配置，直接进行安装
面板 SSL 将在 10 秒钟后自动开启
-------------------------------------------------------------------

是否确定开启面板 SSL ? (y/n):y
#询问是否开启 SSL 功能。这是网络安全传输数据的协议，建议打开
#再次按回车键，就会开启全自动安装过程，等待几分钟，就可以安装完成了
```

选择完成之后，宝塔 Linux 管理系统就会全自动安装了，等待几分钟，会见到如下界面：

```
Complete!
success
================================================================
Congratulations! Installed successfully!
================================================================
外网面板地址: https://123.120.109.230:41254/97ad4fa7
内网面板地址: https://192.168.112.148:41254/97ad4fa7
username: csvwmbpw
password: c4441991
If you cannot access the panel,
release the following panel port [41254] in the security group
若无法访问面板，请检查防火墙/安全组是否有放行面板[41254]端口
因已开启面板自签证书，访问面板会提示不匹配证书，请参考以下链接配置证书
================================================================
Time consumed: 7 Minute!
#安装完成，用时 7 分钟
```

在安装完成提示中，告诉了用户进入管理界面的方式，如下所示。

```
外网面板地址: https://123.120.111.141:35260/d4d082cf
内网面板地址: https://192.168.112.148:35260/d4d082cf
```

初始的登录用户名和密码是：

```
username: 9x3xu1ek
password: c954bd9a
```

接下来访问指定 IP 的指定端口，就可以打开宝塔 Linux 面板登录页面了，如图 6-6 所示。

这个界面使用系统安装完之后，提示的账户密码登录即可，登录之后，还需要使用手机注册登录，之后可以正常使用宝塔系统。

通过这个网页端的图形系统，可以实现 Linux 系统的管理、软件安装、网站管理、

数据库管理、文件管理、计划任务等一系列Linux管理功能，也可以方便地一键安装LAMP或LNMP环境，功能非常强大！有兴趣的同学，可以自己来研究一下这个系统的使用。

图 6-6　宝塔 Linux 面板登录界面

我们的书籍并不会详细讲解宝塔 Linux 管理系统，因为它是一个管理系统，并不是Linux 本质技术。宝塔 Linux 管理系统适合对 Linux 不熟悉，并且不需要深入学习 Linux 技术的人员。而我们的目标是培养专业的 Linux 运维工程师，因此本书还是会专注于 Linux 技术本身。

我们讲解宝塔 Linux 管理系统的安装，只是为了演示脚本一键安装包是如何运作的，大家如果有兴趣，可以分析一下它的一键安装脚本"install.sh"，就会发现脚本一键安装包，实际上还是安装的 RPM 包和源码包，并不是一种独立的软件包系统。

6.6　软件包的选择

至此，Linux 中的软件安装方式我们就讲完了，是不是比 Windows 中的软件安装要复杂一些。不过这也说明 Windows 下的病毒和木马是不能直接感染 Linux 的，因为它们的软件包是不通用的。

不过，在安装软件的时候，到底应该使用 RPM 包还是源码包？我们做一下总结和推荐，当然这是笔者的个人经验，你也可以按照自己的意愿安装。

软件包安装注意事项如下：

（1）如果是 Linux 的底层模块和自带软件，则推荐使用 RPM 包安装，比如 gcc、图形界面、开发库等。另外，不需要手工定制功能的软件，都推荐使用 RPM 包安装，毕竟安装简单。

（2）如果是在服务器上应用的服务程序，则推荐使用源码包安装，比如 apache、DNS、

Mail 等服务程序。这样它们更适合你的服务器系统，性能更加优化，功能完全由你自由定义。

（3）如果要安装 RPM 包程序，那么既可以手工使用 RPM 包安装，也可以使用 yum 安装。但是如果要卸载程序，则最好不要使用 yum 卸载，因为容易在卸载某个软件依赖包的时候，把 Linux 系统依赖包也卸载掉，从而导致系统崩溃。

6.7 本章小结

1．本章重点

本章重点讲解了 Linux 系统软件包的安装管理方式，包括 RPM 包管理、yum 在线管理、源码包管理。

2．本章难点

本章学习过程中的难点包括：RPM 包验证和数字证书、SRPM 包管理、源码包升级、源码包、函数库管理。对于刚从 Windows 转到 Linux 的学习者来说，可能会不大适应，多多练习、使用、摸索，慢慢即可熟悉。

第 7 章　得人心者得天下：用户和用户组管理

学前导读

用户和用户组管理，顾名思义就是添加用户和用户组、更改密码和设定权限等操作。可能有很多人觉得用户管理没有意义，因为我们在使用个人计算机的时候，不管执行什么操作，都以管理员账户登录，而从来没有添加和使用过其他普通用户。这样做对个人计算机来讲问题不大，不过在服务器上是行不通的。大家想象一下，我们是一个管理团队，共同维护一组服务器，难道每个人都能够被赋予管理员权限吗？显然是不行的，因为不是所有的数据都可以对每位管理员公开，而且如果在运维团队中有某位管理员对Linux 不熟悉，那么赋予他管理员权限的后果可能是灾难性的。因此，越是对安全性要求高的服务器，越需要建立合理的用户权限等级制度和服务器操作规范。

7.1　用户配置文件和管理相关文件

我们已经知道 Linux 中的所有内容都是文件，所有内容如果想要永久生效，都需要保存到文件中，那么用户信息当然也要保存到文件中。我们需要先掌握这些和用户管理相关的文件。

7.1.1　用户信息文件/etc/passwd

这个文件中保存的就是系统中所有的用户和用户的主要信息。我们打开这个文件来看看内容到底是什么。

```
[root@localhost ~]# vi /etc/passwd
#查看一下文件内容
root:x:0:0:root:/root:/bin/bash
bin:x:1:1:bin:/bin:/sbin/nologin
daemon:x:2:2:daemon:/sbin:/sbin/nologin
adm:x:3:4:adm:/var/adm:/sbin/nologin
…省略部分输出…
```

这个文件的内容非常规律，每行代表一个用户。大家可能会比较惊讶，Linux 系统中默认怎么会有这么多的用户啊！这些用户中的绝大多数是系统或服务正常运行所必需的用户，我们把这种用户称为系统用户或伪用户。系统用户（伪用户）是不能登录系统的，但是这些用户同样也不能被删除，因为一旦删除，依赖这些用户运行的服务或程序就不能正常执行，会导致系统问题。

那么我们就把 root 用户这一行拿出来，看看这个文件中的内容具体代表的含义吧。我们会注意到，这个文件用":"作为分隔符，划分为七个字段，我们逐个来看具体的含义。

第一个字段：用户名称

第一个字段中保存的是用户名称。不过大家需要注意，用户名称只是为了方便管理员记忆，Linux 系统是通过用户 ID（UID）来区分不同用户、分配用户权限的。而用户名称和 UID 的对应正是通过/etc/passwd 这个文件来定义的。

第二个字段：密码标志（x）

这里我们说"x"代表的是密码标志，而不是真正的密码，真正的密码是保存在/etc/shadow 文件中的。在早期的 UNIX 中，这里保存的就是真正的加密密码串，但是这个文件的权限是 644，查询命令如下：

```
[root@localhost ~]# ll /etc/passwd
-rw-r--r--. 1 root root 1509 7月  3 16:10 /etc/passwd
```

所有用户都可以读取/etc/passwd 文件，这样非常容易导致密码泄露。虽然密码是加密的，但是采用暴力破解的方式也是能够进行破解的。现在的 Linux 系统把真正的加密密码串放置在影子文件/etc/shadow 中，而影子文件的权限是 000，查询命令如下：

```
[root@localhost ~]# ll /etc/shadow
----------. 1 root root 820 7月  3 16:10 /etc/shadow
```

这个文件是没有任何权限的，但因为当前用户是 root 用户，所以读取权限不受限制。当然，用强制修改的方法也是可以手工修改这个文件的内容的。只有 root 用户可以浏览和操作这个文件，这样就最大限度地保证了密码的安全。

在/etc/passwd 中只有一个"x"代表用户是拥有密码的，我们把这个字段称作密码标志，具体的密码要在/etc/shadow 文件中查询。但是这个密码标志"x"也是不能被删除的，如果删除了密码标志"x"，那么系统会认为这个用户没有密码，从而导致只输入用户名而不用输入密码就可以登录（当然只能在本机上使用无密码登录，远程是不可以的），除非特殊情况（如破解用户密码），这当然是不可行的。

第三个字段：UID

第三个字段就是用户 ID（UID），我们已经知道系统是通过 UID 来识别不同的用户和分配用户权限的。这些 UID 是有使用限制和要求的，我们需要了解。

- 0：超级用户 UID。如果用户 UID 为 0，则代表这个账号是管理员账号。在 Linux 中如何把普通用户升级成管理员呢？只需把其他用户的 UID 修改为 0 就可以了，这一点和 Windows 是不同的（Windows 是把普通用户加入管理员组）。不过不建议建立多个管理员账号，因为管理员权限过高了。
- 1~999：系统用户（伪用户）UID。这些 UID 是系统保留给系统用户的 UID，也就是说 UID 是 1~1000 范围内的用户是不能登录系统的，而是用来运行系统或服务的。其中，1~99 是系统保留的账号，系统自动创建；100~999 是预留给用户创建系统账号的。

- 1000～60000：普通用户 UID。建立的普通用户 UID 从 1000 开始，最大到 60000。这些用户足够使用了，但是如果不够也不用害怕，2.6.x 内核以后的 Linux 系统用 UID 已经可以支持 2^{32} 个用户了。

第四个字段：GID

第四个字段就是用户的组 ID（GID），也就是这个用户的初始组的标志号。这里需要解释一下初始组和附加组的概念。

- 初始组：指用户一登录就立刻拥有这个用户组的相关权限。每个用户的初始组只能有一个，一般就是将和这个用户的用户名相同的组名作为这个用户的初始组。举例来说，我们手工添加用户 lamp，在建立用户 lamp 的同时就会建立 lamp 组作为 lamp 用户的初始组。
- 附加组：指用户可以加入多个其他的用户组，并拥有这些组的权限。每个用户只能有一个初始组，除了初始组要把用户再加入其他的用户组，这些用户组就是这个用户的附加组。附加组可以有多个，而且用户可以有这些附加组的权限。举例来说，刚刚的 lamp 用户除了属于初始组 lamp，我们又把它加入了 users 组，那么 lamp 用户同时属于 lamp 组和 users 组，其中 lamp 是初始组，users 是附加组。当然，初始组和附加组的身份是可以修改的，但是我们在工作中一般不修改初始组，只修改附加组，因为修改了初始组有时会让管理员逻辑混乱。

注意：在/etc/passwd 文件的第四个字段中看到的 ID 是这个用户的初始组。

第五个字段：用户说明

第五个字段是这个用户的简单说明。

第六个字段：家目录

第六个字段是这个用户的家目录，也就是用户登录后有操作权限的访问目录，我们把这个目录称为用户的家目录。超级用户的家目录是/root 目录，普通用户在/home/目录下建立和用户名相同的目录作为家目录，如 lamp 用户的家目录就是/home/lamp/目录。

第七个字段：登录之后的 Shell

Shell 是 Linux 的命令解释器。管理员输入的密码都是 ASCII 码，也就是类似 abcd 的英文。但是系统可以识别的编码是类似 0101 的机器语言。Shell 的作用就是把 ASCII 编码的命令翻译成系统可以识别的机器语言，同时把系统的执行结果翻译为用户可以识别的 ASCII 编码。Linux 的标准 Shell 就是/bin/bash。

在/etc/passwd 文件中，大家可以把这个字段理解为用户登录后拥有的权限。如果此字段是/bin/bash，就代表这个用户拥有权限范围内的所有权限。例如：

```
[root@localhost ~]# vi /etc/passwd
lamp:x:1001:1001::/home/lamp:/bin/bash
```

我们手工添加了 lamp 用户，它的登录 Shell 是/bin/bash，那么这个用户就可以使用普通用户的所有权限。如果我们把 lamp 用户的 Shell 修改为/sbin/nologin，例如：

```
[root@localhost ~]# vi /etc/passwd
lamp:x:1001:1001::/home/lamp:/sbin/nologin
```

那么这个用户就不能登录了，因为/sbin/nologin 就是禁止登录的 Shell。这样说明白了吗？如果我们在这里放入的是一个系统命令，如/usr/bin/passwd，我们来试试：

```
[root@localhost ~]# vi /etc/passwd
lamp:x:1001:1001::/home/lamp:/usr/bin/passwd
```

那么这个用户可以登录，但是登录之后就只能修改自己的密码了。但是在这里不能随便写入和登录没有关系的命令（如 ls），否则系统不会识别这些命令，也就意味着这个用户不能登录。

7.1.2 影子文件/etc/shadow

这个文件中保存着用户的实际加密密码和密码有效期等参数。我们已经知道这个文件的权限是 000，因此保存的是实际加密密码，除了 root 用户，其他用户是不能查看的，这样做有效地保证了密码的安全。如果这个文件的权限发生了改变，则需要注意是否是恶意攻击。

我们打开这个文件看看，例如：

```
[root@localhost ~]# vi /etc/shadow
root:$6$q1lvQPZFn2pnID4X$k6hGLqKFE6mzOV6CoTonfLzVwQqyHKytGPnzjkXEifwyaKheaea4fce.hyqGHpsPRS2T0syfKscBQ8KzfdxGF/:19542:0:99999:7:::
#上面为一行
bin:*:19295:0:99999:7:::
daemon:*:19295:0:99999:7:::
…省略部分输出…
```

这个文件的每行代表一个用户，同样使用":"作为分隔符，划分为九个字段。我们以 root 行为例，这九个字段的作用如下。

1．用户名称

第一个字段中保存的是用户名称，和/etc/passwd 文件的用户名称相对应。

2．密码

第二个字段中保存的是真正加密的密码。目前 Linux 的密码采用的是 SHA512 散列加密算法，而原来采用的是 MD5 或 DES 加密算法。SHA512 散列加密算法的加密等级更高，也更加安全。

注意：这串密码产生的乱码不能手工修改，如果手工修改，就会算不出原密码，导致密码失效。当然，我们也可以在密码前人为地加入"!"或"*"改变加密值，让密码暂时失效，使这个用户无法登录，达到暂时禁止用户登录的效果。

所有伪用户的密码都是"!!"或"*"，代表这些用户都没有密码，是不能登录的。当然，新创建的用户如果不设定密码，那么它的密码项也是"!!"，代表这个用户没有密码，不能登录。

3．密码最后一次修改日期

第三个字段是密码的修改日期，可是这里怎么是 19542 啊？代表什么意思呢？其实 Linux 更加习惯使用时间戳代表时间，也就是说，以 1970 年 1 月 1 日作为标准时间，每过去一天时间戳加 1，那么 366 代表的就是 1971 年 1 月 1 日。我们这里的时间戳是 19542，也就是说，是在 1970 年 1 月 1 日之后的第 19542 天修改的 root 用户密码。好隐晦的表示啊！那么，到底 19542 的时间戳代表的是哪一天呢？我们可以使用如下命令进行换算：

```
[root@localhost ~]# date -d "1970-01-01 19542 days"
2023 年 07 月 04 日 星期二 00:00:00 CST
```

用以上命令可以把时间戳换算为我们习惯的系统日期，那么我们可以把系统日期换算为时间戳吗？当然可以，命令如下：

```
[root@localhost ~]# echo $(($(date --date="2023/07/04" +%s)/86400+1))
19542
```

这里的 2023/07/04 是你要计算的日期，"+%s" 是把当前日期换算成自 1970 年 1 月 1 日以来的总秒数，除以 86400（每天的秒数），最后加上 1 补齐 1970 年 1 月 1 日当天就能计算出时间戳了。其实不需要理解这里的命令，只要知道时间戳的概念就好，如果需要换算就套用命令。

4. 密码的两次修改间隔时间（和第三个字段相比）

第四个字段是密码的两次修改间隔时间。这个字段要和第三个字段相比，也就是说密码被修改后多久不能再修改密码。如果是 0，则密码可以随时修改。如果是 10，则代表密码修改后 10 天之内不能再次修改这个密码。

5. 密码的有效期（和第三个字段相比）

第五个字段是密码的有效期。这个字段也要和第三个字段相比，也就是说密码被修改后可以生效多少天。默认值是 99999，也就是 273 年，大家可以认为永久生效。如果改为 180，那么密码被修改 180 天之后就必须再次修改，否则该用户就不能登录了。我们在管理服务器的时候可以通过这个字段强制用户定期修改密码。

6. 密码修改到期前的警告天数（和第五个字段相比）

第六个字段是密码修改到期前的警告天数。这个字段要和第五个字段相比，就是密码到期前需提前几天修改。默认值是 7，也就是说从密码到期前的 7 天开始，每次登录系统都会警告该用户修改密码。

7. 密码过期后的宽限天数（和第五个字段相比）

第七个字段是密码过期后的宽限天数。也就是密码过期后，用户如果还是没有修改密码，那么在宽限天数内用户还是可以登录系统的；如果过了宽限天数，那么用户就无法再使用该密码登录系统了。如果天数是 10，则代表密码过期 10 天后失效；如果天数是 0，则代表密码过期后立即失效；如果天数是 -1，则代表密码永远不会失效。

8. 账号失效时间

第八个字段是用户的账号失效时间。这里同样要写时间戳，也就是用 1970 年 1 月 1 日进行时间换算。如果超过了失效时间，就算密码没有过期，用户账号也就失效，无法使用了。

9. 保留

这个字段目前没有使用。

小提示：在 Linux 中，如果遗忘了密码，则可以启动进入单用户模式。这时既可以删除/etc/passwd 文件中的密码标识字段，也可以删除/etc/shadow 文件中的密码标识字段，都可以达到清空密码的目的。

7.1.3 组信息文件/etc/group

这个文件是记录组 ID（GID）和组名的对应文件。/etc/passwd 文件的第四个字段记录的是每个用户的初始组的 ID，那么这个 GID 的组名到底是什么呢？这就要从/etc/group 文件中查找。这个文件的内容如下：

```
[root@localhost ~]# vi /etc/group
root:x:0:
bin:x:1:
daemon:x:2:
...省略部分输出...
lamp:x:1000:
```

我们手工添加的用户 lamp 也会默认生成一个 lamp 用户组，GID 是 1000，作为 lamp 用户的初始组。这个文件和上面两个文件一样，用":"作为分隔符，划分为四个字段。我们同样以 root 行为例进行讲解，每个字段的具体含义如下。

1．组名

第一个字段是组名字段，也就是用户组的名称字段。

2．组密码标志

第二个字段是组密码标志字段。和/etc/passwd 文件一样，这里的"x"仅仅是密码标识，真正的加密之后的组密码保存在/etc/gshadow 文件中。不过，用户设置密码是为了验证用户的身份，但是用户组设置密码是用来做什么的呢？用户组密码主要是用来指定组管理员的，由于系统中的账号可能会非常多，root 用户可能没有时间进行用户组调整，这时可以给用户组指定组管理员，如果有用户需要加入或退出某用户组，则可以由该组的组管理员替代 root 进行管理。但是这项功能目前很少使用，我们也不建议设置组密码。如果需要赋予某用户调整某个用户组的权限，则可以使用 sudo 命令代替（sudo 命令参见 8.4 节）。

3．组 ID（GID）

第三个字段是用户组的 ID，和 UID 一样，Linux 系统是通过 GID 来区别不同的用户组的，组名只是为了便于管理员识别。因此，在/etc/group 文件中可以查看对应的组名和 GID。

4．组中的用户

第四个字段表示的就是这个用户组中到底包含了哪些用户。需要注意的是，如果该用户组是这个用户的初始组，则该用户不会写入这个字段。也就是说，写入这个字段的用户是这个用户组的附加用户。比如 lamp 组就是这样写的"lamp:x:1000:"，并没有在第四个字段中写入 lamp 用户，因为 lamp 组是 lamp 用户的初始组。如果要查询这些用户的初始组，则需要先在/etc/passwd 文件中查看 GID（第四个字段），然后在/etc/group 文件中比对组名。

每个用户都可以加入多个附加组，但是只能属于一个初始组。在实际工作中，如果我们需要把用户加入其他组，则需要添加附加组。一般情况下，用户的初始组就是在建立用户的同时建立与用户名相同的组。

注意：我们讲了三个用户配置文件/etc/passwd、/etc/shadow 和/etc/group，它们之间的关系是这样的：先在/etc/group 文件中查询用户组的 GID 和组名；然后在/etc/passwd 文件中查找该 GID 是哪个用户的初始组，同时提取这个用户的用户名和 UID；最后通过 UID 到/etc/shadow 文件中提取和这个用户相匹配的密码。

7.1.4 组密码文件/etc/gshadow

这个文件就是保存组密码的文件。如果我们给用户组设定了组管理员，并给该用户组设定了组密码，那么组密码就保存在这个文件中，组管理员就可以利用这个组密码管理这个用户组了。

该文件的内容如下：

```
[root@localhost ~]# vi /etc/gshadow
root:::
bin:::
daemon:::
…省略部分输出…
lamp:!::
```

这个文件同样使用":"作为分隔符，把文件划分为四个字段，每个字段的含义如下。

1. 组名

第一个字段是这个用户的组名。

2. 组密码

第二个字段就是实际加密的组密码。大家已经注意到，对于大多数用户来说，这个字段不是空就是"!"，代表这个组没有合法的组密码。一般不建议设置组密码，组密码主要用于让拥有组密码的普通用户修改组成员的作用。这个权力，一般需要 root 用户掌握，不建议分配给普通用户。

3. 组管理员用户名

第三个字段表示这个组的管理员是哪个用户。

4. 组中的附加用户

第四个字段用于显示这个用户组中有哪些附加用户。

7.1.5 用户管理相关文件

上面介绍的四个文件是用户的配置文件，每个用户的信息、权限和密码都保存在这四个文件中。下面要介绍的几个文件虽然不是用户的配置文件，但也是在创建用户时自动建立或者和用户创建相关的文件。

1. 用户的家目录

每个用户在登录 Linux 系统时，必须有一个默认的登录位置，该用户对这个目录应该拥有一定的权限，我们把这个目录称作用户的家目录。普通用户的家目录位于/home/下，目录名和用户名相同。例如，lamp 用户的家目录就是/home/lamp/，这个目录的权限如下：

```
[root@localhost ~]# ll -d /home/lamp/
drwx------. 2 lamp lamp 62 7月  4 15:55 /home/lamp/
```

目录的所有者是 lamp 用户，所属组是 lamp 用户组，权限是 700，lamp 用户对/home/lamp/家目录拥有读、写和执行权限。

超级用户的家目录位于/下。例如，超级用户的家目录就是/root/，这个目录的权限如下：

```
[root@localhost ~]# ll -d /root/
dr-xr-x---. 2 root root 130 7月  4 16:03 /root/
```

在 Linux 中，家目录用"~"表示，当前命令的提示符是"[root@localhost ~]#"，表示当前所在目录就是家目录。而当前是超级用户，因此家目录就是/root/。

2. 用户邮箱目录

在建立每个用户的时候，系统会默认给每个用户建立一个邮箱。这个邮箱在/var/spool/mail/目录中，如 lamp 用户的邮箱就是/var/spool/mail/lamp。

3. 用户模板目录

刚刚我们说了每个用户都有一个家目录，比如 lamp 用户的家目录就是/home/lamp/，我们进入这个目录，看看里面有什么内容。

```
[root@localhost ~]# cd /home/lamp/
[root@localhost lamp]# ls
[root@localhost lamp]#
```

这个用户因为是新建立的，所以家目录中没有保存任何文件，是空的。但家目录真的是空的吗？有没有隐藏文件呢？我们再来看看。

```
[root@localhost lamp]# ls -a
.  ..  .bash_logout  .bash_profile  .bashrc
```

原来这个家目录中还是有文件的，只不过这些文件都是隐藏文件。那么这些文件都是做什么的？是从哪里来的呢？

这些文件都是当前用户 lamp 的环境变量配置文件，这里保存的都是该用户的环境变量参数。那么，什么是环境变量配置文件呢？在 Windows 中虽然只有一台计算机，但是如果使用不同的用户登录，那么每个用户的操作环境（如桌面背景、分辨率、桌面图标）都是不同的。因为每个用户的操作习惯不同，所以 Windows 运行用户自行定义的操作环境。在 Linux 中可以吗？当然可以，只不过 Windows 是通过更直观的图形界面来进行设置和调整的，而 Linux 是通过文件来进行调整的。我们将这些根据用户习惯，调整操作系统环境的配置文件，称为环境变量配置文件。

/home/lamp/目录中的这些环境变量配置文件，所定义的操作环境只对 lamp 用户生效，其他每个用户的家目录中都有相应的环境变量配置文件。

那么，这些环境变量配置文件都是从哪里来的呢？其实有一个模板目录，这个模板目录就是/etc/skel/目录，每创建一个用户，系统会自动创建一个用户家目录，同时把模板目录/etc/skel/中的内容复制到用户家目录中。我们看看/etc/skel/目录中有什么内容。

```
[root@localhost ~]# cd /etc/skel/
[root@localhost skel]# ls -a
.  ..  .bash_logout  .bash_profile  .bashrc
```

是不是和/home/lamp/目录中的内容一致呢？我们做一个实验，在/etc/skel/目录中随意创建一个文件，我们看看新建立的用户的家目录中是否也会把这个文件复制过来。

```
[root@localhost ~]# cd /etc/skel/
#进入模板目录
[root@localhost skel]# touch test
#创建一个临时文件 test
[root@localhost skel]# ls -a
.  ..  .bash_logout  .bash_profile  .bashrc  .gnome2  test
#查看文件，除了环境变量配置文件，还多了一个 test 文件
[root@localhost skel]# useradd user1
#添加用户 user1
[root@localhost skel]# cd /home/user1/
#进入 user1 的家目录
[root@localhost user1]# ls -a
.  ..  .bash_logout  .bash_profile  .bashrc  .gnome2  test
#看到了吗？系统自动建立的家目录中是不是也多出了 test 文件
```

这样大家就明白模板目录的作用了吧！如果需要让每个用户的家目录中都有某个目录或文件，就可以修改模板目录。

总结一下：Linux 系统中和用户相关的文件主要有七个。其中四个是用户配置文件，分别是/etc/passwd、/etc/shadow、/etc/group 和/etc/gshadow。这几个文件主要定义了用户的相关参数，我们可以通过手工修改这几个文件来建立或修改用户的相关信息，当然也可以通过命令修改。还有三个文件是用户管理相关文件，分别是用户的家目录、用户邮箱目录、用户模板目录，这些目录在建立用户的时候都会起到相应的作用，一般不需要修改。

7.2 用户管理命令

前面我们介绍了用户相关文件，如果要添加或删除用户，则通过手工修改配置文件的方法也是可以的。但是这样做太麻烦了，Linux 系统为我们准备了完善的用户管理命令，我们现在就来学习一下这些命令吧。

7.2.1 添加用户：useradd

1. 命令格式

添加用户的命令是 useradd，命令格式如下：

```
[root@localhost ~]#useradd [选项] 用户名
选项：
    -u UID：手工指定用户的 UID，注意手工添加的用户的 UID 不要小于 500
    -d 家目录：手工指定用户的家目录。家目录必须写绝对路径，而且如果需要手工指定家目录，则一定要注意权限
    -c 用户说明：手工指定用户说明。还记得/etc/passwd 文件的第五个字段吗？这里就是指定该字段内容的
    -g 组名：手工指定用户的初始组。一般以和用户名相同的组作为用户的初始组，在创建用户时会默认建立初始组。如果不想使用默认初始组，则可以用-g 手工指定，不建议手工修改
    -G 组名：指定用户的附加组。我们把用户加入其他组，一般都使用附加组
    -s shell：手工指定用户的登录 Shell。默认是/bin/bash
    -e 日期：指定用户的失效日期，格式为 "YYYY-MM-DD"。也就是/etc/shadow 文件的第八个字段
    -o：允许创建的用户的 UID 相同。例如，执行 "useradd -u 0 -o usertest" 命令建立用户 usertest，它的 UID 和 root 用户的 UID 相同，都是 0
    -m：建立用户时强制建立用户的家目录。在建立系统用户时，该选项是默认的
```

2. 添加默认用户

如果我们只是创建用户，则可以不使用任何选项，系统会按照默认值帮我们指定这些选项，只需要最简单的命令就可以了。命令如下：

例子1：添加用户

```
[root@localhost ~]# useradd lamp
```

那么，这条命令到底做了什么呢？我们依次来看看。

（1）在/etc/passwd 文件中按照文件格式添加 lamp 用户的行。

```
[root@localhost ~]# grep "lamp" /etc/passwd
lamp:x:1000:1000::/home/lamp:/bin/bash
```

注意：普通用户的 UID 是从 1000 开始计算的。同时默认指定了用户的家目录为/home/lamp/，用户的登录 Shell 为/bin/bash。

（2）在/etc/shadow 文件中建立用户 lamp 的相关行。

```
[root@localhost ~]# grep "lamp" /etc/shadow
lamp:!!:19542:0:99999:7:::
```

当然，这个用户还没有设置密码，密码字段是 "!!"，代表这个用户没有合理密码，不能正常登录。同时会按照默认值设定时间字段。

（3）在/etc/group 文件中建立和用户 lamp 相关的行。

```
[root@localhost ~]# grep "lamp" /etc/group
lamp:x:1000:
```

因为 lamp 组是 lamp 用户的初始组，所以 lamp 用户名不会写入第四个字段。

第7章 得人心者得天下：用户和用户组管理

（4）在/etc/gshadow 文件中建立和用户 lamp 相关的行。

```
[root@localhost ~]# grep "lamp" /etc/gshadow
lamp:!::
```

因为我们没有设定组密码，所以这里没有密码，也没有组管理员。

（5）默认建立用户的家目录和邮箱。

```
[root@localhost ~]# ll -d /home/lamp/
drwx------. 2 lamp lamp 62  7月  4 15:55 /home/lamp/
[root@localhost ~]# ll /var/spool/mail/lamp
-rw-rw----. 1 lamp mail 0  7月  4 15:55 /var/spool/mail/lamp
```

注意：这两个文件的权限，都要让 lamp 用户拥有相应的权限。

大家看到了吗？useradd 命令在添加用户的时候，其实就是修改了我们在前面介绍的七个文件或目录，那么我们可以通过手工修改这些文件来添加或删除用户吗？当然可以了。那么什么时候需要手工建立用户呢？什么时候需要用命令建立用户呢？

其实在任何情况下都不需要手工修改文件来建立用户，我们用命令来建立用户，既简便又快捷。我们在这里只是为了说明 Linux 中的所有内容都是保存在文件中的。

3. 手工指定选项添加用户

刚刚我们在添加用户的时候全部采用的是默认值，那么我们使用选项来添加用户会有什么样的效果呢？

```
例子2:
[root@localhost ~]# groupadd lamp1
#先手工添加 lamp1 用户组，我们一会儿要把 lamp1 用户的初始组指定过来，如果不事先建立，则会
报告用户组不存在

[root@localhost ~]# useradd -u 1050 -g lamp1 -G root -d /home/lamp1 \
-c "test user" -s /bin/bash lamp1
#在建立用户 lamp1 的同时指定了 UID（1050）、初始组（lamp1）、附加组（root）、家目录（/home/
lamp1/）、用户说明（test user）和用户登录 Shell（/bin/bash）


[root@localhost ~]# grep "lamp1" /etc/passwd
#查看/etc/passwd 文件中 lamp1 信息
lamp1:x:1050:1002:test user:/home/lamp1:/bin/bash
#用户的 UID、初始组、用户说明、家目录和登录 Shell 都和命令手工指定的一致


[root@localhost ~]# grep "lamp1" /etc/shadow
#查询/etc/shadow 文件中 lamp1 信息
lamp1:!!:19542:0:99999:7:::
#lamp1 用户还没有设定密码


[root@localhost ~]# grep "lamp1" /etc/group
#查询/etc/group 文件中 lamp1 信息
root:x:0:lamp1
#lamp1 用户加入了 root 组，root 组是 lamp1 用户的附加组
lamp1:x:1002:
#GID 为 1002 的组是 lamp1 初始组
```

```
[root@localhost ~]# ll -d /home/lamp1/
drwx------. 2 lamp1 lamp1 62 7月  4 16:22 /home/lamp1/
#家目录也建立了，不需要手工建立
```

例子有点复杂，其实如果可以看懂还是很简单的，就是添加了用户，但是不再使用用户的默认值，而是手工指定了用户的 UID（是 550，而不再是 501）、初始组、附加组、家目录、用户说明和用户登录 Shell。

这里还要注意一点，虽然手工指定了用户的家目录，但是家目录不需要手工建立，在添加用户的同时会自动建立家目录。如果手工建立了家目录，那么一定要修改目录的权限，还要从/etc/skel/模板目录中复制环境变量文件，反而更加麻烦。

4. useradd 命令的默认值设定

大家发现了吗？在添加用户时，其实不需要手工指定任何内容，都可以使用 useradd 命令默认创建，这些默认值已经可以满足我们的要求。但是 useradd 命令的这些默认值是保存在哪里的呢？能否手工修改呢？

useradd 命令在添加用户时参考的默认值文件主要有两个，分别是/etc/default/useradd 和/etc/login.defs。我们先看看/etc/default/useradd 文件的内容。

```
[root@localhost ~]# vi /etc/default/useradd
# useradd defaults file
GROUP=100
HOME=/home
INACTIVE=-1
EXPIRE=
SHELL=/bin/bash
SKEL=/etc/skel
CREATE_MAIL_SPOOL=yes
```

逐行解释一下。

- GROUP=100

这个选项用于建立用户的默认组，也就是说，在添加每个用户时，用户的初始组就是 GID 为 100 的这个用户组。

但是我们已经知道当前的 Linux 系统并不是这样的，而是在添加用户时会自动建立和用户名相同的组作为这个用户的初始组。也就是说这个选项并没有生效，因为 Linux 中默认用户组有两种机制：一种是私有用户组机制，系统会创建一个和用户名相同的用户组作为用户的初始组；另一种是公共用户组机制，系统用 GID 是 100 的用户组作为所有新建用户的初始组。目前我们采用的是私有用户组机制。

- HOME=/home

这个选项是用户的家目录的默认位置，所有新建用户的家目录默认都在/home/下。

- INACTIVE=-1

这个选项是密码过期后的宽限天数，也就是/etc/shadow 文件的第七个字段。其作用是在密码过期后，如果用户还是没有修改密码，那么在宽限天数内用户还是可以登录系统的；如果过了宽限天数，那么用户就无法再使用该密码了。这里的默认值是-1，代表所有新建立的用户密码永远不会失效。

- EXPIRE=

这个选项是密码失效时间，也就是/etc/shadow 文件的第八个字段。也就是说，用户到达这个日期后就会直接失效。当然这里也是使用时间戳来表示日期的。默认值是空，代表所有新建用户没有失效时间，永久有效。

- SHELL=/bin/bash

这个选项是用户的默认 Shell。/bin/bash 是 Linux 的标准 Shell，代表所有新建立的用户默认 Shell 都是/bin/bash。

- SKEL=/etc/skel

这个选项用于定义用户的模板目录的位置，/etc/skel/目录中的文件都会复制到新建用户的家目录中。

- CREATE_MAIL_SPOOL=yes

这个选项定义是否给新建用户建立邮箱，默认是创建。也就是说，对于所有的新建用户，系统都会新建一个邮箱，放在/var/spool/mail/目录下，和用户名相同。

当然，这个文件也可以直接通过命令进行查看，结果是一样的。命令如下：

```
[root@localhost ~]# useradd -D
选项：
    -D：查看新建用户的默认值
GROUP=100
HOME=/home
INACTIVE=-1
EXPIRE=
SHELL=/bin/bash
SKEL=/etc/skel
CREATE_MAIL_SPOOL=yes
```

通过/etc/default/useradd 文件大家已经能够看到我们新建用户的部分默认值，但是还有一些内容并没有在这个文件中出现，比如用户的 UID 为什么默认从 500 开始计算，/etc/shadow 文件中除了第一个、第二个、第三个字段不用设定默认值，还有第四个、第五个、第六个字段没有指定默认值（第七个、第八个字段的默认值在/etc/default/useradd 文件中指定了）。那么，这些默认值就需要写入第二个默认值文件/etc/login.defs 了，这个文件的内容如下：

```
[root@localhost ~]# vi /etc/login.defs
#这个文件有一些注释，把注释删除，文件内容就变成下面这个样子了
MAIL_DIR        /var/spool/mail

PASS_MAX_DAYS   99999
PASS_MIN_DAYS   0
PASS_WARN_AGE   7

UID_MIN                 1000
```

```
UID_MAX                 60000

SYS_UID_MIN             201
SYS_UID_MAX             999

SUB_UID_MIN             100000
SUB_UID_MAX             600100000
SUB_UID_COUNT           65536

GID_MIN                 1000
GID_MAX                 60000

SYS_GID_MIN             201
SYS_GID_MAX             999

SUB_GID_MIN             100000
SUB_GID_MAX             600100000
SUB_GID_COUNT           65536

CREATE_HOME     yes

UMASK           022
HOME_MODE       0700

USERGROUPS_ENAB yes

ENCRYPT_METHOD SHA512
```

我们逐行解释一下此文件的内容。

- MAIL_DIR   /var/spool/mail

这一行指定了新建用户的默认邮箱位置。比如 lamp 用户的邮箱是/var/spool/mail/lamp。

- PASS_MAX_DAYS 99999

这一行指定的是密码的有效期，也就是/etc/shadow 文件的第五个字段。代表多少天之后必须修改密码，默认值是 99999。

- PASS_MIN_DAYS 0

这一行指定的是密码的两次修改间隔时间，也就是/etc/shadow 文件的第四个字段。代表第一次修改密码之后，几天后才能再次修改密码，默认值是 0。

- PASS_WARN_AGE 7

这一行代表密码修改到期前的警告天数，也就是/etc/shadow 文件的第六个字段。代表密码到达有效期前多少天开始进行警告提醒，默认值是 7 天。

- UID_MIN   1000
- UID_MAX   60000

这两行代表创建用户时最小 UID 和最大 UID 的范围。系统默认建立用户的 UID 范围是从 1000～60000。如果认为 60000 个 UID 依然不够使用，从 Linux 2.6.x 内核开始，可以支持 2^{32}（约为 42 亿 9 千万）个 UID，事实上 60000 个 UID 也足够使用了。

还需要注意，如果不指定用户的 UID，那会从 1000 开始依次建立（小于 1000 的 UID 是系统用户预留的）。但如果指定了 UID，例如指定为 1050，那么下一个创建的用户的 UID 会从 1051 开始继续创建，哪怕 1000～1049 之间的 UID 没有使用。

- SYS_UID_MIN   201
- SYS_UID_MAX   999

这两行是系统账号的 UID 范围，系统用户的 UID 可以在 201 到 999 之间。

- SUB_UID_MIN   100000
- SUB_UID_MAX   600100000
- SUB_UID_COUNT   65536

这三行指定的是系统额外支持的 UID 数目。之前我们说过从 2.6.x 内核开始，可以支持 2^{32} 个 UID。而 Rocky Linux 9 明确了最大用户数量，不足 2^{32}（约 42 亿 9 千万），但是 6 亿多个用户数也足够使用了。

- GID_MIN   1000
- GID_MAX   60000

这两行指定了 GID 的最小值和最大值的范围。

- SYS_GID_MIN   201
- SYS_GID_MAX   999

这两行是系统组账户的 GID 范围，系统组用户的 GID 可以在 201 到 999 之间。

- CREATE_HOME   yes

这行指定建立用户时是否自动建立用户的家目录，默认为建立。

- UMASK   022
- HOME_MODE   0700

这行指定建立的用户家目录的默认权限。此文档的说明中明确指出，如果没有指定 HOME_MODE 选项，则 UMASK 选项生效。那么当前系统中是 HOME_MODE 选项生效，因此用户家目录的默认权限是 0700。

- USERGROUPS_ENAB   yes

这行指定使用命令 userdel 删除用户时，是否删除用户的初始组，默认为删除。

- ENCRYPT_METHOD   SHA512

这行指定 Linux 用户的密码使用 SHA512 散列模式加密。这是新的密码加密模式，原来的 Linux 只能用 DES 或 MD5 方式加密。

我们现在已经知道了，系统在默认添加用户时，是靠 /etc/default/useradd 和 /etc/login.defs 文件定义用户的默认值的。如果我们想要修改所有新建用户的某个默认值，就可以直接修改这两个文件，而不用每个用户单独修改了。

7.2.2 修改用户密码：passwd

1. 命令格式

我们在上一节中介绍了添加用户的命令，但是新添加的用户如果不设定密码是不能够登录系统的，下面我们来学习一下密码设置命令 passwd。

```
[root@localhost ~]#passwd [选项] 用户名
```
选项：
  -S：查询用户密码的状态，也就是/etc/shadow 文件中的内容。仅 root 用户可用
  -l：暂时锁定用户。仅 root 用户可用
  -u：解锁用户。仅 root 用户可用
  --stdin：可以将通过管道符输出的数据作为用户的密码。主要在批量添加用户时使用。仅
    root 用户可用

```
[root@localhost ~]#passwd
#passwd 直接回车代表修改当前用户的密码
```

2. root 用户修改密码

下面举几个例子，我们给新用户 lamp 设定密码，让 lamp 用户可以登录系统。

例子1：
```
[root@localhost ~]# passwd lamp
更改用户 lamp 的密码
新的密码：                                    ← 输入新密码
无效的密码： 密码少于八个字符                  ← 有报错提示
重新输入新的密码：
重新输入新的密码：                            ← 第二次输入密码
passwd： 所有的身份验证令牌已经成功更新
```

要想给其他用户设定密码，只有两种用户可行：一种是 root 用户；另一种是 root 通过 sudo 命令赋予权限的普通用户。也就是说，普通用户只能修改自己的密码，而不能设定其他用户的密码。

还要注意一件事，设定用户密码时一定要遵守"复杂性、易记忆性、时效性"的密码规范。简单来讲就是密码要大于八位，包含大写字母、小写字母、数字和特殊符号中的三种，并且容易记忆和定期更换。但是 root 用户在设定密码时却可以不遵守这些规则，比如我们刚刚给 lamp 用户设定的密码是"123"，系统虽然会提示密码过短和过于简单，但是依然可以设置成功。不过普通用户在修改自己的密码时，一定要遵守密码规范。当然，在生产服务器上，就算是 root 身份，在设定密码时也要严格遵守密码规范，因为只有好的密码规范才是服务器安全的基础。

3. 普通用户修改密码

那么我们看看普通用户 lamp 是如何修改密码的。

例子2：
```
[lamp@localhost ~]$ whoami
lamp
#先看看我的身份
[lamp@localhost ~]$ passwd lamp1
passwd： 只有根用户才能指定用户名称
#尝试修改 lamp1 用户的密码，系统提示普通用户不能修改其他用户的密码

[lamp@localhost ~]$ passwd lamp
```

第7章 得人心者得天下：用户和用户组管理

passwd: 只有根用户才能指定用户名称。
#怎么修改自己的密码也报错呢？这里其实说得很清楚，要想指定用户名修改密码，只有管理员可以，哪怕是修改自己的密码。那么修改自己的密码就只能像下面这样操作了

```
[lamp@localhost ~]$ passwd
#使用 passwd 直接回车，就是修改自己的密码
更改用户 lamp 的密码
为 lamp 更改 STRESS 密码
(当前) UNIX 密码:            ← 注意，普通用户需要先输入自己的密码
新的密码:
无效的密码：它基于字典单词     ← 好吧，又报错了，因为我输入的密码在字典中能够找到
新的密码:                   ← 密码必须符合密码规范
重新输入新的密码:
passwd: 所有的身份验证令牌已经成功更新
```

大家发现了吗？对普通用户来说，密码设定就要严格得多了。首先，只能使用"passwd"来修改自己的密码，而不能使用"passwd 用户名"的方式。不过，如果你是 root 用户，则建议使用"passwd 用户名"的方式来修改密码，因为这样不容易搞混。其次，在修改密码之前，需要先输入旧密码。最后，设定密码时一定要严格遵守密码规范。

4．查看用户密码状态

```
例子 3:
[root@localhost ~]# passwd -S lamp
lamp PS 2023-07-05 0 99999 7 -1 (密码已设置，加密算法未知)
#上面这行代码的意思是:
#用户名  密码设定时间（2023-07-05）  密码修改间隔时间（0）  密码有效期（99999）
#警告时间（7）  密码不失效（-1）
```

"-S"选项会显示出密码状态，这里的密码修改间隔时间、密码有效期、警告时间、密码宽限时间，其实分别是/etc/shadow 文件的第四个、第五个、第六个、第七个字段的内容。当然，passwd 命令是可以通过命令选项修改这几个字段的值的，不过笔者认为还是直接修改/etc/shadow 文件简单一些。

5．锁定和解锁用户

使用 passwd 命令可以很方便地锁定和解锁某个用户，我们来试试。

```
例子 4:
[root@localhost ~]# passwd -l lamp
锁定用户 lamp 的密码
passwd: 操作成功
#锁定用户


[root@localhost ~]# passwd -S lamp
lamp LK 2023-07-05 0 99999 7 -1 (密码已被锁定。)
#用"-S"选项查看状态，很清楚地提示密码已被锁定


[root@localhost ~]# grep "lamp" /etc/shadow
```

```
lamp:!!$y$j9T$C0XbGSBM7oDFOYg92g32u0$5XB7H0AzF5WnFQqhNjy45FlW6eZLM/a1HbD6K
A6PP1.:19543:0:99999:7:::
#其实锁定就是在加密密码之前加入了"!!",让密码失效而已
```

可以非常简单地实现用户的暂时锁定,这时 lamp 用户就不能登录系统了。那么怎么解锁呢?也一样简单,我们来试试。

```
[root@localhost ~]# passwd -u lamp
解锁用户 lamp 的密码
passwd: 操作成功
#解锁用户


[root@localhost ~]# passwd -S lamp
lamp PS 2023-07-05 0 99999 7 -1 (密码已设置,加密算法未知)
#锁定状态消失


[root@localhost ~]# grep "lamp" /etc/shadow
lamp:$y$j9T$C0XbGSBM7oDFOYg92g32u0$5XB7H0AzF5WnFQqhNjy45FlW6eZLM/a1HbD6KA6
PP1.:19543:0:99999:7:::
#密码前面的"!!"被删除了
```

6. 使用字符串作为用户的密码

这种做法主要是在批量添加用户时,给所有的用户设定一个初始密码,主要用于 shell 脚本。

但是需要注意的是,这样设定的密码会把密码明文保存在历史命令中,会有安全隐患。如果使用了这种方式修改密码,应该记住两件事情:第一,手工清除历史命令;第二,强制这些新添加的用户在第一次登录时必须修改密码(具体方法参考"chage"命令)。

```
例子5:
[root@localhost ~]# echo "123" | passwd --stdin lamp
更改用户 lamp 的密码
passwd: 所有的身份验证令牌已经成功更新
```

命令很简单,调用管道符让 echo 的输出作为 passwd 命令的输入,就可以把 lamp 用户的密码设定为"123"了。

7.2.3 修改用户信息:usermod

在添加了用户之后,如果不小心添加错了用户的信息,那么是否可以修改呢?当然可以了,我们可以直接使用编辑器修改用户相关文件,也可以使用 usermod 命令进行修改。下面我们就来学习一下 usermod 命令。该命令的格式如下:

```
[root@localhost ~]#usermod [选项] 用户名
选项:
   -u UID:修改用户的UID
   -d 家目录:修改用户的家目录。家目录必须写绝对路径
```

第7章 得人心者得天下：用户和用户组管理

- -c 用户说明：修改用户的说明信息，就是/etc/passwd 文件的第五个字段
- -g 组名：修改用户的初始组，就是/etc/passwd 文件的第四个字段
- -G 组名：修改用户的附加组，其实就是把用户加入其他用户组
- -s shell：修改用户的登录 Shell。默认是/bin/bash
- -e 日期：修改用户的失效日期，格式为"YYYY-MM-DD"。也就是/etc/shadow 文件的第八个字段
- -L：临时锁定用户（Lock）
- -U：解锁用户（Unlock）

可以看到，usermod 和 useradd 命令的选项非常类似，因为它们都是用于定义用户信息的。不过需要注意的是，useradd 命令用于在添加新用户时指定用户信息，而 usermod 命令用于修改已经存在的用户信息，千万不要搞混。

usermod 命令多出了几个选项，其中，-L 表示可以临时锁定用户，不让这个用户登录。其实锁定的方法就是在/etc/shadow 文件的密码字段前加入"！"。大家已经知道密码项是加密换算的，加入任何字符都会导致密码失效，因此这个用户就会被禁止登录。而解锁（-U）其实就是把密码字段前的"！"取消。举个例子：

例子 1：

```
[root@localhost ~]# usermod -L lamp
#锁定用户
[root@localhost ~]# grep "lamp" /etc/shadow
lamp:!$y$j9T$C0XbGSBM7oDFOYg92g32u0$5XB7H0AzF5WnFQqhNjy45FlW6eZLM/alHbD6KA
6PPl.:19543:0:99999:7:::
#查看发现锁定就是在密码字段前加入"!"，这时 lamp 用户就暂时不能登录了

[root@localhost ~]# usermod -U lamp
#解锁用户
[root@localhost ~]# grep "lamp" /etc/shadow
lamp:$y$j9T$C0XbGSBM7oDFOYg92g32u0$5XB7H0AzF5WnFQqhNjy45FlW6eZLM/alHbD6KA6
PPl.:19543:0:99999:7:::
#取消了密码字段前的"!"
```

再举几个其他的例子：

例子 2：

```
[root@localhost ~]# usermod -G root lamp
#把 lamp 用户加入 root 组
[root@localhost ~]# grep "lamp" /etc/group
root:x:0:lamp
lamp:x:1000:
#lamp 用户已经加入了 root 组
```

例子 3：

```
[root@localhost ~]# usermod -c "test user" lamp
#修改用户说明
[root@localhost ~]# grep "lamp" /etc/passwd
lamp:x:1001:1001:test user:/home/lamp:/bin/bash
#查看一下，用户说明已经被修改了
```

7.2.4 修改用户密码状态：chage

通过 chage 命令可以查看和修改/etc/shadow 文件的第三个字段到第八个字段的密码状态。

笔者建议直接修改/etc/shadow 文件更加直观和简单，那么为什么还要讲解 chage 命令呢？因为 chage 命令有一种很好的用法，就是强制用户在第一次登录时必须修改密码。chage 命令的格式如下：

```
[root@localhost ~]#chage [选项] 用户名
选项：
    -l：列出用户的详细密码状态
    -d 日期：密码最后一次修改日期（/etc/shadow 文件的第三个字段），格式为 YYYY-MM-DD
    -m 天数：密码的两次修改间隔时间（第四个字段）
    -M 天数：密码的有效期（第五个字段）
    -W 天数：密码修改到期前的警告天数（第六个字段）
    -I 天数：密码过期后的宽限天数（第七个字段）
    -E 日期：账号失效时间（第八个字段），格式为 YYYY-MM-DD
```

举几个例子，先看看查看状态。

```
例子1：
[root@localhost ~]# chage -l lamp
#查看一下用户密码状态
最近一次修改密码的时间：7月 05, 2023
密码过期时间：从不
密码失效时间：从不
账户过期时间：从不
两次改变密码之间相距的最小天数：0
两次改变密码之间相距的最大天数：99999
在密码过期之前警告的天数：7
```

我们强制 lamp 用户在第一次登录时必须修改密码。

```
例子2：
[root@localhost ~]# chage -d 0 lamp
#这个命令其实是把密码修改日期归零了，这样用户一登录就要修改密码
```

然后我们以 lamp 用户登录一下系统。

```
localhost login: lamp
Password:
#输入密码登录
You are required to change your password immediately (root enforced)
changing password for lamp.
#有一些提示，就是说明 root 强制你登录后修改密码
(current) UNIX password:
#输入旧密码
New password:
Retype new password:
#输入两次新密码
```

第7章 得人心者得天下：用户和用户组管理

这项功能在进行批量用户管理时还是非常有用的，主要还是应用于 shell 脚本中。

7.2.5 删除用户：userdel

这个命令比较简单就是删除用户。命令格式如下：
```
[root@localhost ~]# userdel [-r] 用户名
选项：
    -r: 在删除用户的同时，删除用户的家目录
例如：
[root@localhost ~]# userdel -r lamp
```

在删除用户的同时，如果不删除用户的家目录，那么家目录就会变成没有属主和属组的目录，也就是垃圾文件。

前面我们说过，可以手工修改用户的相关文件来建立用户，但在实际工作中，这样做没有实际的意义，因为用户管理命令可以更简单地完成这项工作。在学习时，手工添加用户是有助于加深我们对用户相关文件的理解的。不过手工添加用户还是比较麻烦的，我们变通一下，手工删除用户的原理是一样的，能够手工删除当然也可以手工建立。我们完成一下手工删除用户的命令：

```
例如：
[root@localhost ~]# useradd lamp
[root@localhost ~]# passwd lamp
#重新建立 lamp 用户

[root@localhost ~]# vi /etc/passwd
lamp:x:1000:1000::/home/lamp:/bin/bash                    ← 删除此行
#修改用户信息文件，删除 lamp 用户行

[root@localhost ~]# vi /etc/shadow
lamp:$y$j9T$uh9XQQbRUh0/Vbez3mv12/$oQs.3uVJsisMLcCqiGx0f35CLQaIy0Jz3jmePDP
0BD9:19543:0:99999:7:::                                    ← 删除此行
#修改影子文件，删除 lamp 用户行。注意：这个文件的权限是 000，因此要强制保存

[root@localhost ~]# vi /etc/group
lamp:x:1000:                                              ← 删除此行
#修改组信息文件，删除 lamp 组的行

[root@localhost ~]# vi /etc/gshadow
lamp:!::                                                  ← 删除此行
#修改组影子文件，删除 lamp 组的行。同样注意需要强制保存

[root@localhost ~]# rm -rf /var/spool/mail/lamp
#删除用户邮箱
[root@localhost ~]# rm -rf /home/lamp/
#删除用户的家目录
```

```
#至此，用户彻底删除，再新建用户lamp。如果可以正常建立，则说明我们手工删除干净了

[root@localhost ~]# useradd lamp
[root@localhost ~]# passwd lamp
#重新建立同名用户，没有报错，说明前面的手工删除是可以完全删除用户的
```

这个实验很有趣吧，不过命令比较多，大家通过这个实验应该可以清楚地了解到这几个用户相关文件的作用。

7.2.6 查看用户的 UID 和 GID：id

id 命令可以查询用户的 UID、GID 和附加组的信息。命令比较简单，格式如下：

```
[root@localhost ~]# id 用户名
例子1：
[root@localhost ~]# id lamp
用户 id=1000(lamp) 组 id=1000(lamp) 组=1000(lamp)
#能看到UID（用户ID）、GID（初始组ID），groups是用户所在组，这里既可以看到初始组，如果有附加组，则也能看到附加组


例子2：
[root@localhost ~]# usermod -G root lamp
#把用户加入root组
[root@localhost ~]# id lamp
用户 id=1000(lamp) 组 id=1000(lamp) 组=1000(lamp),0(root)
#大家发现root组中加入了lamp用户的附加组信息
```

7.2.7 切换用户身份：su

su 命令可以切换成不同的用户身份，命令格式如下：

```
[root@localhost ~]# su [选项] 用户名
选项：
    -：选项只使用"-"代表连带用户的环境变量一起切换
    -c 命令：仅执行一次命令，而不切换用户身份
```

"-" 不能省略，它代表切换用户身份时，用户的环境变量也要切换成新用户的环境变量。大家知道环境变量是用来定义用户的操作环境的，如果环境变量没有随用户身份切换，那么很多操作将无法正确执行。比如普通用户 lamp 切换成超级用户 root，但是没有加入 "-"，那么虽然是 root 用户，但是$USER 环境变量中，还是 lamp 用户；而且 root 用户在接收邮件时，还会发现收到的是 lamp 用户的邮件，因为环境变量$MAIL 没有切换过来。

```
例子1：
[lamp@localhost ~]$ whoami
lamp
#查询用户身份，我是lamp
[lamp@localhost ~]$ su root
```

密码：　　　　　　　　　　　　　　　　　　　　　　　← 输入 root 密码
#切换到 root，但是没有切换环境变量。注意：普通用户切换到 root 需要输入密码

```
[root@localhost ~]# env | grep lamp
```
#查看环境变量，提取包含 lamp 的行
```
USER=lamp
```
#用户名还是 lamp，而不是 root
```
MAIL=/var/spool/mail/lamp
PWD=/home/lamp
LOGNAME=lamp
```
#邮箱、家目录、目前用户名还是 lamp

通过例子 1 我们已经注意到，切换用户时如果没有加入"-"，那么切换是不完全的。但是太多的用户在执行 su 命令的时候，没有加入"-"，Linux 被迫妥协。现在就算不加"-"，执行命令的$PATH 环境变量已经加入了"/usr/local/sbin"和"/usr/sbin"路径，命令执行已经不受影响了。

要想完整切换，可以使用如下命令：

例子 2：
```
[lamp@localhost ~]$ su - root
```
密码：
#"-"代表连带环境变量一起切换，不能省略

有些系统命令只有 root 可以执行，比如添加用户的命令 useradd，因此我们需要使用 root 身份执行。但是我们只想执行一次，而不想切换身份，可以做到吗？当然可以，命令如下：

例子 3：
```
[lamp@localhost ~]$ whoami
lamp
```
#当前我是 lamp
```
[lamp@localhost ~]$ su - root -c "useradd user1"
```
密码：
#不切换成 root，但是执行 useradd 命令添加 user1 用户
```
[lamp@localhost ~]$ whoami
lamp
```
#我还是 lamp
```
[lamp@localhost ~]$ grep "user1" /etc/passwd
user1:x:1001:1001::/home/user1:/bin/bash
```
#user1 用户已经添加了

总之，切换用户时"-"代表连带环境变量一起切换，不能省略，否则用户身份切换不完全。

7.3 用户组管理命令

7.3.1 添加用户组：groupadd

添加用户组的命令是 groupadd，命令格式如下：

```
[root@localhost ~]# groupadd [选项] 组名
选项：
    -g GID：指定组 ID
```
添加用户组的命令比较简单，举个例子：
```
[root@localhost ~]# groupadd group1
#添加 group1 组
[root@localhost ~]# grep "group1" /etc/group
group1:x:1002:
```

7.3.2 修改用户组：groupmod

groupmod 命令用于修改用户组的相关信息，命令格式如下：
```
[root@localhost ~]# groupmod [选项] 组名
选项：
    -g GID：修改组 ID
    -n 新组名：修改组名
```
例子：
```
[root@localhost ~]# groupmod -n testgrp group1
#把组名 group1 修改为 testgrp
[root@localhost ~]# grep "testgrp" /etc/group
testgrp:x:1002:
#注意 GID 还是 1002，但是组名已经改变
```
不过大家还是要注意，用户名不要随意修改，组名和 GID 也不要随意修改，因为非常容易导致管理员逻辑混乱。如果非要修改用户名或组名，则建议大家先删除旧的，再建立新的。

7.3.3 删除用户组：groupdel

groupdel 命令用于删除用户组，命令格式如下：
```
[root@localhost ~]#groupdel 组名
```
例子：
```
[root@localhost ~]#groupdel testgrp
#删除 testgrp 组
```
不过大家要注意，要删除的组不能是其他用户的初始组，也就是说这个组中没有初始用户才可以删除。如果组中有附加用户，则删除组时不受影响。

7.3.4 把用户添加进组或从组中删除：gpasswd

其实 gpasswd 命令是用来设定组密码并指定组管理员的，不过我们在前面已经说了，组密码和组管理员功能很少使用，而且完全可以被 sudo 命令取代，gpasswd 命令现在主

要用于把用户添加进组或从组中删除。命令格式如下：
```
[root@localhost ~]# gpasswd [选项] 组名
选项：
    -a 用户名：把用户加入组
    -d 用户名：把用户从组中删除
```
举个例子：
```
[root@localhost ~]# groupadd grouptest
#添加组 grouptest
[root@localhost ~]# gpasswd -a lamp grouptest
Adding user lamp to group grouptest
#把用户 lamp 加入 grouptest 组
[root@localhost ~]# grep "lamp" /etc/group
lamp:x:1001:
grouptest:x:1005:lamp
#查看一下，lamp 用户已经作为附加用户加入 grouptest 组
[root@localhost ~]# gpasswd -d lamp grouptest
Removing user lamp from group grouptest
#把用户 lamp 从组中删除
[root@localhost ~]# grep "grouptest" /etc/group
grouptest:x:1005:
#组中没有 lamp 用户了
```

大家注意，也可以使用 usermod 命令把用户加入某个组，不过 usermod 命令的操作对象是用户，命令是"usermod -G grouptest lamp"，把用户名作为参数放在最后；而 gpasswd 命令的操作对象是组，命令是"gpasswd -a lamp grouptest"，把组名作为参数放在最后。这两个命令的作用类似，记忆一个即可。

推荐大家使用 gpasswd 命令，因为这个命令不仅可以把用户加入用户组，也可以把用户从用户组中删除。

7.3.5 改变有效组：newgrp

每个用户可以属于一个初始组（用户是这个组的初始用户），也可以属于多个附加组（用户是这个组的附加用户）。既然用户可以属于这么多用户组，那么用户在创建文件后，默认生效的组身份是哪个呢？当然是初始用户组的组身份生效了，因为初始组是用户一旦登录就直接获得的组身份。也就是说，用户在创建文件后，文件的属组是用户的初始组，因为用户的有效组默认是初始组。既然用户属于多个用户组，那么能不能改变用户的有效组呢？使用命令 newgrp 就可以切换用户的有效组。命令格式如下：
```
[root@localhost ~]# newgrp 组名
```
举个例子，我们已经有了普通用户 lamp，默认会建立 lamp 用户组，lamp 组是 lamp 用户的初始组。我们再把 lamp 用户加入 group1 组，那么 group1 组就是 lamp 用户的附加组。当 lamp 用户创建文件 test1 时，test1 文件的属组是 lamp 组，因为 lamp 组是 lamp 用户的有效组。通过 newgrp 命令就可以把 lamp 用户的有效组变成 group1 组，当 lamp 用户创建文件 test2 时，就会发现 test2 文件的属组就是 group1 组。命令如下：

```
[root@localhost ~]# groupadd group1
#添加组 group1
[root@localhost ~]# gpasswd -a lamp group1
Adding user lamp to group group1
#把 lamp 用户加入 group1 组
[root@localhost ~]# grep "lamp" /etc/group
lamp:x:1000:
group1:x:1002:lamp
#lamp 用户既属于 lamp 组，也属于 group1 组

[root@localhost ~]# su - lamp
#切换成 lamp 身份，超级用户切换成普通用户不用密码
[lamp@localhost ~]$ touch test1
#创建文件 test1
[lamp@localhost ~]$ ll test1
-rw-r--r--. 1 lamp lamp 0 7月  5 16:01 test1
#test1 文件的默认属组是 lamp 组

[lamp@localhost ~]$ newgrp group1
#切换 lamp 用户的有效组为 group1 组

[lamp@localhost ~]$ touch test2
#创建文件 test2
[lamp@localhost ~]$ ll test2
-rw-r--r--. 1 lamp group1 0 7月  5 16:02 test2
#test2 文件的默认属组是 group1 组
```

通过这个例子，明白有效组的作用了吗？其实就是当用户属于多个组时，在创建文件时选择哪个组身份生效。使用 newgrp 命令可以在多个组身份之间切换。

7.4 本章小结

1. 本章重点

本章重点内容是熟练掌握用户管理命令和用户组管理命令，并能理解相关选项的作用。用户配置文件和用户相关文件的文件名，需要熟练记忆。/etc/passwd 文件和/etc/shadow 文件的内容需要熟练掌握，其他文件内容了解即可。

2. 本章难点

本章的难点是/etc/passwd 文件和/etc/shadow 文件内容的理解和使用。还有需要熟练掌握用户与用户组相关命令，需要多练习并记忆。初始组和附加组概念的区分，也是本章的难点之一。

第8章 坚如磐石的防护之道：权限管理

学前导读

第 4 章中我们学习了文件的基本权限和 umask 默认权限，本章将集中讲解 Linux 的其他系统权限。如果读者对文件的基本权限和 umask 默认权限还有疑问，则可以先复习一下第 4 章中的内容。

很多初学 Linux 的人都会有一些疑惑：权限有什么作用呢？为什么需要配置和修改权限呢？因为绝大多数初学者使用的都是个人计算机，个人计算机主要使用管理员身份登录，而且不会有多个用户同时存在。但是在服务器上，需要 root 和普通用户同时存在、同时登录管理服务器，合理地分配权限是保证服务器安全与稳定的前提。

Linux 中的权限类别较多，功能较为复杂，下面我们就开始学习这些权限吧！

8.1 ACL 权限

在普通权限中，用户对文件只有三种身份：所有者、所属组和其他人；每种用户身份拥有读（read）、写（write）和执行（execute）三种权限。但是在实际工作中，这三种身份实在是不够用，我们举个例子来看看。ACL 权限简介如图 8-1 所示。

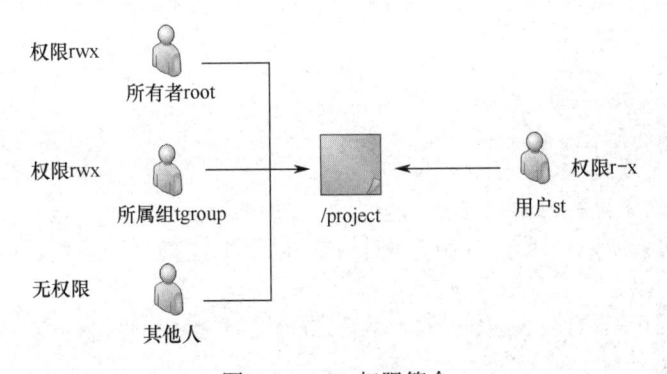

图 8-1 ACL 权限简介

图中的/project 目录是我们班级的项目目录。班级中的每个学员都可以访问和修改这个目录，老师也需要对这个目录拥有访问和修改权限，其他班级的学员当然不能访问这个目录。需要怎么规划这个目录的权限呢？应该这样：老师使用 root 用户，作为这个目录的所有者，权限为 rwx；班级所有的学员都加入 tgroup 组，使 tgroup 组作为/project 目录的属组，权限是 rwx；其他人的权限设定为 0。这样这个目录的权限就可以符合我们的项目开发要求了。

有一天，我们班来了一位试听的学员 st，她需要访问/project 目录，因此必须对这个目录拥有 r 和 x 权限；但是她又没有学习过以前的课程，又不能赋予她 w 权限，怕她改错了目录中的内容，因此学员 st 的权限就是 r-x。可是如何分配她的身份呢？变为所有者吗？当然不行，root 该放哪里呢？加入 tgroup 组吗？也不行，因为 tgroup 组的权限是 rwx，而我们要求学员 st 的权限是 r-x。如果把其他人的权限修改为 r-x 呢？这样一来，其他班级的所有学员都可以访问/project 目录了。

当出现这种情况时，普通权限中的三种身份就不够用了。ACL 权限就是为了解决文件的用户身份不足的问题的。在使用 ACL 权限给用户 st 赋予权限时，st 既不是/project 目录的所有者，也不是属组，仅仅赋予用户 st 针对此目录的 r-x 权限。这有些类似于 Windows 系统中分配权限的方式，单独指定用户并单独分配权限，这样就解决了用户身份不足的问题。

ACL 是 Access Control List（访问控制列表）的缩写，不过在 Linux 系统中，ACL 用于设定用户针对文件的身份不足的问题，而不是在交换机和路由器中用来控制数据访问的功能（类似于防火墙）的。

8.1.1 开启 ACL 权限

在 Rocky Linux 9.x 系统中，ACL 权限默认是开启的，不需要手工开启。查询 XFS 文件系统的命令 xfs_info 并无法看到 ACL 权限的信息。如果一定要查看 XFS 文件系统是否支持 ACL 权限，可以执行如下命令：

```
[root@localhost ~]# dmesg | grep ACL
[    0.799287] systemd[1]: systemd 250-12.el9_1 running in system mode (+PAM +AUDIT +SELINUX -APPARMOR +IMA +SMACK +SECCOMP +GCRYPT +GNUTLS +OPENSSL +ACL +BLKID +CURL +ELFUTILS -FIDO2 +IDN2 -IDN -IPTC +KMOD +LIBCRYPTSETUP +LIBFDISK +PCRE2 -PWQUALITY +P11KIT -QRENCODE +BZIP2 +LZ4 +XZ +ZLIB +ZSTD -BPF_FRAMEWORK +XKBCOMMON +UTMP +SYSVINIT default-hierarchy=unified)
[    2.319103] SGI XFS with ACLs, security attributes, scrub, quota, no debug enabled
#可以确定 XFS 文件系统是支持 Acl 权限的
```

如果我们的系统默认不支持 ACL 权限，可以手工挂载吗？当然可以，只要执行如下命令即可：

```
[root@localhost ~]# mount -o remount,acl /
#重新挂载根分区，并加入 ACL 权限
```

使用 mount 命令重新挂载，并加入 ACL 权限。不过使用此命令是临时生效的。要想永久生效，需要修改/etc/fstab 文件，命令如下：

```
[root@localhost ~]# vi /etc/fstab
UUID=60ff6727-f045-4c1c-ab73-15809df2e3ae  /        xfs      defaults,acl    1 1
#加入 ACL 权限
[root@localhost ~]# mount -o remount /
#重新挂载文件系统或重启系统，使修改生效
```

在你需要开启 ACL 权限的分区行上（也就是说 ACL 权限针对的是分区），手工在 defaults 后面加入",acl"，即可永久在此分区中开启 ACL 权限。

8.1.2 ACL 权限设置

1. ACL 权限管理命令

我们知道了 ACL 权限的作用，也知道了如何开启 ACL 权限，接下来学习如何查看和设定 ACL 权限。命令如下：

```
[root@localhost ~]# getfacl 文件名
#查看ACL权限


[root@localhost ~]# setfacl [选项] 文件名
#设定ACL权限
选项：
    -m:设定ACL权限。如果是给予用户ACL权限，则使用"u:用户名:权限"格式赋予；如果是给予
组ACL权限，则使用"g:组名:权限"格式赋予
    -x:删除指定的ACL权限
    -b:删除所有的ACL权限
    -d:设定默认ACL权限。只对目录生效，指目录中新建立的文件拥有此默认权限
    -k:删除默认ACL权限
    -R:递归设定ACL权限。指设定的ACL权限会对目录下的所有子文件生效
```

2. 给用户和用户组添加 ACL 权限

举个例子，我们来看一下图 8-1 中的权限是怎么分配的。我们要求 root 是/project 目录的所有者，权限是 rwx。tgroup 是此目录的属组，tgroup 组中拥有班级学员 zhangsan 和 lisi，权限是 rwx，其他人的权限是 0。这时，试听学员 st 来了，她的权限是 r-x。我们来看看具体的分配命令。

```
例子1：设定用户ACL权限
[root@localhost ~]# useradd zhangsan
[root@localhost ~]# useradd lisi
[root@localhost ~]# useradd st
[root@localhost ~]# groupadd tgroup
[root@localhost ~]# gpasswd -a zhangsan tgroup
[root@localhost ~]# gpasswd -a lisi tgroup
#添加需要实验的用户和用户组，并把用户加入tgroup组，省略设定密码的过程

[root@localhost ~]# mkdir /project
#建立需要分配权限的目录
[root@localhost ~]# chown root:tgroup /project/
#改变/project目录的所有者和属组
[root@localhost ~]# chmod 770 /project/
#指定/project目录的权限
[root@localhost ~]# ll -d /project/
```

```
drwxrwx---. 2 root tgroup 6 7月  7 16:29 /project/
#查看一下权限,已经符合要求了

#这时 st 学员来试听了,如何给她分配权限
[root@localhost ~]# setfacl -m u:st:rx /project/
#给用户 st 赋予 r-x 权限,使用"u:用户名:权限"格式
[root@localhost /]# cd /
[root@localhost /]# ll -d project/
drwxrwx---+ 2 root tgroup 6 7月  7 16:29 /project/
#使用 ls -l 查询时会发现,在权限位后面多了一个"+",表示此目录拥有 ACL 权限
[root@localhost /]# getfacl project
#查看/project 目录的 ACL 权限
# file: project            ← 文件名
# owner: root              ← 文件的所有者
# group: tgroup            ← 文件的属组
user::rwx                  ← 用户名栏是空的,说明是所有者的权限
user:st:r-x                ← 用户 st 的权限
group::rwx                 ← 组名栏是空的,说明是属组的权限
mask::rwx                  ← mask 权限
other::---                 ← 其他人的权限
```

大家可以看到,st 用户既不是/project 目录的所有者、属组,也不是其他人,我们单独给 st 用户分配了 r-x 权限。这样分配权限太方便了,完全不用先规划用户身份。

我们想给用户组赋予 ACL 权限可以吗?当然可以,命令如下:

```
例子2:设定用户组 ACL 权限
[root@localhost /]# groupadd tgroup2
#添加测试组

[root@localhost /]# setfacl -m g:tgroup2:rwx project/
#为组 tgroup2 分配 ACL 权限,使用"g:组名:权限"格式
[root@localhost /]# ll -d project/
drwxrwx---+ 2 root tgroup 4096 1月  19 04:21 project/
#属组并没有更改
[root@localhost /]# getfacl project/
# file: project/
# owner: root
# group: tgroup
user::rwx
user:st:r-x
group::rwx
group:tgroup2:rwx         ← 用户组 tgroup2 拥有了 rwx 权限
mask::rwx
other::---
```

3. 最大有效权限 mask

mask 是用来指定最大有效权限的。mask 的默认权限是 rwx,如果我们给 st 用户赋

予了 r-x 的 ACL 权限，mj 需要和 mask 的 rwx 权限"相与"才能得到 st 的真正权限，也就是 r-x "相与" rwx 出的值是 r-x，因此 st 用户拥有 r-x 权限。如果把 mask 的权限修改为 r--，和 st 用户的权限相与，也就是 r-- "相与" r-x 得出的值是 r--，st 用户的权限就会变为只读。大家可以这样理解：用户和用户组所设定的权限必须在 mask 权限设定的范围之内才能生效，mask 权限就是最大有效权限。

不过我们一般不更改 mask 权限，只要给予 mask 最大权限 rwx，那么任何权限和 mask 权限相与，得出的值都是权限本身。也就是说，我们通过给用户和用户组直接赋予权限就可以生效，这样做更直观。

补充：逻辑与运算的运算符是"and"。可以理解为生活中所说的"并且"。也就是相与的两个值都为真，结果才为真；有一个值为假，相与的结果就为假。比如 A 相与 B，结果如表 8-1 所示。

表 8-1 逻辑与运算

A	B	and
真	真	真
真	假	假
假	真	假
假	假	假

那么两个权限相与和上面的结果类似，我们以读（r）权限为例，结果如表 8-2 所示。

表 8-2 读权限相与

A	B	and
r	r	r
r	-	-
-	r	-
-	-	-

所以，"rwx"相与"r-x"，结果是"r-x"；"r--"相与"r-x"，结果是"r--"。

修改最大有效权限的命令如下：

```
例子 3：修改 mask 权限
[root@localhost /]# setfacl -m m:rx project/
#设定 mask 权限为 r-x，使用"m:权限"格式
[root@localhost /]# getfacl project/
# file: project/
# owner: root
# group: tgroup
user::rwx
user:st:r-x
group::rwx              #effective:r-x      ← 所属组的组权限实际为 r-x
group:tgroup2:rwx       #effective:r-x      ← tgroup2 组权限实际为 r-x
mask::r-x
#mask 权限变为 r-x
```

```
other::---
```
mask 权限不建议修改，实验完成之后，请把 mask 权限修改回默认值 rwx。

4. 默认 ACL 权限和递归 ACL 权限

我们已经给/project 目录设定了 ACL 权限，那么，在这个目录中新建一些子文件和子目录，这些文件是否会继承父目录的 ACL 权限呢？我们试试吧。

例子4：子文件不会直接继承父目录的 ACL 权限
```
[root@localhost /]# cd /project/
[root@localhost project]# touch abc
[root@localhost project]# mkdir d1
#在/project 目录中新建了 abc 文件和 d1 目录
[root@localhost project]# ll
总用量 0
-rw-r--r--. 1 root root 0  7月  7 16:39 abc
drwxr-xr-x. 2 root root 6  7月  7 16:39 d1
#这两个新建立的文件权限位后面并没有"+"，表示它们没有继承 ACL 权限
```

子文件 abc 和子目录 d1 因为是后建立的，因此并没有继承父目录的 ACL 权限。当然，我们可以手工给这两个文件分配 ACL 权限，但是如果在目录中再新建文件，都要手工指定，则显得过于麻烦。这时就需要用到默认 ACL 权限。

默认 ACL 权限的作用是：如果给父目录设定了默认 ACL 权限，那么父目录中所有新建的子文件都会继承父目录的 ACL 权限。默认 ACL 权限只对目录生效。命令如下：

例子5：默认 ACL 权限
```
[root@localhost /]# setfacl -m d:u:st:rx /project/
#使用"d:u:用户名:权限"格式设定默认 ACL 权限
[root@localhost project]# getfacl project/
# file: project/
# owner: root
# group: tgroup
user::rwx
user:st:r-x
group::rwx
group:tgroup2:rwx
mask::rwx
other::---
default:user::rwx                    ← 多出了 default 字段
default:user:st:r-x
default:group::rwx
default:mask::rwx
default:other::---

[root@localhost /]# cd project/
[root@localhost project]# touch bcd
[root@localhost project]# mkdir d2
#新建子文件和子目录
```

```
[root@localhost project]# ll
总用量 0
-rw-r--r--. 1 root root 0  7月  7 16:39 abc
-rw-rw----+ 1 root root 0  7月  7 16:41 bcd
drwxr-xr-x. 2 root root 6  7月  7 16:39 d1
drwxrwx---+ 2 root root 6  7月  7 16:41 d2
#新建的 bcd 和 d2 已经继承了父目录的 ACL 权限
```

你发现了吗？已经建立的 abc 和 d1 还是没有 ACL 权限，因为默认 ACL 权限是针对新建立的文件生效的。

再说说递归 ACL 权限。递归是指父目录在设定 ACL 权限时，所有的子文件和子目录也会拥有相同的 ACL 权限，针对的是已经建立的子文件和子目录。

例子 6：递归 ACL 权限
```
[root@localhost project]# setfacl -m u:st:rx -R /project/
#-R 递归
[root@localhost project]# ll
总用量 0
-rw-r-xr--+ 1 root root 0  7月  7 16:39 abc
-rw-rwx---+ 1 root root 0  7月  7 16:41 bcd
drwxr-xr-x+ 2 root root 6  7月  7 16:39 d1
drwxrwx---+ 2 root root 6  7月  7 16:41 d2
#abc 和 d1 也拥有了 ACL 权限
```

总结一下：默认 ACL 权限指的是针对父目录中新建立的文件和目录会继承父目录的 ACL 权限，格式是"setfacl -m d:u:用户名:权限 文件名"。递归 ACL 权限指的是针对父目录中已经存在的所有子文件和子目录继承父目录的 ACL 权限，格式是"setfacl -m u:用户名:权限 -R 文件名"。

5. 删除 ACL 权限

我们来看看怎么删除 ACL 权限，命令如下：

例子 7：删除指定的 ACL 权限
```
[root@localhost /]# setfacl -x u:st /project/
#删除指定用户和用户组的 ACL 权限
[root@localhost /]# getfacl project/
# file: project/
# owner: root
# group: tgroup
user::rwx
group::rwx
group:tgroup2:rwx
mask::rwx
other::---
default:user::rwx
default:user:st:r-x
default:group::rwx
default:mask::rwx
```

```
default:other::---
#st 用户的权限已被删除

例子 8：删除所有 ACL 权限
[root@localhost /]# setfacl -b project/
#会删除文件的所有 ACL 权限
[root@localhost /]# getfacl project/
# file: project/
# owner: root
# group: tgroup
user::rwx
group::rwx
other::---
#所有 ACL 权限已被删除
```

8.2 文件特殊权限——SetUID、SetGID、Sticky BIT

8.2.1 文件特殊权限之 SetUID

1. 什么是 SetUID

在 Linux 系统中，我们已经学习过 r（读）、w（写）、x（执行）这三种文件普通权限，但是我们在查询系统文件权限时会发现出现了一些其他权限字母，比如：

```
[root@localhost ~]# ll /usr/bin/passwd
-rwsr-xr-x. 1 root root 32656  5月 15  2022 /usr/bin/passwd
```

大家发现了吗？在所有者本来应该写 x（执行）权限的位置出现了一个小写 s，这是什么权限呢？我们把这种权限称作 SetUID 权限，也叫作 SUID 的特殊权限。这种权限有什么作用呢？我们知道，在 Linux 系统中，每个普通用户都可以更改自己的密码，这是合理的设置。问题是，普通用户的信息保存在/etc/passwd 文件中，用户的密码实际保存在/etc/shadow 文件中，也就是说，普通用户在更改自己的密码时修改了/etc/shadow 文件中的加密密码，但是看下面的代码：

```
[root@localhost ~]# ll /etc/passwd
-rw-r--r--. 1 root root 1669  7月  7 16:28 /etc/passwd
[root@localhost ~]# ll /etc/shadow
----------. 1 root root 1003  7月  7 16:28 /etc/shadow
```

/etc/passwd 文件的权限是 644，意味着只有超级用户 root 可以读/写，普通用户只有只读权限。/etc/shadow 文件的权限是 000，也就是没有任何权限。这意味着只有超级用户才可以读取文件内容，并且可以强制修改文件内容；而普通用户没有任何针对/etc/shadow 文件的权限。也就是说，普通用户对这两个文件其实都是没有写权限的，那么为什么普通用户可以修改自己的密码呢？

其实，普通用户可以修改自己密码的秘密不在于/etc/passwd 和/etc/shadow 这两个文件，而在于 passwd 命令。我们再来看看 passwd 命令的权限：

```
[root@localhost ~]# ll /usr/bin/passwd
-rwsr-xr-x. 1 root root 32656  5月 15  2022 /usr/bin/passwd
```

passwd 命令拥有特殊权限 SetUID，也就是在所有者权限位的执行权限上是 s。可以这样来理解它：当一个具有执行权限的文件设置 SetUID 权限后，用户在执行这个文件时，将以文件所有者的身份来执行。passwd 命令拥有 SetUID 权限，所有者为 root（Linux 中的命令默认所有者都是 root），也就是说，当普通用户使用 passwd 命令更改自己密码的时候，实际上是在使用 passwd 命令所有者 root 的身份在执行 passwd 命令，root 当然可以将密码写入/etc/shadow 文件，因此普通用户也可以修改/etc/shadow 文件，命令执行完成后，该身份也随之消失。

SetUID 的功能可以这样理解：
- 只有可以执行的二进制程序才能设定 SetUID 权限。
- 命令执行者（普通用户）要对该程序拥有 x（执行）权限。
- 命令执行者（普通用户）在执行该程序时获得该程序文件所有者的身份（root 身份）（在执行程序的过程中，身份变为文件的所有者）。
- SetUID 权限只在该程序执行过程中有效，也就是说身份改变只在程序执行过程中有效，命令执行完成身份改变失效。

举个例子，有一个用户 lamp，她可以修改自己的权限，因为 passwd 命令拥有 SetUID 权限；但是她不能查看/etc/shadow 文件的内容，因为查看文件的命令（如 cat）没有 SetUID 权限。命令如下：

```
[root@localhost ~]# su - lamp
#切换为 lamp 用户

[lamp@localhost ~]$ passwd
更改用户 lamp 的密码
为 lamp 更改 STRESS 密码
(当前) UNIX 密码：                      ← 输入旧密码
新的密码：                              ← 输入新密码
重新输入新的密码：
passwd: 所有的身份验证令牌已经成功更新
#lamp 可以修改自己的密码

[lamp@localhost ~]$ cat /etc/shadow
cat: /etc/shadow: 权限不够
#但是不能查看/etc/shadow 文件的内容
```

我们画一张示意图来理解上述过程，如图 8-2 所示。

从图 8-2 中可以知道：
- passwd 是系统命令，可以执行，因此可以赋予 SetUID 权限。
- lamp 用户对 passwd 命令拥有 x（执行）权限。
- lamp 用户在执行 passwd 命令的过程中，会暂时切换为 root 身份，因此可以修改/etc/shadow 文件。
- 命令结束，lamp 用户切换回自己的身份。

```
           执行              /usr/bin/passwd
        ────────▶      权限: -rwsr-xr-x          ───  命令执行过程中，身份变为root用户
                     命令的所有者: root                                        │
                                                                              │
                                                                              ▼
                                                                      ┌──────────────────┐
                                                                      │  命令的操作目标   │
  lamp用户                                                             │   /etc/shadow    │
                                                                      │  权限: --------  │
                                                                      └──────────────────┘
                              /usr/bin/cat                                    ▲
           执行              权限: -rwxr-xr-x       ───  命令执行过程中，身份还是lamp用户
        ────────▶         命令的所有者: root
```

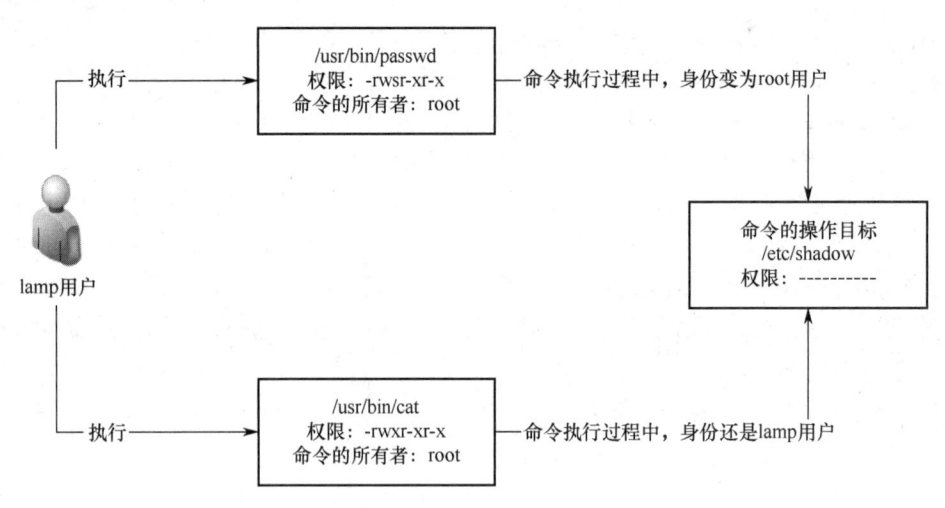

图 8-2　SetUID 示意图

因为 cat 命令没有 SetUID 权限，所以使用 lamp 用户身份去访问/etc/shadow 文件，当然没有相应的权限了。

如果把/usr/bin/passwd 命令的 SetUID 权限取消，普通用户是不是就不能修改自己的密码了呢？试试吧：

```
[root@localhost ~]# chmod u-s /usr/bin/passwd
#所有者取消 SetUID 权限
[root@localhost ~]# ll /usr/bin/passwd
-rwxr-xr-x. 1 root root 25980 2月  22 2012 /usr/bin/passwd
#查询/usr/bin/passwd权限，SetUID权限消失

[root@localhost ~]# su - lamp
#切换身份为 lamp 用户
[lamp@localhost ~]$ passwd
更改用户 lamp 的密码
为 lamp 更改 STRESS 密码
(当前)UNIX 密码：                    ←    看起来没有什么问题
新的密码：
重新输入新的密码：
passwd: 鉴定令牌操作错误              ←    但是最后密码没有生效
```

这个实验可以说明 SetUID 的作用，不过记得一定要把/usr/bin/passwd 命令的 SetUID 权限加回来。

2. 危险的 SetUID

我们刚刚的实验是把系统命令本身拥有的 SetUID 权限取消，这样会导致命令本身可以执行的功能失效。但是如果我们给默认没有 SetUID 权限的系统命令赋予了 SetUID 权限，又会出现什么情况呢？那样的话系统就会出现重大安全隐患，这种操作一定不要随意执行。

手工赋予 SetUID 权限真有这么恐怖吗？我们试试给常见的命令 vim 赋予 SetUID 权

第8章 坚如磐石的防护之道：权限管理

限，看看会发生什么事情。
```
[root@localhost ~]# chmod u+s /usr/bin/vim
[root@localhost ~]# ll /usr/bin/vim
-rwsr-xr-x 1 root root 1847752 4月  5 2012 /usr/bin/vim
#给 vim 命令赋予 SetUID 权限，并查看是否生效
```

当 vim 命令拥有了 SetUID 权限后，任何普通用户在使用 vim 命令时，都会暂时获得 root 的身份和权限，那么很多普通用户本身不能查看和修改的文件马上就可以查看了，包括/etc/passwd 和/etc/shadow 这两个重要的用户信息文件。这样会导致任何普通用户都可以修改这两个文件，可以轻易地把任何用户的 UID 修改为 0，升级为超级用户。这样的后果是灾难性的，服务器将不再安全。

大家可以想象一下，如果普通用户可以随时重启服务器、随时关闭看得不顺眼的服务、随时添加其他普通用户的服务器，将是什么样子的？任何只有管理员可以执行的命令，如果被赋予了 SetUID 权限，那么后果都是灾难性的。

因此，SetUID 权限不能随便设置，同时要防止黑客的恶意修改。怎样避免 SetUID 的不安全影响，有以下几点建议：

- 关键目录应严格控制写权限，比如"/""/usr"等。
- 用户的密码设置要严格遵守密码规范。
- 对系统中默认应该拥有 SetUID 权限的文件制作一张列表，定时检查有没有列表之外的文件被设置了 SetUID 权限。

其他几点都很好理解，可是应该如何建立 SetUID 权限文件列表，并定时检查呢？我们来写写这个脚本，大家可以作为参考。

首先，在服务器第一次安装完成后，马上查找系统中所有拥有 SetUID 和 SetGID 权限的文件，把它们记录下来，作为扫描的参考模板。如果某次扫描的结果和本次保存下来的模板不一致，就说明有文件被修改了 SetUID 和 SetGID 权限。命令如下：

```
[root@localhost ~]# find / -perm -4000 -o -perm -2000 > /root/suid.list
# -perm 安装权限查找。-4000 对应的是 SetUID 权限，-2000 对应的是 SetGID 权限
# -o 是逻辑或"or"的意思。并把命令搜索的结果放在/root/suid.list 文件中
```

接下来，只要定时扫描系统，然后和模板文件比对就可以了。脚本如下：

```
[root@localhost ~]# vi suidcheck.sh
#!/bin/bash
# Author: liming (E-mail: liming@atguigu.com)

find / -perm -4000 -o -perm -2000 > /tmp/setuid.check
#搜索系统中所有拥有 SetUID 和 SetGID 权限的文件，并保存到临时目录中
for i in $(cat /tmp/setuid.check)
#循环，每次循环都取出临时文件中的文件名
do
        grep $i /root/suid.list > /dev/null
            #比对这个文件名是否在模板文件中
                if [ "$?" != "0" ]
                    #检测上一条命令的返回值，如果不为 0，则证明上一条命令报错
```

```
                then
                        echo "$i isn't in listfile! " >> /root/suid_log_$(date +%F)
                        #如果文件名不在模板文件中,则输出错误信息,并把报错信息写入日志中
                fi
done
rm -rf /tmp/setuid.check
#删除临时文件

[root@localhost ~]# chmod u+s /bin/vi
#手工给 vi 加入 SetUID 权限
[root@localhost ~]# ./suidcheck.sh
#执行检测脚本
[root@localhost ~]# cat suid_log_2013-01-20
/bin/vi isn't in listfile!
#报错了,vi 不在模板文件中。代表 vi 被修改了 SetUID 权限
```

这个脚本成功的关键在于模板文件是否正常。因此,一定要安装完系统就马上建立模板文件,并保证模板文件的安全。

注意:除非特殊情况,否则不要手工修改 SetUID 和 SetGID 权限,这样做非常不安全。而且就算我们做实验修改了 SetUID 和 SetGID 权限,也要马上修改回来,以免造成安全隐患。

8.2.2 文件特殊权限之 SetGID

我们在讲 SetUID 的时候,也提到了 SetGID,那么什么是 SetGID 呢?当 s 标志在所有者的 x 位置时是 SetUID,那么 s 标志在属组的 x 位置时是 SetGID,简称为 SGID。比如:

```
[root@localhost ~]# ll /usr/bin/locate
-rwx--s--x. 1 root slocate 41048  5月 16  2022 /usr/bin/locate
```

1. SetGID 针对文件的作用

SetGID 既可以针对文件生效,也可以针对目录生效,这和 SetUID 明显不同。如果针对文件,那么 SetGID 的含义如下:

- 只有可执行的二进制程序才能设置 SetGID 权限。
- 命令执行者要对该程序拥有 x(执行)权限。
- 命令执行者在执行程序的时候,组身份升级为该程序文件的属组。
- SetGID 权限同样只在该程序执行过程中有效,也就是说,组身份改变只在程序执行过程中有效。

和 passwd 命令类似,普通用户在执行 locate 命令的时候,会获取 locate 属组的组身份。locate 命令是在系统中按照文件名查找符合条件的文件的,不过它不是直接搜索系统文件的,而是搜索/var/lib/mlocate/mlocate.db 这个数据库。我们来看看这个数据库的权限。

```
[root@localhost ~]# ll /var/lib/mlocate/mlocate.db
-rw-r-----. 1 root slocate 1145735  7月 14 14:24 /var/lib/mlocate/mlocate.db
```

大家会发现，所有者权限是 r、w，属组权限是 r，其他人的权限是 0。那么，是不是意味着普通用户不能使用 locate 命令呢？再看看 locate 命令的权限。

```
[root@localhost ~]# ll /usr/bin/locate
-rwx--s--x. 1 root slocate 35612 8月  24 2010 /usr/bin/locate
```

当普通用户 lamp 执行 locate 命令时，会发生如下事情：
- /usr/bin/locate 是可执行二进制程序，可以被赋予 SetGID 权限。
- 执行用户 lamp 对 locate 命令拥有执行权限。
- 执行 locate 命令时，组身份会升级为 slocate 组，而 slocate 组对/var/lib/mlocate/mlocate.db 数据库拥有 r 权限，因此普通用户可以使用 locate 命令查询 mlocate.db 数据库。
- 命令结束，lamp 用户的组身份返回为 lamp 组。

2. SetGID 针对目录的作用

如果 SetGID 针对目录设置，则其含义如下：
- 普通用户必须对此目录拥有 r 和 x 权限，才能进入此目录。
- 普通用户在此目录中的有效组，会变成此目录的属组。
- 若普通用户对此目录拥有 w 权限，则此目录内所新建的文件（或子目录）的默认属组是这个目录的属组。

举个例子：

```
[root@localhost ~]# cd /tmp/
#进入临时目录做此实验。因为只有临时目录才允许普通用户修改
[root@localhost tmp]# mkdir dtest
#建立测试目录
[root@localhost tmp]# chmod g+s dtest
#给测试目录赋予 SetGID 权限

[root@localhost tmp]# ll -d dtest/
drwxr-sr-x. 2 root root 6  7月 14 14:58 dtest/
#SetGID 权限已经生效
[root@localhost tmp]# chmod 777 dtest/
#给测试目录赋予 777 权限，让普通用户可以写

[root@localhost tmp]# su - lamp
#切换为普通用户 lamp
[lamp@localhost ~]$ cd /tmp/dtest/
#普通用户进入测试目录

[lamp@localhost dtest]$ touch abc
#普通用户建立 abc 文件
[lamp@localhost dtest]$ ll abc
-rw-r--r--. 1 lamp root 0  7月 14 15:00 abc
#abc 文件的默认属组不再是 lamp 用户组，而变成了 dtest 组的属组 root
```

8.2.3 文件特殊权限之 Sticky BIT

Sticky BIT 意为粘着位，也简称为 SBIT。它的作用如下：
- 粘着位目前只对目录有效。
- 普通用户对该目录拥有 w 和 x 权限，即普通用户可以在此目录中拥有写入、执行权限。
- 如果目录没有 SBIT 粘着位，因为普通用户拥有 w 权限，所以普通用户可以删除此目录下的所有文件（包括其他用户建立的文件）。一旦被赋予了粘着位，除了 root 可以删除所有文件，普通用户就算拥有 w 权限，也只能删除自己建立的文件，而不能删除其他用户建立的文件。

举个例子，细心的同学应该已经发现/tmp/目录的颜色和其他目录并不一样，这是因为/tmp/目录拥有 SBIT 权限的原因。我们查看一下/tmp/目录的权限：

```
[root@localhost ~]# ll -d /tmp/
drwxrwxrwt. 11 root root 4096 7月 14 15:20 /tmp/
```

其他人的 x 权限位，被 t 符号占用了，代表/tmp/目录拥有 SBIT 权限。我们使用 lamp 用户在/tmp/目录中建立测试文件 ftest，然后使用 lamp1 用户尝试删除。如果没有 SBIT 权限，而/tmp/目录的权限是 777，那么 lamp1 用户应该可以删除 ftest 文件。但是拥有了 SBIT 权限，会是什么情况呢？我们来看一下：

```
[root@localhost ~]# useradd lamp
[root@localhost ~]# useradd lamp1
#建立测试用户 lamp 和 lamp1，省略设置密码过程

[root@localhost ~]# su - lamp
#切换为 lamp 用户
[lamp@localhost ~]$ cd /tmp/
[lamp@localhost tmp]$ touch ftest
#建立测试文件
[lamp@localhost tmp]$ ll ftest
-rw-rw-r-- 1 lamp lamp 0 1月 20 06:36 ftest

[lamp@localhost tmp]$ su - lamp1
密码：                              ← 输入 lamp1 用户的密码
#切换成 lamp1 用户
[lamp1@localhost ~]$ cd /tmp/
[lamp1@localhost tmp]$ rm -rf ftest
rm: 无法删除"ftest": 不允许的操作
#虽然/tmp/目录的权限是 777，因为拥有 SBIT 权限，所以 lamp1 用户不能删除其他用户建立的文件
```

8.2.4 特殊权限设置

说了这么多，到底该如何设置特殊权限呢？其实还是依赖 chmod 命令的，只不过文

件的普通权限只有三个数字，例如，"755"代表所有者拥有读、写、执行权限；属组拥有读、执行权限；其他人拥有读、执行权限。如果把特殊权限也考虑在内，那么权限就应该写成"4755"，其中"4"就是特殊权限 SetUID 了，"755"还是代表所有者、属组和其他人的权限。这几个特殊权限这样来表示：

- 4 代表 SetUID。
- 2 代表 SetGID。
- 1 代表 SBIT。

举个例子，我们手工赋予一下特殊权限。

```
[root@localhost ~]# touch ftest
[root@localhost ~]# chmod 4755 ftest
#赋予 SetUID 权限
[root@localhost ~]# ll ftest
-rwsr-xr-x. 1 root root 0 7月 14 15:48 ftest
#查看一下，所有者的 x 位变成了 s

[root@localhost ~]# chmod 2755 ftest
#赋予 SetGID 权限
[root@localhost ~]# ll ftest
-rwxr-sr-x. 1 root root 0 7月 14 15:48 ftest
#查看一下，属组的 x 位变成了 s

[root@localhost ~]# mkdir dtest
[root@localhost ~]# chmod 1755 dtest/
#SBIT 只对目录有效，所以建立测试目录，并赋予 SBIT 权限
[root@localhost ~]# ll -d dtest/
drwxr-xr-t. 2 root root 6 7月 14 15:49 dtest/
#查看一下，其他人的 x 位都变成了 t
```

我们可以把特殊权限设置为"7777"吗？命令执行是没有问题的，这样会把 SetUID、SetGID、SBIT 权限都赋予一个文件，命令如下：

```
[root@localhost ~]# chmod 7777 ftest
#一次赋予 SetUID、SetGID 和 SBIT 权限
[root@localhost ~]# ll ftest
-rwsrwsrwt. 1 root root 0 7月 14 15:48 ftest

[root@localhost ~]# chmod 0755 ftest
#取消特殊权限
[root@localhost ~]# ll ftest
-rwxr-xr-x. 1 root root 0 7月 14·15:48 ftest
```

但是这样做没有任何意义，因为这几个特殊权限操作的对象不同，SetUID 只对二进制程序文件有效，SetGID 可以对二进制程序文件和目录有效，但是 SBIT 只对目录有效。如果需要设置特殊权限，则还是需要分开设定的。

在赋予权限的时候可以采用字母的方式，这对特殊权限来说是同样适用的。比如我们可以通过"u+s"赋予 SetUID 权限，通过"g+s"赋予 SetGID 权限，通过"o+t"赋予

SBIT 权限。命令如下：

```
[root@localhost ~]# chmod u+s,g+s,o+t ftest
#设置特殊权限
[root@localhost ~]# ll ftest
-rwsr-sr-t 1 root root 0 1月  20 23:54 ftest

[root@localhost ~]# chmod u-s,g-s,o-t ftest
#取消特殊权限
[root@localhost ~]# ll ftest
-rwsr-sr-t. 1 root root 0  7月 14 15:48 ftest
```

最后，还有一个大家要注意的问题，特殊权限只针对具有可执行权限的文件有效，不具有 x 权限的文件被赋予了 SetUID 和 SetGID 权限会被标记为 S（大写），SBIT 权限会被标记为 T（大写），仔细想一下，如果没有可执行权限，则设置特殊权限无任何意义。命令如下：

```
[root@localhost ~]# chmod 7666 ftest
[root@localhost ~]# ll ftest
-rwSrwSrwT. 1 root root 0  7月 14 15:48 ftest
```

大家也可以这样理解：S 和 T 代表"空的"，没有任何意义。

8.3 文件系统属性 chattr 权限

8.3.1 设定文件系统属性：chattr

chattr 只有 root 用户可以使用，用来修改文件系统的权限属性，建立凌驾于 rwx 基础权限之上的授权。命令格式如下：

```
[root@localhost ~]# chattr [+-=] [选项] 文件或目录名
选项：
    +:   增加权限
    -:   删除权限
    =:   等于某权限
    i:   如果对文件设置 i 属性，那么不允许对文件进行删除、改名，也不能添加和修改数据；
         如果对目录设置 i 属性，那么只能修改目录下文件中的数据，但是不允许建立和删除文件
    a:   如果对文件设置 a 属性，那么只能在文件中增加数据，但是不能删除和修改数据；如果
         对目录设置 a 属性，那么只允许在目录中建立和修改文件，但是不允许删除文件
    e:   Linux 中的绝大多数文件都默认拥有 e 属性，表示该文件是使用 ext 文件系统进行存储
         的，而且不能使用"chattr-e"命令取消 e 属性
```

1. "i" 属性的作用

我们先学习"i"属性的作用，举例如下。

```
例子 1:
#给文件赋予 i 属性
[root@localhost ~]# touch ftest
#建立测试文件
```

```
[root@localhost ~]# chattr +i ftest
[root@localhost ~]# rm -rf ftest
rm: 无法删除"ftest": 不允许的操作
#赋予 i 属性后，root 也不能删除
[root@localhost ~]# echo 111 >> ftest
-bash: ftest: 权限不够
#也不能修改文件中的数据

#给目录赋予 i 属性
[root@localhost ~]# mkdir dtest
#建立测试目录
[root@localhost dtest]# touch dtest/abc
#再建立一个测试文件 abc
[root@localhost ~]# chattr +i dtest/
#给目录赋予 i 属性
[root@localhost ~]# cd dtest/
[root@localhost dtest]# touch bcd
touch: 无法创建"bcd": 权限不够
#dtest 目录不能新建文件
[root@localhost dtest]# echo 11 >> abc
[root@localhost dtest]# cat abc
11
#但是可以修改文件内容
[root@localhost dtest]# rm -rf abc
rm: 无法删除"abc": 权限不够
#不能删除
```

此时，ftest 文件和 dtest 目录都变得非常强悍，即便你是 root 用户，也无法删除和修改它。若要更改或删除文件，也必须先去掉 i 属性才可以。命令如下：

```
[root@localhost ~]# chattr -i ftest
[root@localhost ~]# chattr -i dtest/
```

2．"a" 属性的作用

再举个例子，演示一下 a 属性。假设有这样一种应用，我们每天自动实现把服务器的日志备份到指定目录，备份目录可设置 a 属性，变为只可创建文件而不可删除。命令如下：

```
例子 2:
[root@localhost ~]# mkdir -p /back/log
#建立备份目录
[root@localhost ~]# chattr +a /back/log/
#赋予 a 属性
[root@localhost ~]# cp /var/log/messages /back/log/
#可以复制文件和新建文件到指定目录中
[root@localhost ~]# rm -rf /back/log/messages
rm: 无法删除"/back/log/messages": 不允许的操作
#但是不允许删除
```

chattr 命令不宜对目录/、/dev/、/tmp/、/var/等进行设置，严重者甚至容易导致系统无法启动。

8.3.2 查看文件系统属性：lsattr

lsattr 命令比较简单，命令格式如下：

```
[root@localhost ~]# lsattr [选项] 文件名
选项：
    -a：显示所有文件和目录
    -d：如果目标是目录，则仅列出目录本身的属性，而不会列出文件的属性

[root@localhost ~]# lsattr -d /back/log/
-----a------e- /back/log/
#查看/back/log/目录，其拥有 a 和 e 属性
```

8.4 系统命令 sudo 权限

8.4.1 sudo 用法

管理员作为特权用户，用户权限过高，很容易因误操作而造成不必要的损失。因此，健康的管理方法是在 Linux 服务架构好后，可授权普通用户协助完成日常管理。现在较为流行的工具是 sudo，几乎所有 Linux 都已默认安装。还要注意一点，我们在前面介绍的所有权限，比如普通权限、默认权限、ACL 权限、特殊权限、文件系统属性权限等操作的对象都是普通文件和目录，但是 sudo 的操作对象是系统命令，也就是 root 把本来只能由超级用户执行的命令赋予普通用户执行。

sudo 使用简单，管理员 root 使用 visudo 命令即可编辑其配置文件/etc/sudoers 进行授权。命令如下：

```
[root@localhost ~]# visudo
…省略部分输出…
root    ALL=(ALL)       ALL
# %wheel        ALL=(ALL)       ALL         ← 此行是注释的，没有生效
#这两行是系统为我们提供的模板，我们参照它写自己的就可以了
…省略部分输出…
```

解释一下文件的格式。

```
root    ALL=(ALL)       ALL
#用户名    被管理主机的地址=（可使用的身份）    授权命令（绝对路径）
# %wheel        ALL=(ALL)       ALL
#%组名    被管理主机的地址=（可使用的身份）    授权命令（绝对路径）
```

四个参数的具体含义如下。

- 用户名/组名：代表 root 给哪个用户或用户组赋予命令，注意组名前加"%"。
- 用户可以用指定的命令管理指定 IP 地址的服务器。如果写 ALL，则代表用户可

以管理任何主机；如果写固定 IP，则代表用户可以管理指定的服务器。如果我们在这里写本机的 IP 地址，则不代表只允许本机的用户使用指定命令，而代表指定的用户可以从任何 IP 地址来管理当前服务器。如果我们的 Linux 中没有搭建 NIS 这样的账户集中管理服务,那么写 ALL 和本机 IP 地址的作用就是一致的。
- 可使用的身份：就是把来源用户切换成什么身份使用，（ALL）代表可以切换成任意身份。这个字段可以省略。
- 授权命令：代表 root 把什么命令授权给普通用户。默认是 ALL，代表任何命令，这当然不行。如果需要给哪个命令授权，则只需写入命令名即可。不过需要注意，一定要写成绝对路径。

8.4.2 sudo 举例

例子 1：授权用户 lamp 可以重启服务器，则由 root 用户添加如下行：

```
[root@localhost ~]# visudo
lamp        ALL= /sbin/shutdown -r now
```

指定组名用百分号标记,如%admgroup,多个授权命令之间用逗号分隔。用户 lamp 可以使用 sudo -l 查看授权的命令列表。

```
[root@localhost ~]# su - lamp
#切换成 lamp 用户
[lamp@localhost ~]$ sudo -l
[sudo] password for lamp:            ← 需要输入 lamp 用户的密码
User lamp may run the following commands on this host:
    (root) /sbin/shutdown -r now
#可以看到 lamp 用户拥有了 shutdown -r now 的权限
```

提示输入的密码为 lamp 普通用户的密码,是为了验证操作服务器的用户是不是 lamp 用户本人。lamp 用户需要执行时，只需使用如下命令：

```
[lamp@localhost ~]$ sudo /sbin/shutdown -r now
```

lamp 用户即可以重启服务器。

注意：命令写绝对路径，或者把/sbin 路径导入普通用户 PATH 路径中,否则无法执行。

例子 2：授权一个用户管理你的 Web 服务器。

先来分析一下授权用户管理 Apache 至少要实现哪些基本授权。

（1）可以使用 Apache 管理脚本。
（2）可以修改 Apache 配置文件。
（3）可以更新网页内容。

假设 Apache 管理脚本程序为/etc/rc.d/init.d/httpd。

为满足条件（1），用 visudo 命令进行授权。

```
[root@localhost ~]# visudo
lamp      192.168.0.156=/etc/rc.d/init.d/httpd reload,\
/etc/rc.d/init.d/httpd configtest
```

授权用户 lamp 可以连接 192.168.0.156 上的 Apache 服务器，通过 Apache 管理脚本重新读取配置文件，让更改的设置生效（reload）和可以检测 Apache 配置文件的语法错误（configtest），但不允许其执行关闭（stop）、重启（restart）等操作命令（"\"的意思是一行没有完成，下面的内容和上一行是同一行）。

为满足条件（2），同样使用 visudo 命令进行授权。

```
[root@localhost ~]# visudo
lamp        192.168.0.156=/bin/vi /etc/httpd/conf/httpd.conf
```

授权用户 lamp 可以用 root 身份使用 vi 编辑 Apache 配置文件。如果不用 sudo 授权，那么 lamp 用户只能以其他人的身份访问/etc/httpd/conf/httpd.conf 文件，lamp 用户将只有"只读"权限，是无法修改的。

以上两种 sudo 的设置要特别注意，很多人使用 sudo 会犯两类错误：第一，授权命令没有细化到选项和参数；第二，认为只能授权管理员执行的命令。

条件（3）则比较简单，假设网页存放目录为/var/www/html/，则只需授权 lamp 用户对此目录具有写权限或者索性更改目录所有者为 lamp 即可。如果需要，则还可以设置 lamp 用户可以通过 FTP 等文件共享服务更新网页。

注意： 用 sudo 给普通用户赋予 vi 命令权限的时候，一定要在 vi 命令之后加入文件名。如果不加文件名，代表普通用户可以用 root 身份，通过 vi 命令修改任意文件，这会出现给 vi 命令赋予 SetUID 权限同样的效果，极其危险，要小心！

例子 3：授权普通用户 user1 可以添加其他普通用户，并可以修改密码。

这个需求乍看非常简单，我们只要执行以下命令就可以了：

```
[root@localhost ~]# visudo
user1    ALL=/usr/sbin/useradd
user1    ALL=/usr/bin/passwd
```

我们说 sudo 的特征是：赋予的权限越简单，得到的权限越大；赋予的权限越详细，得到的权限就越小。

赋予上面这两个权限，表面上看是没有问题的，当然也可以修改普通用户的密码。但是这样赋予权限之后，user1 用户是否可以修改 root 用户的密码呢？我们试试：

```
[user1@localhost ~]$ sudo /usr/bin/passwd root
更改用户 root 的密码
新的密码：
无效的密码：密码少于 8 个字符
重新输入新的密码：
passwd：所有的身份验证令牌已经成功更新
#看到了吗？root 密码成功被修改了
```

可怕吗？你以为只是让 user1 可以修改普通用户的密码，谁知连 root 密码都拱手送人了。那么怎么办呢？我们可以这样做：

```
[root@localhost ~]# visudo
user1    ALL=/usr/sbin/useradd
user1    ALL=/usr/bin/passwd [A-Za-z]*, !/usr/bin/passwd "", !/usr/bin/passwd root
```

解释一下这个命令：

- /usr/bin/passwd [A-Za-z]*：这里[A-Za-z]*是正则表达式，代表任意字母重复任意多次。也就是 passwd 命令后面可以加任意用户名。
- !/usr/bin/passwd ""："！"是取反的意思，也就是除了"空字符"。passwd 后不加用户名，代表修改当前用户的密码。而在 sudo 中，user1 的身份会变成 root，所以当前用户就是 root 用户，需要被排除在外。
- !/usr/bin/passwd root：代表排除"/usr/bin/passwd root"命令，也就是不能修改 root 的密码。

这样写之后，user1 用户就只能修改普通用户的密码，而不能修改超级用户的密码了。

这个例子充分说明了 sudo 的原则：赋予的权限越简单，得到的权限越大；赋予的权限越详细，得到的权限就越小。

至此，本章内容就结束了，我们介绍了 Linux 系统中所有的常见权限。最后请切记系统安全的基本原则：在能完成任务的前提下，赋予用户最小的权限。

8.5 本章小结

1. 本章重点

本章学习了 Linux 六种系统权限中的剩余四种权限：文件 ACL 权限、文件特殊权限（SetUID 权限、SetGID 权限；Sticky BIT 权限）、文件系统属性 chattr 权限和 sudo 权限。加上之前在系统命令章节学习过的基本权限和 umask 默认权限，我们已经完整学习了 Linux 的六种系统权限。

这些系统权限是保护 Linux 系统最重要的"武器"，需要熟练掌握，并理解每种权限的原理与作用。

2. 本章难点

理解 Linux 系统权限的原理与作用，能够通过不同的权限组合，完成保护 Linux 系统的工作。

第 9 章　牵一发而动全身：文件系统管理

学前导读

我们在第 2 章中已经对 Linux 的分区方法和文件系统进行了介绍。只不过我们之前的分区是在图形化界面中完成的。假设在操作系统安装完成后再次添加新硬盘，怎样对新硬盘进行分区？分区后需要执行哪些操作才能正常使用硬盘空间呢？

通过本章的学习我们将掌握：硬盘的物理结构、硬盘不同的分区方式、分区写入文件系统、swap 分区、挂载等知识点。

9.1 硬盘结构

硬盘是计算机主要的外部存储设备之一。计算机中的存储设备种类非常多，常见的存储设备主要有软盘、硬盘、光盘、U 盘等，甚至还有网络存储设备 SAN、NAS 等。不过我们使用最多的还是硬盘。如果从存储数据的介质上来区分，那么硬盘可以分为机械硬盘（Hard Disk Drive，HDD）和固态硬盘（Solid State Disk，SSD），机械硬盘采用磁性碟片来存储数据，而固态硬盘是通过闪存颗粒来存储数据的。

9.1.1 机械硬盘

我们先来看看最常见的机械硬盘，机械硬盘拆开后内部结构如图 9-1 所示。

通常机械硬盘是由空气过滤片（或填充氦气）、磁盘、可旋转主轴、磁头、磁头臂、音圈马达、永磁铁等零部件组成的。

- 主轴（如图 9-1 中①位置所示）：硬盘正常运行时，主轴带动磁盘旋转。
- 磁盘（如图 9-1 中②位置所示）：之所以称为磁盘是因为在盘片上存在着磁性材料。
- 磁头（如图 9-1 中③位置所示）：磁头可以对磁盘上磁性材料进行读取或写入的操作。通常进行数据写入时可以理解为：正在修改磁盘上磁性材料的状态，在读取数据的时候可以理解为在查看磁性材料的状态。而读取和写入的操作都是由磁头来完成的。
- 磁头臂（如图 9-1 中④位置所示）：磁头臂连接着磁头，随传动轴带动磁头在一定范围内摆动。
- 传动轴（如图 9-1 中⑤位置所示）：传动轴带动磁头臂，最终带动磁头进行摆动。

第 9 章 牵一发而动全身：文件系统管理

图 9-1 机械硬盘内部结构

1）磁道

在磁盘运行期间，通过可旋转主轴带动磁盘旋转。假设磁头位于磁盘的某一点，磁盘旋转一周。那么磁头会在磁盘上画出一个圆形。而磁盘旋转最终画出的圆，称为磁道，磁道如图 9-2 所示。

2）扇区

磁道并不是磁盘存储数据的最小存储单位。在磁道中，以主轴为中心，将磁道切割成多个"段落"，此时会发现磁道被切割后的"段落"，会形成一个扇形的形状，这个扇形被称为扇区。而扇区是物理上磁盘中的最小单位，扇区如图 9-3 所示。

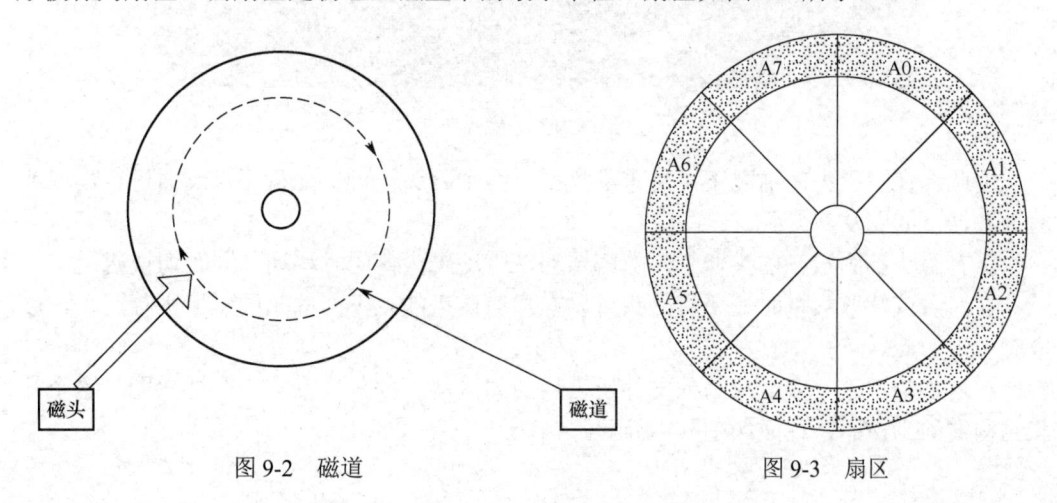

图 9-2 磁道　　　　　　　　　　　图 9-3 扇区

如图 9-3 所示，假设磁盘中只有一个磁道 A 存在，磁道 A 又被划分成 A0～A7，共 8 个扇区。但是，实际工作生活中接触到的磁盘不可能只有一个磁道存在。其实磁盘中紧密排列存在着数以千计的磁道。

传动轴带动磁头臂，最终带动磁头在一定范围内摆动。主轴带动磁盘旋转，最终磁头可以读取或改变磁盘上所有区域的磁性材料。

3）柱面

在介绍柱面这个概念之前，我们首先要补充以下几个概念。

首先，每张磁盘都有正反两面，而这两面都存在着磁性材料，都可以进行数据的读取和写入，磁盘正反磁道如图 9-4、图 9-5 所示。

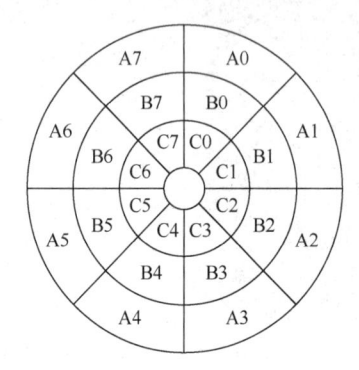

图 9-4　多磁道（正） 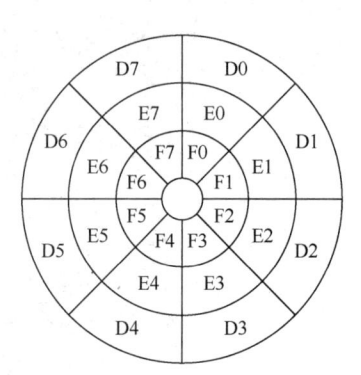　　　　　　图 9-5　多磁道（反）

其次，在机械硬盘中，磁盘内部可以由一个或多个磁盘组成。多个磁盘以图 9-6 所示的方式排列。每张磁盘的上下两面都存在着可以读写数据的磁性材料。

图 9-6　多磁盘

因此，在多磁盘的情况下，每张磁盘都有两个磁头，可供磁盘正、反面进行读取或写入数据，如图 9-7 所示。

所有磁头都固定在磁头臂上，随着传动轴带动磁头臂同时移动，同时切换磁道。

在写入或读取数据时，所有磁头可以在各自磁盘的上下面的相同磁道进行写入，读取时也是如此。

在这种情况下，多盘片写入文件所占用的扇区就会抽象地变成一个柱状图。这个柱状结构被称为柱面，柱面如图 9-8 所示。

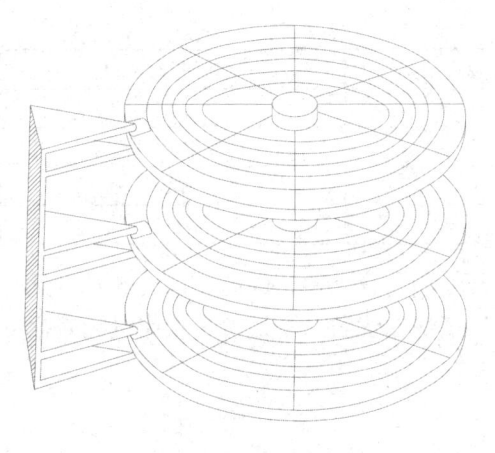

图 9-7　多磁盘下磁道、扇区　　　　　　图 9-8　柱面

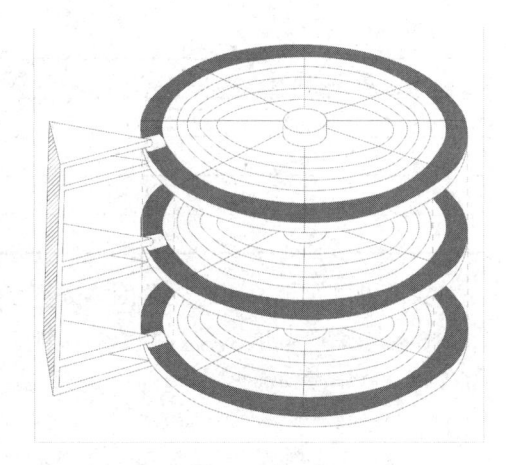

9.1.2　固态硬盘

固态硬盘和传统的机械硬盘最大的区别就是不再采用盘片进行数据存储，而采用存储芯片进行数据存储。固态硬盘的存储芯片主要分为两种：一种是采用闪存作为存储介质的；另一种是采用 DRAM 作为存储介质的。目前使用较多的主要是采用闪存作为存储介质的固态硬盘。在固态硬盘中，为了便于理解，也有逻辑上的磁道，扇区的概念，固态硬盘如图 9-9 所示。

图 9-9　固态硬盘

固态硬盘和机械硬盘对比主要有以下一些特点，如表 9-1 所示。

表 9-1　固态硬盘和机械硬盘对比

对比项目	固态硬盘	机械硬盘
容量	较小	大
读/写速度	极快	一般
写入次数	5000～100000 次	没有限制
工作噪声	极低	有

(续表)

对比项目	固态硬盘	机械硬盘
工作温度	极低	较高
防振	很好	怕振动
重量	低	高
价格	高	低

大家可以发现，固态硬盘因为丢弃了机械硬盘的物理结构，因此相比机械硬盘具有低能耗、无噪声、抗振动、低散热、体积小和速度快的优势；不过价格相比机械硬盘更高，而且使用寿命有限。

9.2 硬盘接口类型

接口类型和设备文件名称参见 2.2.3 节。

9.3 硬盘分区

通常在使用硬盘时，我们都会对硬盘进行分区，比如在 Windows 中我们会划分 C、D、E 等分区。在 Linux 中我们会划分根分区、boot 分区和 swap 分区。

划分这些分区的目的是为了分门别类地存储数据。比如，在 Linux 中 boot 分区保存的是系统内核、系统启动相关的一些文件。通常在日常使用中也只有更新内核版本、修改系统启动配置文件才会占用或修改 boot 分区中的文件。

在讲清楚硬盘结构，以及硬盘接口的基础上我们接下来对硬盘进行分区。在机械硬盘中存在着扇区的概念，同样在固态硬盘中也存在逻辑上扇区的概念。

对硬盘进行分区，就是在确定分区可以使用硬盘上的扇区数量。假设一个 10GB 的硬盘，拥有扇区的数量是 100 个扇区。那么，在分区时指定分区可用扇区为 1～50 个扇区。也可以说第一个分区可以使用硬盘一半的扇区数量，也就对应了硬盘中一半的可用空间。也就是说分区大小近似于 5GB。

9.3.1 分区实操练习之 SCSI 类型

我们会对于 SCSI 类型硬盘分别进行 MBR 和 GPT 分区，因此需要添加多块硬盘。

1. 添加 SCSI 硬盘

在 VMware 虚拟机中，选择编辑虚拟机设置选项，会进入虚拟机设置界面。点击"添加"选项，如图 9-10 所示。

在点击添加"选项"后，会出现添加硬件类型的选择。选择硬盘，点击"下一步"按钮，如图 9-11 所示。

第 9 章 牵一发而动全身：文件系统管理

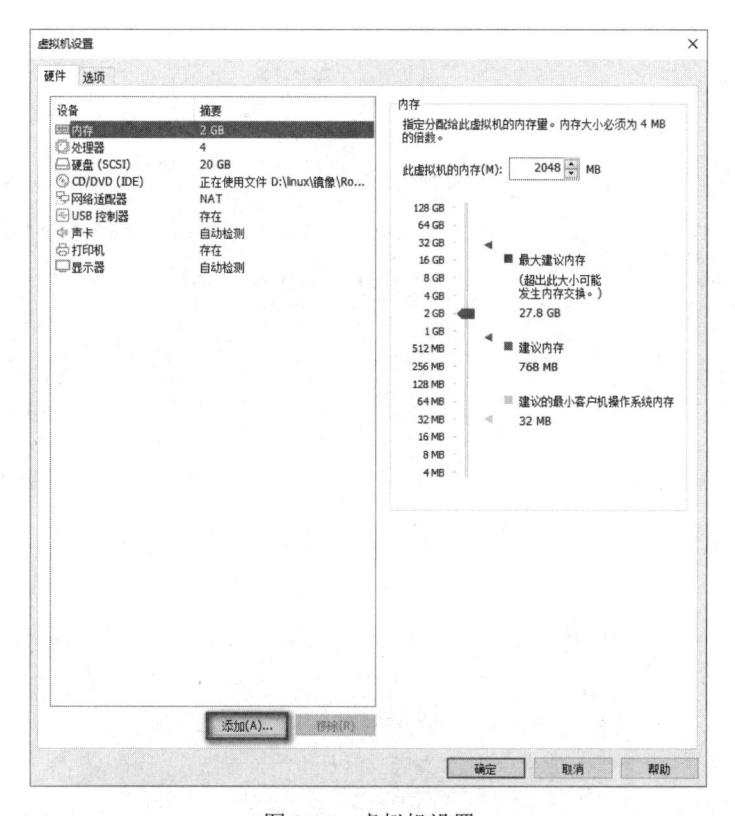

图 9-10 虚拟机设置

然后，会对磁盘类型进行选择，这里我们先选择 SCSI 类型，如图 9-12 所示。

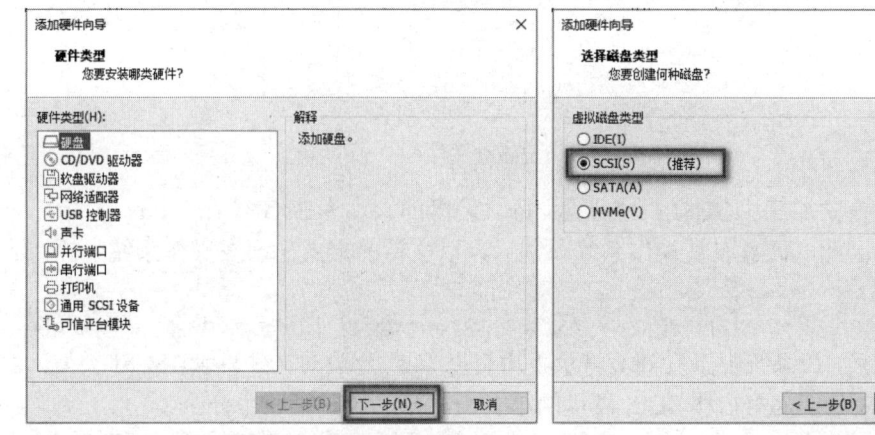

图 9-11 选择添加硬件类型

图 9-12 磁盘类型选择

选择创建新虚拟磁盘即可，如图 9-13 所示。

接下来，是对于磁盘空间大小的选择。最大磁盘空间大小选择为 20，默认单位是 GB。不建议选择立即分配所有空间，按照默认将虚拟磁盘拆分成多个文件即可，如图 9-14 所示。

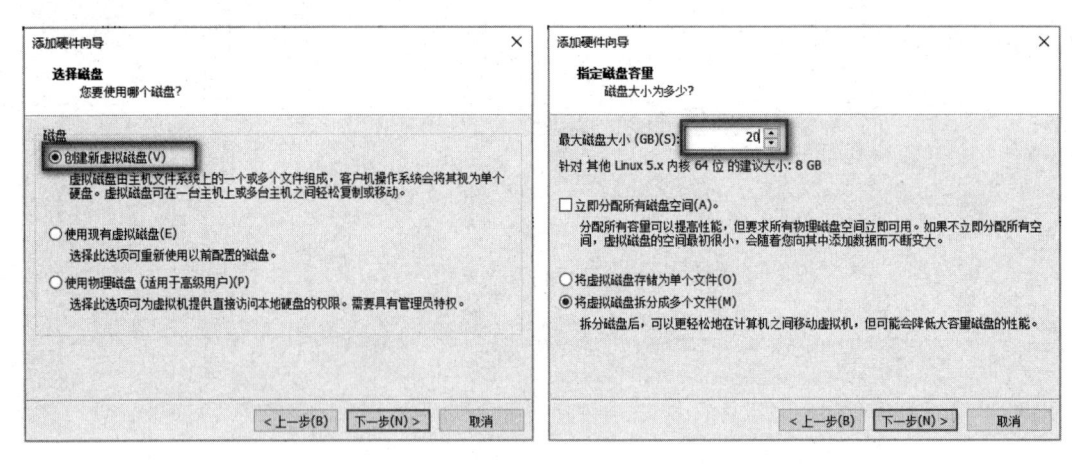

图 9-13　选择磁盘　　　　　　　　　　　　　图 9-14　磁盘容量选择

最后，是指定磁盘文件保存位置以及保存名称。按照默认设置即可，如图 9-15 所示。

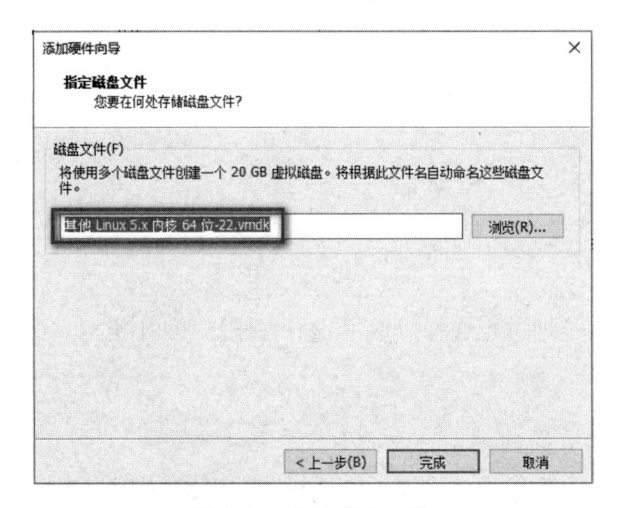

图 9-15　指定磁盘文件

按照上述操作添加三块 SCSI 类型硬盘，每块硬盘的大小为 20GB。在 Linux 系统中，"一切皆文件"。因此，硬盘在被操作系统识别后，以文件的形式出现在操作系统中。

```
[root@localhost ~]# ls /dev/sd*
/dev/sda   /dev/sda1   /dev/sda2   /dev/sda3   /dev/sdb   /dev/sdc   /dev/sdd
```

添加硬盘之后，在系统中查看/dev/目录下所有以"sd"开头的文件目录（SCSI 类型）。sda1、sda2、sda3 分别为第一块 SCSI 硬盘的第一个、第二个、第三个分区。

sdb 表示第二块 SCSI 硬盘，第二块硬盘暂时没有分区。sdc 表示第三块 SCSI 硬盘、sdd 表示第四块硬盘，sdb、sdc、sdd 均未分区。

在 Linux 中，硬盘的确可以在不划分分区的情况下直接使用。但是，最常见的操作还是分区后使用分区空间。硬盘不分区直接使用的情况，将在后面的章节中进行讲解。

2. SCSI 类型的 MBR 分区表

使用 fdisk 命令对硬盘进行分区，分区表类型默认为 MBR 分区表。

1）划分 MBR 分区

```
fdisk 命令：
命令格式：[root@localhost ~]# fdisk [选项]  [块设备文件]
命令选项：
    -l：查看系统所有块设备文件或查看指定块设备文件

例：分区前查看设备文件
[root@localhost ~]# fdisk -l /dev/sdb
#fdisk -l 默认查看除光盘外所有块设备文件，如果指定设备文件名称则查看指定设备文件
Disk /dev/sdb: 20 GiB, 21474836480 bytes, 41943040 sectors
#硬盘设备文件名：硬盘常见单位空间大小，硬盘以字节为单位表示大小，硬盘以扇区数量表示大小
Disk model: VMware Virtual S
#磁盘为 VMware 模拟磁盘
Units: sectors of 1 * 512 = 512 bytes
#磁盘中最小存储单位是扇区 每个扇区的大小是 512 字节。根据扇区大小 512，结合扇区数量
41943040，利用扇区大小*扇区数量可以得到硬盘容量的大小
Sector size (logical/physical): 512 bytes / 512 bytes
#扇区逻辑大小，扇区物理大小
I/O size (minimum/optimal): 512 bytes / 512 bytes
#IO 最小大小，IO 最佳大小
```

由于硬盘在添加后并未进行任何分区操作，因此只见到硬盘扇区大小、扇区数量等信息。

注意：通常在查看硬盘、进行分区时会见到 KiB、MiB、GiB 等表达硬盘或分区大小的单位。比如在 KiB 与 KB 之间的差别在于 1KiB=1024bytes 而 1KB=1000bytes。1MiB=1024bytes×1024bytes 而 1MB=1000bytes×1000bytes，在实际使用过程中并不会太过严格地区分 KiB 和 KB 之间的差别。

下面使用 fdisk 命令对硬盘进行分区：

```
[root@localhost ~]# fdisk  /dev/sdb
Welcome to fdisk (util-linux 2.37.4)
Changes will remain in memory only,until you decide to write them.
Be careful before using the write command.
Device does not contain a recognized partiton table.
Created a new DOS disklabel with disk identifiier 0x647fbc8e.
Command (m for help):
```

执行 fdisk 命令会进入到交互界面中。随后会看到以上提示信息，主要表示对于硬盘分区的创建删除等操作默认在内存中执行。需要保存退出后才生效。可以输入字母 m 获得帮助。fdisk 命令交互状态下常见操作说明，如表 9-2 所示。

表 9-2　fdisk 命令交互状态下常见操作说明

命　　令	说　　明
a	设置可引导标记
b	编辑 bsd 磁盘标签
c	设置 DOS 操作系统兼容标记

(续表)

命令	说明
d	删除一个分区
l	显示已知的文件系统类型。82 为 Linux swap 分区，83 为 Linux 分区
m	显示帮助菜单
n	新建分区
o	建立空白 DOS 分区表
p	显示分区列表
q	不保存退出
s	新建空白 SUN 磁盘标签
t	改变一个分区的系统 ID
u	改变显示记录单位
v	验证分区表
w	保存退出
x	附加功能（仅限专家）

fdisk 分区示例：

```
[root@localhost ~]# fdisk /dev/sdb
#使用 fdisk 对 sdb 进行分区
Command (m for help): n
#输入 n 表示创建新分区
Partition type
#分区类型：主分区/扩展分区
p   primary (0 primary,0extend,4free)
#输入 p 表示创建主分区
e   extended (container for logical partitions)
#输入 e 表示创建扩展分区。因为 MBR 分区表结构原因，只能划分四个主分区。如果想要划分更多分
区，需要划分三个主分区和一个扩展分区，在扩展分区基础上划分更多逻辑分区
Select (default p): P
#P 表示划分主分区
Partition number (1-4,default 2048):1
#表示分区编号为 1
First sector (2048-41943039, default 2048):
#可以使用扇区范围 2048-41943039，默认使用 2048 为分区起始点
Last   sector,+/-sectors   or   +/-size{K,M,G,T,P}   (2048-41943039,default
33554431): +2G
#表示分区结束点，默认为 33554431。+2G 表示划分给分区 1 大小约为 2GB 空间
Created a new parition 1 of type 'Linux' and of size 2 GiB
#分区 1，类型为 Linux，分区大小为 2GiB(1GiB=1024MiB, 1GB=1000MB)
Command (m for help): p
#P 表示查看当前分区
Disk /dev/sdb: 20 GiB, 21474836480 bytes, 41943040 sectors
Disk model: VMware Virtual S
Units: sectors of 1 * 512 = 512 bytes
```

```
Sector size (logical/physical): 512 bytes / 512 bytes
I/O size (minimum/optimal): 512 bytes / 512 bytes
Disklabel type: dos
Disk identifier: 0x82cf4a44
Device     Boot    Start       End       Sectors Size      Id   Type
/dev/sdb1          2048        4196351   4194304 2G        83   Linux
```

- Device：因为是 sdb 硬盘中编号为 1 的分区，所以分区设备文件名为/dev/sdb1。
- StartEnd：分区使用扇区起始点为 2048，结束点为 4196351。
- Sectors：使用扇区数量为 4194304 个。
- Size：分区空间大小约为 2GB。
- Id：id 编号 83。
- Type：分区类型为 Linux。

注意：在某些命令执行程序中（比如 fdisk 或 df）会出现使用单位大小简写的情况，比如：

```
Command (m for help): n
#继续分区
…省略分区过程…
Command (m for help): p
#P 表示查看当前分区
Device     Boot Start       End       Sectors     Size    Id   Type
/dev/sdb1       2048        4196351   4194304     2G      83   Linux
/dev/sdb2       4196352     8390655   4194304     2G      83   Linux
/dev/sdb3       8390656     12584959  4194304     2G      83   Linux
/dev/sdb4       12584960    16779263  4194304     2G      83   Linux
#分区数量为四，每个分区大小为 2GB。因为 MBR 分区表总共 64bytes，每个分区占用 16bytes。所
以，在已有四个分区的情况下已经不能继续划分新分区
Command (m for help): n
#n 继续划分新分区
To create more partitions, first replace a primary with an extended partition.
#要创建更多分区，请首先用扩展分区替换主分区
Command (m for help): d
#d 表示删除分区
Partition number (1-4, default 4): 4
#按照默认方式删除第四个分区即可
Command (m for help): n
#n 表示继续划分新分区
Partition type
   p   primary (3 primary, 0 extended, 1 free)
   #已经划分三个主分区，还可以划分一个主分区
   e   extended (container for logical partitions)
   #划分扩展分区
Select (default e): e
#e 表示将新分区划分成扩展分区
First sector (12584960-41943039, default 12584960):
```

```
Last sector, +/-sectors or +/-size{K,M,G,T,P} (12584960-41943039, default
41943039):
#因为,在之后的分区过程中,逻辑分区都需要在扩展分区的基础上进行划分。所以,起始扇区默认,
结束扇区默认。表示将当前硬盘的所有剩余空间分配给扩展分区
Created a new partition 4 of type 'Extended' and of size 14 GiB
#创建扩展分区,编号为4,大小约为14GB
Command (m for help): n
#继续划分新分区
Adding logical partition 5
#新分区为逻辑分区,分区编号为5
First sector (12587008-41943039, default 12587008):
Last sector, +/-sectors or +/-size{K,M,G,T,P} (12587008-41943039, default
41943039): +2G
#分区大小为2GB
Command (m for help): p
#列出分区表
Device     Boot    Start      End      Sectors  Size Id Type
/dev/sdb1          2048     4196351    4194304   2G  83 Linux
/dev/sdb2        4196352    8390655    4194304   2G  83 Linux
/dev/sdb3        8390656   12584959    4194304   2G  83 Linux
/dev/sdb4       12584960   41943039   29358080  14G   5 Extended
/dev/sdb5       12587008   16781311    4194304   2G  83 Linux
#/dev/sdb4为扩展分区,/dev/sdb5为在扩展分区基础上划分的逻辑分区
Command (m for help): w
#保存退出
```

2)分区设备文件名

```
[root@localhost ~]# fdisk -l /dev/sdb
Disk /dev/sdb: 20 GiB, 21474836480 bytes, 41943040 sectors
#硬盘设备文件名:硬盘常见单位空间大小,硬盘以字节为单位表示大小,硬盘以扇区为单位表示大小
Disk model: VMware Virtual S
#磁盘为VMware模拟磁盘
Units: sectors of 1 * 512 = 512 bytes
#磁盘中最小存储单位是扇区 每个扇区的大小是512字节。根据扇区大小512,结合扇区数量
41943040,利用扇区大小×扇区数量可以得到硬盘容量的大小
Sector size (logical/physical): 512 bytes / 512 bytes
#扇区逻辑大小,扇区物理大小
I/O size (minimum/optimal): 512 bytes / 512 bytes
#IO最小大小,IO最佳大小
Disklabel type: dos
#磁盘标签类型
Disk identifier: 0xc69e6c72
#磁盘标识符
Device     Boot    Start      End      Sectors       Size    Id  Type
/dev/sdb1          2048     4196351    4194304       2G      83  Linux
/dev/sdb2        4196352    8390655    4194304       2G      83  Linux
```

/dev/sdb3	8390656	12584959	4194304	**2G**	83	Linux
/dev/sdb4	12584960	41943039	29358080	**14G**	5	Extended
/dev/sdb5	12587008	16781311	4194304	**2G**	83	Linux

- Device：分区设备文件名。
- Boot：启动分区标识，分区中带有"*"表示为启动分区。
- Start：分区起始点。
- End：分区结束点。
- Sectors：分区中的扇区数量。
- Size：以常见单位显示分区空间。
- Id：分区 id 号码。
- Type：分区类型。默认为 Linux 类型，比较常见的类型有 Extended、Linux swap 和 Linux LVM 类型。不同的分区类型，Id 号码不同。

在 sdb 硬盘基础上划分了五个分区，设备文件名称分别是 sdb1、sdb2、sdb3、sdb4 和 sdb5。可以看到分区的空间大小，以及分区的类型。

在对分区表成功保存之后，能够在设备文件中看到所创建的分区。分区设备文件名称是由硬盘设备文件名称和分区编号组合而成的。如/dev/sdb 硬盘中的第一个分区名称是/dev/sdb1。

同时，经过以上分区操作可以看出，分区的过程就是确定分区能够使用的扇区起始点和结束点，以及验证了扩展分区、逻辑分区的划分效果。

3. SCSI 类型的 GPT 分区表

MBR 分区方式有诸多限制，比如只能有四个主分区，无法创建大于 2TB 的分区。而 GPT 分区方式则没有这样的限制。而且，GPT 分区提供了分区表的冗余，以实现分区表的备份与安全。

在当前 Rocky Linux 9.0 系统中，使用 gdisk 和 cfdisk 都可以将硬盘划分为 GPT 分区。gdisk 命令使用方式和 fdisk 极其相似。cfdisk 在 Rocky Linux 9.x 中默认可用的 GPT 分区命令，操作方式和 gdisk 有些许差异。接下来我们逐一介绍两个命令的用法。

1）gdisk 命令

如果操作系统是最小化安装的，默认没有 gdisk 命令。gdisk 命令需要后续自行安装后才能正常使用，安装方式有 rpm 安装或 dnf 安装。

① 命令安装

使用 rpm 安装 gdisk：

```
[root@localhost ~]# rpm  -ivh \
/mnt/AppStream/Packages/g/gdisk-1.0.7-5.el9.x86_64.rpm
#rpm 包来源是光盘，因此以上命令的前提条件是将光盘挂载到了/mnt 目录下
```

使用 dnf 安装 gdisk：

```
[root@localhost ~]# dnf -y install gdisk
#需要事先配置好本地 yum 源或网络 yum 源
```

② gdisk 使用说明

使用 gdisk 进行分区时是以交互式执行的，gdisk 交互式操作如表 9-3 所示。

表 9-3　gdisk 交互式操作说明

命　令	说　　明	命　令	说　　明
b	备份 GPT 分区到文件	p	打印分区表
c	更改分区名	q	不保存退出
d	删除分区	t	更改分区类型
i	显示分区详细信息	v	验证分区表
l	显示已知分区类型编码	w	保存退出
n	新建分区	?	显示帮助
o	创建一个空的 GPT 分区表		

③ gdisk 分区示例

```
[root@localhost ~]# gdisk /dev/sdc
#gdisk命令和fdisk相同都是以交互式进行分区的
GPT fdisk (gdisk) version 1.0.7
#gdisk命令版本
Partition table scan:
#扫描硬盘分区表
    MBR: not present
    #MBR表不存在
    BSD: not present
    #BSD表不存在
    APM: not present
    #APM表不存在
    GPT: not present
    #GPT表不存在
#以上所有表不存在,说明当前/dev/sdc硬盘没有进行过分区,没有写入分区表
Creating new GPT entries in memory
#即将在内存中创建GPT分区表
Command (? for help):
#?可以获取gdisk命令的帮助信息
Partition number (1-128, default 1):
#分区编号,可选范围在1~128之间,这也对应了GPT分区表可以最多划分128个分区,默认编号
为1
First sector (34-41943006, default = 2048) or {+-}size{KMGTP}:
#分区可用扇区起始点,默认为2048
Last sector (2048-41943006, default = 41943006) or {+-}size{KMGTP}: +10G
#分区可用扇区结束点,默认41943006(可用扇区的最大范围)。通常用扇区数量来表示分区大小,
需要按照单个扇区大小和所需要分区大小进行换算,比较烦琐。因此,可用扇区结束点可以指定为常
见单位,比如+10G则表示以2048为可用扇区起始点,划分约等于10GB大小的扇区数量给分区使用。
表示分区大小单位有:K、M、G、T、P
Current type is 8300 (Linux filesystem)
#当前分区类型为linux文件系统,与之对应的ID为8300
Hex code or GUID (L to show codes, Enter = 8300):
#可以输入分区ID来改变分区类型,不输入则默认为8300(Linux filesystem)
Changed type of partition to 'Linux filesystem'
```

```
#已经将分区类型改为 linux filesystem
Command (? for help): p
Disk /dev/sdc: 41943040 sectors, 20.0 GiB
…省略部分执行结果…
Number  Start (sector)    End (sector)    Size        Code    Name
   1       2048            20973567       10.0 GiB    8300    Linux filesystem
#分区编号 扇区起始点        扇区结束点      分区大小    分区ID   分区类型
Command (? for help): w
#w 表示保存，当前对于分区的划分属于在内存中执行的，也就是说如果不进行保存退出，那么当前分
区并不会真正写入分区表
Final checks complete. About to write GPT data. THIS WILL OVERWRITE
EXISTINGPARTITIONS!!
#即将在硬盘中写入 GPT 分区表数据，此操作可能覆盖硬盘中的原有分区表
Do you want to proceed? (Y/N): y
#是否要继续，输入 y 表示确认写入分区表。输入 n 表示不写入分区表
OK; writing new GUID partition table (GPT) to /dev/sdc.
#正在将 GPT 分区表写入/dev/sdc 硬盘中
The operation has completed successfully
#分区表写入完成
[root@localhost ~]# fdisk -l
…省略部分内容…
Disk /dev/sdc: 20 GiB, 21474836480 bytes, 41943040 sectors
Disk model: VMware Virtual S
Units: sectors of 1 * 512 = 512 bytes
Sector size (logical/physical): 512 bytes / 512 bytes
I/O size (minimum/optimal): 512 bytes / 512 bytes
Disklabel type: gpt
Disk identifier: CA8C65B9-EFF5-4272-97A5-FA40A5B7A84E

Device     Start      End      Sectors  Size Type
/dev/sdc1   2048   20973567   20971520  10G  Linux filesystem
#在对分区表成功保存之后，能够看到设备文件/dev/sdc1
```

④ GPT 分区数量限制

接下来，对 sdc 硬盘划分更多分区。观察 GPT 分区是否像 MBR 分区那样有四个主分区的限制。

```
[root@localhost ~]# gdisk /dev/sdc
...分区过程省略...
Command (? for help): p
Disk /dev/sdc: 41943040 sectors, 20.0 GiB
Number  Start (sector)    End (sector)    Size        Code    Name
   1       2048            20973567       10.0 GiB    8300    Linux filesystem
   2      20973568         23070719     1024.0 MiB    8300    Linux filesystem
   3      23070720         25167871     1024.0 MiB    8300    Linux filesystem
   4      25167872         27265023     1024.0 MiB    8300    Linux filesystem
   5      27265024         29362175     1024.0 MiB    8300    Linux filesystem
#经过多次分区，可以看到 GPT 分区表不需要指定是主分区或扩展分区。也就没有四个主分区的概念了，
最多可以划分 128 个分区
```

2）cfdisk 命令

在 Rocky Linux 9.x 中也可以使用 cfdisk 对硬盘进行分区，分区表类型为 GPT。即便系统是最小化安装，cfdisk 也是默认存在的，无须自行安装。

① cfdisk 使用说明

在使用 cfdisk 命令进行分区时是交互式执行的，同时 cfdisk 作为命令也存在多个选项。

命令格式：[root@localhost ~]# cfdisk 设备文件
命令选项：
-z：不读取原有分区表进行分区，如果没有进行分区，那么继续保留原有分区表。如果进行分区，那么将会覆盖原有分区表
-L：分区过程有颜色显示
-r：以只读模式打开 cfdisk
-h：显示 cfdisk 命令的帮助选项
-V：显示 cfdisk 所在安装包版本

cfdisk 命令交互式状态下操作说明如表 9-4 所示。

表 9-4 cfdisk 命令交互式状态下操作说明

命令	说明
h	显示 cfdisk 交互模式下的帮助信息
b	将此分区标记为启动分区
n	创建新分区
d	删除分区
q	退出，不保存当次操作
r	调整当前光标选中的分区大小
t	修改分区类型
W（大写）	将分区表写入磁盘，需要输入 yes 确认或输入 no 拒绝写入分区表
u	将分区信息以文件的形式存在当前用户所在目录下，需要指定保存文件名称，文件中会记录分区表类型、分区起始和结束点、扇区大小等信息。生成后文件可被 cfdisk 所识别
x	显示或隐藏分区 UUID 和分区类型
↑	光标向上移动
↓	光标向下移动
←	光标向左移动
→	光标向右移动

② cfdisk 分区示例

```
[root@localhost ~]# cfdisk /dev/sdd
#执行命令后就进入了交互式界面中
                    Select label type
              |       gpt       |
              |       dos       |
              |       sgi       |
              |       sun       |
Select a type to create a new label, press 'L' to load script file, 'Q' quits
```

第 9 章 牵一发而动全身：文件系统管理

```
#选择要创建的分区表类型，按 L 表示加载脚本，Q 表示退出
```
选择分区表类型为 gpt，按 Enter 键确认后：

```
                Disk: /dev/sdd
      Size: 20 GiB, 21474836480 bytes, 41943040 sectors
      Label: gpt, identifier: 463978C2-BD39-4040-9080-C6F6E36DD9F5
    Device         Start           End          Sectors         Size          Type
>>  Free space     2048         41943006      41940959          20G
#表示/dev/sdd 可分区空间为 20GB

              [   New   ]  [  Quit  ]  [  Help  ]  [  Write  ]  [  Dump  ]
                     Create new partition from free space
#在此界面下可以上下左右移动光标
```

- "New"表示创建新分区。
- "Help"表示 cfdisk 命令帮助。
- "Write"表示保存当前分区表。
- "Dump"表示将分区表信息保存到文件中。

选择"New"并按 Enter 键，表示创建新分区。

```
                Disk: /dev/sdd
      Size: 20 GiB, 21474836480 bytes, 41943040 sectors
      Label: gpt, identifier: 49F0D04A-CEB3-214B-B18F-13D491FDA309
Device          Start          End         Sectors        Size         Type
>>  Free space  2048   41943006  41940959   20G



Partition size: 2G
#在选择 New 选项后，会出现 Partition Size 选项。表示设置要划分的分区大小，手动输入分区大
小即可
May be followed by M for MiB, G for GiB, T for TiB, or S for sectors
#分区空间单位 M 表示 MiB，G 表示 GiB，T 表示 TiB
```

指定好分区大小后按 Enter 键确定划分。

```
                Disk: /dev/sdd
      Size: 20 GiB, 21474836480 bytes, 41943040 sectors
      Label: gpt, identifier: 49F0D04A-CEB3-214B-B18F-13D491FDA309
Device            Start          End          Sectors Size       Type
>>  /dev/sdd1     2048         4196351         4194304 2G         Linux filesystem
Free space      4196352     41943006         37746655    18G

PartitionUUID:26B3609B-3662-4C4F-BFBE-15E81B95B912
Partitiontype:Linuxfilesystem(0FC63DAF-8483-4772-8E79-3D69D8477DE4)
  [ Delete ]  [ Resize ]  [ Quit ]  [ Type ]  [ Help ]  [ Write ]  [ Dump ]
```

创建成功后，如命令执行结果所示，出现了/dev/sdd1 分区，大小为 2GB。此时，硬盘剩余空间为 18GB。如果将光标移动至/dev/sdd1 分区上，会出现分区 UUID 等信息。

```
                Disk: /dev/sdd
      Size: 20 GiB, 21474836480 bytes, 41943040 sectors
```

```
              Label: gpt, identifier: 49F0D04A-CEB3-214B-B18F-13D491FDA309
Device        Start         End          Sectors       Size      Type
/dev/sdd1     2048          4196351      4194304       2G        Linux filesystem
>> Free space 4196352  41943006  37746655  18G
#将光标移动到剩余空间行
[ New  ]  [ Quit ]  [ Help ]  [ Write ]  [ Dump ]
```

将光标移动至剩余空间行后输入字母 n，可以继续在剩余空间基础上进行分区。

```
                            Disk: /dev/sdd
              Size: 20 GiB, 21474836480 bytes, 41943040 sectors
              Label: gpt, identifier: 49F0D04A-CEB3-214B-B18F-13D491FDA309
Device        Start         End          Sectors       Size      Type
/dev/sdd1     2048          4196351      4194304       2G        Linux filesystem
>> Free space 4196352  41943006  37746655  18G
Partition size: 3G
```

继续进行分区，新分区大小为 3GB。

```
                            Disk: /dev/sdd
              Size: 20 GiB, 21474836480 bytes, 41943040 sectors
              Label: gpt, identifier: 49F0D04A-CEB3-214B-B18F-13D491FDA309
Device        Start         End          Sectors       Size      Type
/dev/sdd1     2048          4196351      4194304       2G        Linux filesystem
/dev/sdd2     4196352       10487807     6291456       3G        Linux filesystem
>> Free space 10487808      41943006     31455199      15G


[ Delete ]  [ Resize ]  [ Quit ]  [ Type ]  [ Help ]  [ Write ]
[ Dump ]
```

新分区/dev/sdb2 划分成功，大小为 3GB。此时，硬盘剩余空间为 15GB。

```
                            Disk: /dev/sdd
              Size: 20 GiB, 21474836480 bytes, 41943040 sectors
              Label: gpt, identifier: 49F0D04A-CEB3-214B-B18F-13D491FDA309
Device        Start         End          Sectors       Size      Type
/dev/sdd1     2048          4196351      4194304       2G        Linux filesystem
/dev/sdd2     4196352       10487807     6291456       3G        Linux filesystem
/dev/sdd3     10487808      16779263     6291456       3G        Linux filesystem
/dev/sdd4     16779264      23070719     6291456       3G        Linux filesystem
/dev/sdd5     23070720      29362175     6291456       3G        Linux filesystem
/dev/sdd6     29362176      35653631     6291456       3G        Linux filesystem
>>  Free space 35653632     41943006     6289375       3G
#划分六个分区，占用 17GB 空间，硬盘剩余 3GB 空间待分区
          [ New  ]  [ Quit ]  [ Help ]  [ Write ]  [ Dump ]
```

继续创建分区，可以看到 gpt 分区方式没有所谓四个主分区的限制。可以创建更多分区，在分区完成后，输入 W 表示保存。

```
                            Disk: /dev/sdd
              Size: 20 GiB, 21474836480 bytes, 41943040 sectors
```

```
             Label: gpt, identifier: 49F0D04A-CEB3-214B-B18F-13D491FDA309
Device          Start          End            Sectors        Size      Type
/dev/sdd1       2048           4196351        4194304        2G        Linux filesystem
/dev/sdd2       4196352        10487807       6291456        3G        Linux filesystem
/dev/sdd3       10487808       16779263       6291456        3G        Linux filesystem
/dev/sdd4       16779264       23070719       6291456        3G        Linux filesystem
/dev/sdd5       23070720       29362175       6291456        3G        Linux filesystem
/dev/sdd6       29362176       35653631       6291456        3G        Linux filesystem
>>  Free space  35653632       41943006       6289375        3G
Are you sure you want to write the partition table to disk?
Type "yes" or "no", or press ESC to leave this dialog
#输入 yes 表示确认写入分区表
```

输入 W（大写）后需要继续输入 yes，表示确认将分区写入分区表。然后输入字母 q，表示退出 cfdisk 分区。

分区设备文件名：

```
[root@localhost ~]# ls /dev/sdd*
#查看sdb硬盘现有分区
/dev/sdd       /dev/sdd1      /dev/sdd2      /dev/sdd3
/dev/sdd4      /dev/sdd5      /dev/sdd6
#通过查看/dev/目录，见到在 sdd 硬盘基础上出现了 sdd1、sdd2、sdd3、sdd4、sdd5、sdd6 说
明分区划分成功。ls 查看/dev/目录同样可以作为验证分区是否划分成功的方式之一
```

③ cfdisk 分区文件保存与应用

```
                          Disk: /dev/sdd
              Size: 20 GiB, 21474836480 bytes, 41943040 sectors
            Label: gpt, identifier: F16B4A76-5157-AD42-84A5-3A8C6A07CA67

Device          Start          End            Sectors        Size      Type
>>/dev/sdd1     2048           4196351        4194304        2G        Linux filesystem
/dev/sdd2       4196352        10487807       6291456        3G        Linux filesystem
/dev/sdd3       10487808       16779263       6291456        3G        Linux filesystem
/dev/sdd4       16779264       23070719       6291456        3G        Linux filesystem
/dev/sdd5       23070720       29362175       6291456        3G        Linux filesystem
/dev/sdd6       29362176       35653631       6291456        3G        Linux filesystem
Free    space   35653632       41943006       6289375        3G

[ Delete ]   [ Resize ]   [ Quit ]   [ Type ]   [ Help ]   [ Write ]
[ Dump   ]
#选择 Dump 选项
                          Disk: /dev/sdd
              Size: 20 GiB, 21474836480 bytes, 41943040 sectors
            Label: gpt, identifier: F16B4A76-5157-AD42-84A5-3A8C6A07CA67

Device          Start          End            Sectors        Size      Type
>>/dev/sdd1     2048           4196351        4194304        2G        Linux filesystem
/dev/sdd2       4196352        10487807       6291456        3G        Linux filesystem
/dev/sdd3       10487808       16779263       6291456        3G        Linux filesystem
```

```
/dev/sdd4            16779264      23070719      6291456       3G       Linux filesystem
/dev/sdd5            23070720      29362175      6291456       3G       Linux filesystem
/dev/sdd6            29362176      35653631      6291456       3G       Linux filesystem
Free      space     35653632      41943006      6289375       3G

 [ Delete ]   [ Resize ]   [ Quit ]   [ Type ]   [ Help ]   [ Write ]   [ Dump ]
 Enter script file name:/root/sdd.dt
#在选择Dump选项后会出现Enter script file name提示信息，输入文件保存路径和文件名称
即可。随后按q退出cfdisk
[root@localhost ~]# ls /root/
-rw-------. 1 root root 1094 Jun 10 16:17 anaconda-ks.cfg
-rw-r--r--. 1 root root  958 Jun 29 17:41 sdd.dt
#在/root/目录下可以看到保存为普通文件的sdd硬盘分区信息
[root@localhost ~]# cat /root/sdd.dt
label: gpt
label-id: F16B4A76-5157-AD42-84A5-3A8C6A07CA67
device: /dev/sdd
unit: sectors
first-lba: 2048
last-lba: 41943006
sector-size: 512
/dev/sdd1:start=2048,size=4194304,type=0FC63DAF-略,uuid=E0748EB7-3F03-略
/dev/sdd2:start=4196352,size=6291456,type=0FC63DAF-略,uuid=622D1F9C-CCFA-略
/dev/sdd3:start=10487808,size=6291456,type=0FC63DAF-略,uuid=565A81C2-6135-略
/dev/sdd4:start=16779264,size=6291456,type=0FC63DAF-略,uuid=7FEFFBB5-50BD-略
/dev/sdd5:start=23070720,size=6291456,type=0FC63DAF-略,uuid=D0707F39-0A81-略
/dev/sdd6:start=29362176,size=6291456,type=0FC63DAF-略,uuid=AFC83A24-F72A-略
```

在文件中可以看到sdd硬盘分区表信息，以及各分区起始和结束点等信息。现在，按照之前的步骤再添加一块SCSI硬盘，硬盘空间不小于17GB。

```
[root@localhost ~]# lsblk
NAME            MAJ:MIN RM   SIZE RO TYPE  MOUNTPOINTS
...省略部分命令结果...
sdd              8:48    0    20G  0 disk
├─sdd1           8:49    0     2G  0 part
├─sdd2           8:50    0     3G  0 part
├─sdd3           8:51    0     3G  0 part
├─sdd4           8:52    0     3G  0 part
├─sdd5           8:53    0     3G  0 part
└─sdd6           8:54    0     3G  0 part
sde              8:64    0    20G  0 disk
```

添加新硬盘，空间为20GB。

```
[root@localhost ~]# cfdisk /dev/sde
                      Select label type
                 |        gpt            |
                 |        dos            |
                 |        sgi            |
                 |        sun            |
```

```
Select a type to create a new label, press 'L' to load script file, 'Q' quits.
#按 L 表示加载脚本（分区表信息文件）
Enter script file name:/root/sdd.dt
#按 L 后会出现此界面，需要输入分区文件所在路径。表示 sde 硬盘要按照/root/sdd.dt 文件所记
录的分区表信息进行分区。输入分区表信息文件后按 Enter 键表示确认
                        Disk: /dev/sde
            Size: 20 GiB, 21474836480 bytes, 41943040 sectors
        Label: gpt, identifier: F16B4A76-5157-AD42-84A5-3A8C6A07CA67
    Device        Start        End          Sectors      Size    Type
>>  /dev/sde1     2048         4196351      4194304      2G      Linux filesystem
    /dev/sde2     4196352      10487807     6291456      3G      Linux filesystem
    /dev/sde3     10487808     16779263     6291456      3G      Linux filesystem
    /dev/sde4     16779264     23070719     6291456      3G      Linux filesystem
    /dev/sde5     23070720     29362175     6291456      3G      Linux filesystem
    /dev/sde6     29362176     35653631     6291456      3G      Linux filesystem
    Free space    35653632     41943006     6289375      3G
```

可以看到，sde 硬盘和 sdd 相同被划分了六个分区，并且分区起始点和结束点与 sdd.dt 记录相同。随后根据需求保存分区表即可。使用分区表信息文件，可以方便快捷地对同等大小的硬盘，划分同等数量和大小的分区。

9.3.2 NVMe 类型硬盘分区

因为 fdisk、gdisk、cfdisk 分区命令不会因为设备文件不同导致分区过程发生变化，所以下面我们添加 NVMe 类型的硬盘，只进行 GPT 分区。

硬盘类型虽有不同，但是划分分区的命令是相同的。我们会使用 cfdisk 命令对 NVMe 硬盘进行 GPT 分区。

接下来我们从 VMware 添加硬盘开始。

添加硬盘选择 NVMe，硬盘空间为 20GB，其余选项不变，如图 9-16 所示。

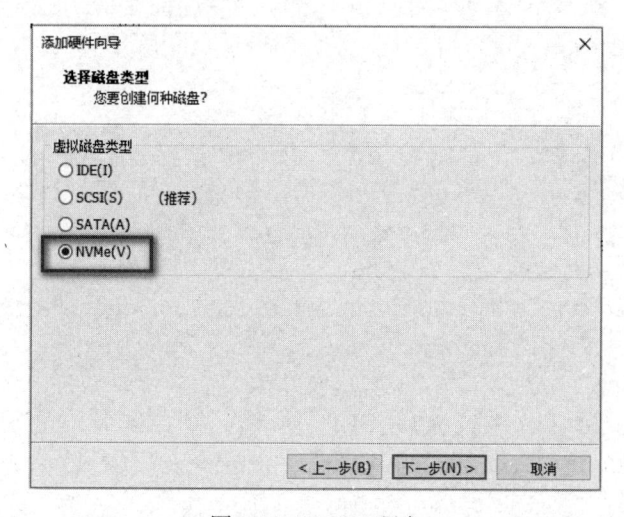

图 9-16　NVMe 硬盘

查看设备添加的 NVMe 硬盘：

```
[root@localhost ~]# ls /dev/sd*
/dev/sda        /dev/sda1       /dev/sda2
/dev/sdb        /dev/sdb1       /dev/sdb2       /dev/sdb3       /dev/sdb4
    /dev/sdb5
/dev/sdc        /dev/sdc1       /dev/sdc2       /dev/sdc3       /dev/sdc4
    /dev/sdc5
/dev/sdd        /dev/sdd1       /dev/sdd2       /dev/sdd3       /dev/sdd4
    /dev/sdd5
/dev/sdd6
/dev/sde        /dev/sde1       /dev/sde2       /dev/sde3       /dev/sde4       /dev/sde5
/dev/sde6
#通过命令执行结果会发现，新添加的 NVMe 硬盘并没有出现。因为，不同硬盘类型在被操作系统识别
后，会按照硬盘类型分配不同的设备文件名称
```

添加 NVMe 硬盘，硬盘被系统识别设备文件名称为/dev/nvme0n1。

```
[root@localhost ~]# ls -l /dev/nvme0n1
brw-rw----. 1 root disk 259, 0 Jun  2 17:22 /dev/nvme0n1
```

表示系统中的第一个 NVMe 类型硬盘，命名方式为 nvme0n[1-9][0-9]。

```
[root@localhost ~]# cfdisk /dev/nvme0n1
                        Select label type
                    |         gpt         |
                    |         dos         |
                    |         sgi         |
                    |         sun         |
Select a type to create a new label, press 'L' to load script file, 'Q' quits
```

对 nvme0n1 进行分区，分区表选择 gpt，分区步骤和上述 SCSI 类型硬盘并无差别。

```
[root@localhost ~]# cfdisk /dev/nvme0n1
Disk: /dev/nvme0n1
Size: 20 GiB, 21474836480 bytes, 41943040 sectors
Label: gpt, identifier: 0D29ABB6-3D69-3D4F-8A26-61781D7666B5
Device          Start       End         Sectors     Size    Type
/dev/nvme0n1p1  2048        4196351     4194304     2G      Linux filesystem
/dev/nvme0n1p2  4196352     8390655     4194304     2G      Linux filesystem
/dev/nvme0n1p3  8390656     12584959    4194304     2G      Linux filesystem
/dev/nvme0n1p4  12584960    16779263    4194304     2G      Linux filesystem
/dev/nvme0n1p5  16779264    20973567    4194304     2G      Linux filesystem
>> Free space  20973568    41943006    20969439    10G
#划分五个 2GB 空间分区，硬盘剩余 10GB 空间
           [ New ] [ Quit ] [ Help ] [ Write ] [ Dump ]
```

对硬盘进行分区，分区表选择 GPT。可以见到分区名称分别为 nvme0n1p1、nvme0n1p2、nvme0n1p3、nvme0n1p4 和 nvme0n1p5。分区格式为：nvme0n1p"硬盘的分区序号"。

9.3.3 其他分区相关命令

1. lsblk 命令

命令作用：查看系统中光盘、硬盘、分区、文件系统、挂载点等信息。

在系统中添加硬盘、U盘、光盘之后，都可以通过 lsbk 命令查看操作系统是否识别新加入的硬件设备。在对硬盘进行分区后，也可以查看硬盘上的分区。在对分区进行格式化后，可以结合命令选项查看分区文件系统的 UUID。

```
命令格式：[root@localhost ~]# lsblk [选项]
常见选项：
    -b：以字节为单位显示设备大小
    -d：只显示设备，不显示设备分区
    -p：以绝对路径显示设备所在位置
    -f：显示文件系统和 UUID
    -m：显示设备文件类型和权限
[root@localhost ~]# lsblk
#默认命令返回结果中包含：硬盘、分区、分区空间、挂载点等信息
NAME            MAJ:MIN     RM      SIZE    RO      TYPE    MOUNTPOINTS
sda             8:0         0       20G     0       disk
├─sda1          8:1         0       1G      0       part    /boot
├─sda2          8:2         0       2G      0       part    [SWAP]
└─sda3          8:3         0       17G     0       part    /
…省略部分命令执行结果…
nvme0n1         259:0       0       20G     0       disk
├─nvme0n1p1     259:6       0       2G      0       part
├─nvme0n1p2     259:7       0       2G      0       part
├─nvme0n1p3     259:8       0       2G      0       part
├─nvme0n1p4     259:9       0       2G      0       part
└─nvme0n1p5     259:10      0       2G      0       part
```

- NAME：设备文件名。
- MAJ:MIN：主要:次要设备代码。
- RM：可取出的设备。
- SIZE：大小。
- RO：是否只读。
- TYPE：类型。
- MOUNTPOINTS：挂载点。

在以上返回结果中可以看到 sda 硬盘被划分了三个分区，分别为 sda1、sda2 和 sda3。三个分区挂载点为 boot、swap 和/（根）。nvme0n1 硬盘，经过上面 cfdisk 划分了五个分区，并未进行挂载。

```
[root@localhost ~]# lsblk -b
#以字节为单位显示硬盘分区大小
NAME            MAJ:MIN     RM      SIZE    RO      TYPE    MOUNTPOINTS
```

```
sda                     8:0        0    21474836480 0    disk
├─sda1                  8:1        0    1073741824  0    part   /boot
├─sda2                  8:2        0    2147483648  0    part   [SWAP]
└─sda3                  8:3        0    18252562432 0    part   /
nvme0n1                 259:0      0    21474836480 0    disk
├─nvme0n1p1             259:6      0    2147483648  0    part
├─nvme0n1p2             259:7      0    2147483648  0    part
├─nvme0n1p3             259:8      0    2147483648  0    part
├─nvme0n1p4             259:9      0    2147483648  0    part
└─nvme0n1p5             259:10     0    2147483648  0    part
```
#与直接执行lsblk相比，SIZE字段默认为常见单位。-b选项之后以字节为单位显示大小

```
[root@localhost ~]# lsblk -d
#只显示硬盘，不显示硬盘下分区
NAME         MAJ:MIN     RM     SIZE     RO     TYPE    MOUNTPOINTS
sda          8:0         0      20G      0      disk
nvme0n1      259:0       0      20G      0      disk

[root@localhost ~]# lsblk -p
#显示设备文件的绝对路径
NAME              MAJ:MIN     RM     SIZE     RO     TYPE    MOUNTPOINTS
/dev/sda          8:0         0      20G      0      disk
├─/dev/sda1       8:1         0      1G       0      part    /boot
├─/dev/sda2       8:2         0      2G       0      part    [SWAP]
└─/dev/sda3       8:3         0      17G      0      part    /
/dev/nvme0n1      259:0       0      20G      0      disk
├─/dev/nvme0n1p1  259:6       0      2G       0      part
├─/dev/nvme0n1p2  259:7       0      2G       0      part
├─/dev/nvme0n1p3  259:8       0      2G       0      part
├─/dev/nvme0n1p4  259:9       0      2G       0      part
└─/dev/nvme0n1p5  259:10      0      2G       0      part

[root@localhost ~]# lsblk -f
#查看分区UUID和挂载目录
NAME       FSTYPE   FSVER    LABEL   UUID                                   FSAVAIL    FSUSE%    MOUNTPOINTS
sda
├─sda1     xfs      …略…             0e311d7c-b8c8-43da-aa36-e69fb5f4b4a2…略…            /boot
├─sda2     swap     …略…             27a1795e-6f7b-4ec0-8a58-afc953e8cb55…略…            /
└─sda3     xfs      …略…             f33b9251-31ee-4562-bb96-2c8eec3c58ae…略…            [swap]
nvme0n1
├─nvme0n1p1
├─nvme0n1p2
├─nvme0n1p3
├─nvme0n1p4
└─nvme0n1p5
```

第9章 牵一发而动全身：文件系统管理

- NAME：设备文件名称。
- FSTYPE：文件系统类型，不进行格式化，则没有文件系统类型。
- FSVER：文件系统版本。
- LABEL：文件系统标签。
- UUID：文件系统 UUID。
- FSAVAIL：文件系统可用空间。
- FSUSE%：文件系统（分区）可用空间百分比。
- MOUNTPOINTS：设备挂载的所有位置，如果设备进行过多次挂载，所有挂载点都会显示。

lsblk 中的 UUID 为分区文件系统 UUID，如果硬盘只进行分区，没有写入文件系统，那么 UUID 列为空。

```
[root@localhost ~]# lsblk -m
#设备文件类型及权限
NAME           SIZE    OWNER   GROUP   MODE
sda            20G     root    disk    brw-rw----
├─sda1         1G      root    disk    brw-rw----
├─sda2         2G      root    disk    brw-rw----
└─sda3         17G     root    disk    brw-rw----
nvme0n1        20G     root    disk    brw-rw----
├─nvme0n1p1    2G      root    disk    brw-rw----
├─nvme0n1p2    2G      root    disk    brw-rw----
├─nvme0n1p3    2G      root    disk    brw-rw----
├─nvme0n1p4    2G      root    disk    brw-rw----
└─nvme0n1p5    2G      root    disk    brw-rw----
```

- NAME：设备文件名称。
- SIZE：设备文件大小。
- OWNER：设备文件所有者。
- GROUP：设备文件所属组。
- MODE：设备文件类型以及权限。

2. partprobe 命令

命令作用：将分区表的修改告知内核，让内核重新读取分区表。

```
[root@localhost ~]# partprobe
```

无论是使用 MBR 还是 GPT 分区，在确认分区后，分区信息都是要写入到分区表中的。然后，再由操作系统内核识别并读取硬盘分区表，这样我们划分的分区才会出现在系统中。

如果我们反复对硬盘进行"分区""删除分区""再次分区"就意味着要反复对分区表中的分区记录进行删除和写入的操作。

在反复删除分区、创建分区后，比较容易出现操作系统不识别修改后的分区表的情况。比如，我们新创建了一个分区 sdb3，使用 fdisk 命令交互过程中能够看到分区表中分区的存在。但是在 fdisk 保存分区退出命令后，操作系统上却找不到/dev/sdb3 块设备文件。这种现象就是分区信息写入到了 sdb 硬盘分区表中，但是内核并未重新读取 sdb

硬盘分区表。

在这种情况下可以尝试执行 partprobe 命令，让内核重新读取分区表。

9.4 分区格式化：写入文件系统

在 9.3 节我们对硬盘进行了分区，也就是确定了分区可以使用硬盘的扇区数量。接下来，我们再写入数据时，是否可以直接写入到扇区中呢？

如果我们保存的文件直接写入到扇区中，那么文件具体保存在哪几个扇区呢？谁来记录，又是谁记录分区中扇区占用的情况？如果没有对文件占用扇区的情况进行记录的话，文件存在扇区中后就很难被再次找到。如果不记录整个分区的扇区使用情况，可能出现 A 文件所占用的扇区被 B 文件数据重复占用的情况，也就是文件可能会被覆盖。

这种情况下就要谈到文件系统的作用了。文件系统会将硬盘或分区中的扇区，转换为逻辑上的 block 和 inode。在写入文件时，文件的数据保存到 block 块中，同时使用 inode 来记录文件占用了哪些 block 块。

用户只需要记住文件的名称即可，通过文件名称找到文件的 inode，再通过 inode 找到文件所占用的 block 块，最终文件的数据被读取出来。

格式化的主要目的是给分区写入文件系统。在经过格式化后，硬盘分区中的扇区会转换为逻辑上存在的 inode 和 block 等文件系统中的元数据。

```
[root@localhost ~]# ls -i /root/
#ls 命令中 -i 选项表示查看文件或目录的 inode 号
17467564 anaconda-ks.cfg
#在当前命令结果中 17467564 为 anaconda-ks.cfg 文件的 inode 号
```

假设使用 cat 命令查看 /root/anaconda-ks.cfg 文件，在找到文件的 inode 号后，读取 inode 表找到 17467564inode 号并读取 inode 号所记录的数据。其中，就记录了 anaconda-ks.cfg 所占用哪几个 block 块，找到并读取这些数据块。也就实现了对 anaconda-ks.cfg 文件的查看。

以上我们简单地介绍了文件系统最基本的作用，Linux 系统中常见的文件系统类型详见 9.4.2 节。

在 Rocky Linux 9.x 版本中默认使用的文件系统为 XFS。接下来的格式化相关操作全部以 XFS 文件系统为基础进行。

9.4.1 xfs 文件系统

在当前 Rocky Linux 9.x 中默认使用的文件系统为 XFS 文件系统。XFS 是一个适合高容量磁盘与巨型文件的文件系统。XFS 理论上可以支持最大 18EB 的单个分区，9EB 的最大单个文件。

1. xfs 文件系统组成部分

XFS 文件系统在数据的分布上主要划分为三部分：数据区（data section）、文件系统活动登录区（log section）和实时运行区（realtime section）。

- 数据区（data section）

数据区包含多个存储区组，即 agcount。在 agcount 内包含 inode、block、超级块。此外，inode 和 block 都是系统需要用到的时候才动态配置产生的，因此 XFS 文件系统格式化的过程比 EXT 系列文件系统要快很多。

- 文件系统活动登录区（log section）

登录区域主要被用来记录文件系统的变化（和日志区域有些相像）。文件的变化会在这里记录下来，直到该变化被完整地写入数据区后，该条记录才会结束。如果文件系统因为特殊原因损坏时（断电等原因），系统会用登录区来进行检验，查看系统在意外关闭之前文件系统正在进行哪些操作，以便快速地修复文件系统。

- 实时运行区（realtime section）

当有文件被建立时，XFS 会在这个区段里找到一个或数个 extent 区块，将文件放置到这个区块内，等到分配 inode 和 block 完毕后，再写入 date section（数据区）的 inode 和 block 中。

2. 格式化命令

```
命令格式：mkfs.xfs    设备文件绝对路径
命令选项：
-f：强制格式化
-b：指定格式化时 block 块的大小。默认值为 4096 字节（4 KB），最大值为 64KB
[root@localhost ~]# mkfs.xfs /dev/nvme0n1p1
meta-data=/dev/nvme0n1p1    isize=512     agcount=4, agsize=131072 blks
         =                  sectsz=512    attr=2, projid32bit=1
         =                  crc=1         finobt=1, sparse=1, rmapbt=0
         =                  reflink=1     bigtime=1 inobtcount=1
data     =                  bsize=4096    blocks=524288, imaxpct=25
         =                  sunit=0       swidth=0 blks
naming   =version 2         bsize=4096    ascii-ci=0, ftype=1
log      =internal log      bsize=4096    blocks=2560, version=2
         =                  sectsz=512    sunit=0 blks, lazy-count=1
realtime =none               extsz=4096    blocks=0, rtextents=0
```

- meta-data：存在于/dev/nvme0n1p1 分区上的元数据。
- isize：inode 号的容量，默认为 512B。
- agcount：数据区的存储群组个数，这里共有 4 个。
- agsize：每个存储区群组具有 131072 个 block 块。结合后面第四行中的每个数据块为 4KB，我们可以算出整个文件系统的容量应当是 4×131072×4KB。
- sectsz：指逻辑扇区（sector）的容量为 512B。
- bsize：指每个数据块的容量，这里就是每个数据块大小为 4KB 的意思，共有 524288 个数据块。

- internal log：指这个登录区的位置在文件系统内，而不是外部设备，且占用了 4KB×2560 的大小。
- naming：命名、版本信息等。
- realtime：实时运行区。
- extsz：extent 的大小为 4KB。

3．分区元数据查看

在格式化后会显示分区文件系统的元数据。如果在之后的分区使用过程中，想要查看分区文件系统元数据，可以使用 xfs_info 对分区文件系统元数据进行查看。

```
[root@localhost ~]# xfs_info /dev/nvme0n1p1
meta-data=/dev/nvme0n1p1    isize=512     agcount=4, agsize=131072 blks
         =                  sectsz=512    attr=2, projid32bit=1
         =                  crc=1         finobt=1, sparse=1, rmapbt=0
         =                  reflink=1     bigtime=1 inobtcount=1
data     =                  bsize=4096    blocks=524288, imaxpct=25
         =                  sunit=0       swidth=0 blks
naming   =version 2         bsize=4096    ascii-ci=0, ftype=1
log      =internal log      bsize=4096    blocks=2560, version=2
         =                  sectsz=512    sunit=0 blks, lazy-count=1
realtime =none              extsz=4096    blocks=0, rtextents=0
```

9.4.2 Linux 支持的常见文件系统

Linux 系统能够支持的文件系统非常多，除了 Linux 默认文件系统 EXT2、EXT3、EXT4 和 XFS，还能支持 fat16、fat32、exFAT、NTFS（需要安装支持包）等文件系统。

9.5 挂载

在 Linux 中存在着"一切皆文件"的概念。鼠标、键盘、光盘、U 盘、硬盘、硬盘分区在被操作系统识别后都是以"设备文件"的形式出现在操作系统中的。

其中，光盘、U 盘、硬盘、分区属于设备文件中的"块设备文件"。块设备文件的文件类型是"b"。

```
[root@localhost ~]# ls -l /dev/nvme0n1p1
brw-rw----. 1 root disk 259, 6 7月  6 17:40 /dev/nvme0n1p1
#分区设备文件。文件类型为b，块设备文件
```

块设备文件在写入文件系统后，本身是不能读写数据的，需要挂载才能正常进行读写操作。挂载就是给用户一个能够对块设备文件进行读写的"访问入口"。

用户通过"访问入口"可以将文件存储到块设备文件中，也能通过"访问入口"读取块设备文件中保存的数据。

所谓"访问入口"就是操作系统中存在的空目录。系统中存在的/mnt 和/media 目录，默认是空目录，可作为"访问入口"。我们自己创建的空目录也可以作为"访问入口"使

用。作为"访问入口"的空目录也被称为设备文件的"挂载点"。

```
[root@localhost ~]# mount | grep boot
/dev/sda1       on       /boot      type    xfs(rw,relatime,…省略部分内容…)
#/dev/sda1 分区设备文件的访问入口是/boot，我们可以说/dev/sda1 分区的挂载点是/boot 目录
```

挂载注意事项如下：
- 要使用空目录作为块设备文件的挂载点，如果使用非空目录挂载，挂载后目录中原有文件会临时被覆盖，直到卸载后目录中原有文件会再次出现。
- 同一个块设备文件不应该挂载到多个目录中。
- 同一个目录不应该同时作为多个块设备文件的挂载点。

9.5.1 临时挂载硬盘分区

挂载分为临时挂载和永久挂载。无论是临时挂载还是永久挂载，都可以通过设备文件的挂载点对设备文件进行读写。

但是，临时挂载在操作系统重启后挂载关系消失。挂载目录不再作为设备文件的"访问入口"，需要再次进行挂载才能继续进行读写。

永久挂载会将设备文件与"访问入口"的挂载关系记录到文件中，只要文件内容不修改，挂载关系不变。

1．临时挂载命令：mount

对硬盘、分区、U 盘、光盘等设备文件都可以使用 mount 进行挂载。

```
命令格式：[root@localhost ~]# mount [选项]    块设备文件    挂载点
命令选项：
    -a：按照/etc/fstab 文件进行挂载
    -t：指定设备文件的文件系统类型
    -o：指定特殊挂载选项
```

在 mount 命令选项中，/etc/fstab 文件用于记录设备文件和挂载点之间的挂载关系，写入到此文件的挂载关系为永久挂载。

在使用 mount 命令挂载时，可以加入-t 选项来指定设备文件的文件系统类型。此选项可以选择性加入，通常挂载时 mount 可以自动识别文件系统类型。

2．临时挂载分区练习

下面以/dev/nvme0n1p1 分区为例进行临时挂载：

```
[root@localhost ~]# ll /dev/nvme0n1p1
brw-rw----. 1 root disk 259, 1 May 16 16:34 /dev/nvme0n1p1
#分区块设备文件存在且已经格式化写入文件系统
挂载格式为：
[root@localhost ~]# mount "分区设备文件"  "挂载目录"
[root@localhost ~]# mkdir /disk1
#创建/disk1 目录，/disk1 目录为空
[root@localhost ~]# mount /dev/nvme0n1p1  /disk1/
或
```

```
[root@localhost ~]# mount -t xfs /dev/nvme0n1p1 /disk1
#挂载时可以选择性地指定文件系统类型。在某些版本的 Linux 中，不指定文件系统类型可能会导致挂载失败
```

在挂载成功之后，如果 ls 查看/disk1 目录实际上就是通过/disk1 查看存在于/dev/nvme0n1p1 当中的文件。如果将文件保存到/disk1 中，就是将文件保存在/dev/nvme0n1p1 分区中。

3．分区挂载后查看

成功挂载后可以使用 df 或 mount 命令来查看挂载信息，下面我们逐一介绍。

1）挂载关系及挂载选项查看

```
[root@localhost ~]# mount | grep /disk1
/dev/nvme0n1p1 on /disk1 type    xfs
(rw,relatime,seclabel,attr2,inode64,logbufs=8,logbsize=32k,noquota)
```

表示块设备文件/dev/nvme0n1p1 挂载点为/disk1 目录，文件系统类型为 xfs。rw、relatime 等括号内的字符串，则表示了分区挂载选项。当前挂载并未指定任何选项，因此出现的全部为默认挂载选项。

2）分区已用/可用资源查看

```
df 命令：默认查看当前挂载的设备空间利用率
命令格式：[root@localhost ~]# df [选项] [分区或挂载点]
常见选项：
-h：以常见单位显示设备可用、已用空间
-i：查看设备 inode 号已用和可用情况
-T：查看分区文件系统类型
```

查看分区已用/可用空间：df 命令用于查看挂载过的块设备文件的已用、可用、可用百分比等信息。默认以 K 为单位显示已用、可用等空间，使用-h 选项则自动转换为常见单位显示已用、可用等空间。

```
[root@localhost ~]# df -h /disk1
#加入-h 选项会将单位显示为常用单位（K、M、G 等），否则默认以 K 为单位
Filesystem      Size    Used    Avail   Use%    Mounted on
/dev/nvme0n1p1  2.0G    47M     2.0G    3%      /disk1
```

- Filesystem：直译为文件系统，当前表示为文件系统所在分区。
- Size：分区大小。
- Used：分区已用空间。
- Avail：分区可用空间。
- Use%：分区已用百分比。
- Mounted on：分区挂载点。

查看分区已用/可用 inode：

```
[root@localhost ~]# df -i /disk1/
Filesystem      Inodes      IUsed   IFree       IUse%   Mounted on
/dev/nvme0n1p1  1048576     3       1048573     1%      /disk1
```

- Filesystem：直译为文件系统，当前表示为文件系统所在分区。
- Inodes：当前分区的 inode 数量。
- IUsed：当前分区已用 inode 数量。

- IFree：当前分区可用 inode 数量。
- IUse%：当前分区 inode 已用百分比。
- Mounted on：挂载目录。

3）目录及文件查看

使用 du 命令可以递归统计目录下所有子文件和子目录大小，如果 du 命令对分区挂载点执行，可以看到分区中文件系统记录的数据大小；如果对文件进行查看，则表示查看文件占用数据块大小。

```
命令格式：[root@localhost ~]# du 目录或分区挂载点
命令选项：
-a：列出目录下所有子文件和子目录占用空间大小（默认列出子目录）
-h：以常见单位显示目录大小
-s：递归式显示目录下所有子文件和子目录占用的总空间
-k：以 KB 为单位显示目录大小
-m：以 MB 为单位显示目录大小
```

例：分别列出/boot 下所有子文件和子目录，并以常见单位显示所有子文件和子目录的大小。

```
[root@localhost ~]# du -ah /boot/
0        /boot/efi/EFI/rocky
0        /boot/efi/EFI
0        /boot/efi
4.0K     /boot/grub2/device.map
4.0K     /boot/grub2/i386-pc/gcry_dsa.mod
16K      /boot/grub2/i386-pc/acpi.mod
…略…
#列出/boot 目录下所有子文件和子目录的大小
```

例：列出/boot 下所有子文件和子目录大小之和。

```
[root@localhost ~]# du -sh /boot/
126M     /boot/
#表示/boot 下所有子文件和子目录的大小为 126MB
```

接下来我们分别使用 du 和 df 对分区挂载点和分区进行查看，对比两个命令之间的差异：

```
[root@localhost ~]# df -h /dev/nvme0n1p1
Filesystem       Size    Used    Avail    Use%    Mounted on
/dev/nvme0n1p1   10G     104M    9.9G     2%      /disk1
#分区/dev/nvme0n1p1 进行挂载后并未写入任何文件，已占用 104MB 空间
[root@localhost ~]# du -sh /disk1/
0    /disk1/
#使用 du 命令查看/disk1，因为没有写入任何数据，所以返回结果为 0
[root@localhost ~]# ls -lh /boot/vmlinuz-5.14.0-70.13.1.el9_0.x86_64
-rwxr-xr-x. 11M /boot/vmlinuz-5.14.0-70.13.1.el9_0.x86_64
#内核文件，大小 11MB，命令结果中省略部分内容。不同版本的操作系统，内核文件名称并不相同，但名称开头通常为/boot/vmlinuxz-*
[root@localhost ~]# cp /boot/vmlinuz…略….x86_64 /disk1/
```

```
#将内核文件复制到/disk1 中
[root@localhost ~]# du -sh /disk1/
11M  /disk1/
#表示目录中保存的文件大小为11MB
[root@localhost ~]# df -h /dev/nvme0n1p1
Filesystem       Size   Used   Avail   Use%   Mounted on
/dev/nvme0n1p1   10G    115M   9.9G    2%     /disk1
#使用 df 命令查询，写入文件之前分区已占用空间104MB。写入11MB 文件后，分区已占用空间115MB
```

经过对比我们会发现，df 命令在对分区进行查看时显示的是文件系统元数据加上文件系统中保存文件所占用的总空间。执行 du 命令只是在查看目录下子文件和子目录占用的空间，并不包含文件系统元数据部分。

例：使用 du 命令查看文件大小。

```
[root@localhost ~]# ls -lh /etc/fstab
-rw-r--r--. 1 root root 579 Jul 26 16:43 /etc/fstab
#执行 ls 命令查看文件，大小为579bytes
[root@localhost ~]# du -h /etc/fstab
4.0K    /etc/fstab
#执行 du 命令查看文件，大小为4KB
```

block 块是文件系统中的最小存储单位，也就是说如果一个文件的实际大小小于一个 block 块的大小，也会占用一整个 block 块。

/etc/fstab 文件实际大小为579B，但是因为文件所在分区的文件系统 block 块大小为 4KB。此时，即便文件只有579B，也会独占一个 4KB 的 block 块。

使用 ls 查看文件大小时，得到的是文件自身大小。使用 du 命令查看文件大小时，得到的是以 block 块为单位计算的文件大小。

4. 卸载

挂载是把空目录作为块设备文件的访问入口。卸载与之相反，卸载是取消目录作为块设备文件访问入口的操作。

```
[root@localhost ~]# umount   /dev/nvme0n1p1
[root@localhost ~]# umount   /disk1/
#以光盘挂载为例，卸载时指定设备文件或挂载点都可以成功卸载
```

我们见到的挂载的所有块设备文件的卸载方式都可以使用设备文件或使用挂载点进行卸载。在初学阶段需要注意，卸载时挂载点是否正在被某些进程读写或占用，若占用，则卸载失败。

9.5.2 永久挂载硬盘分区

在 9.5.1 节中使用 mount 命令挂载的方式属于临时挂载，也就是说系统重启后/disk1 不会继续作为/dev/nvme0n1p1 的"访问入口"。如果想要使挂载永久生效，需要将挂载关系写入到/etc/fstab 文件中。

```
[root@localhost ~]# cat /etc/fstab
#在修改之前首先查看文件内容
```

```
# /etc/fstab
# Created by anaconda on Mon Oct 24 08:34:41 2022
# Accessible filesystems, by reference, are maintained under '/dev/disk/'.
# See man pages fstab(5), findfs(8), mount(8) and/or blkid(8) for more info.
# After editing this file, run 'systemctl daemon-reload' to update systemd
# units generated from this file
#
UUID=f5562aa5-3ea5-4947-830b-6cabd138a1c4   /          xfs       defaults     0 0
UUID=9a5e13a7-7837-4f54-932f-745ee6ed3c19   /boot      xfs       defaults     0 0
UUID=a19f72c4-c295-41a6-81f6-e29478c8b205   none       swap      defaults     0 0
```

在文件中首先以"#"开头的部分是注释信息，根据注释可以获取一些对于/etc/fstab 文件的解释或帮助信息。

在/etc/fstab 文件中以 UUID 开头的行表示分区挂载信息，下面我们以空格为分隔符逐列进行解释：

- 第一列为设备文件名称或者设备 UUID。
- 第二列为挂载点，也就是上文中所说的"访问入口"。
- 第三列为设备文件的文件系统类型。
- 第四列为设备文件的挂载选项。
- 第五列为是否备份：0 表示不备份，1 表示备份。
- 第六列为是否检测文件系统：0 表示不检查，1 表示启动时检查。

接下来，着重介绍 UUID 的查看方法和挂载选项。

1）UUID 查看方式

UUID 是设备唯一标识符，通常为十六进制。在挂载时，使用/dev/sda1 或/dev/nvme0n1p1 表达方式只是表示操作系统识别硬件设备的先后顺序和硬件设备分区的先后顺序，这种表达方式并不能唯一地表示某硬盘分区。操作系统多次重启后，硬盘设备名称可能会发生变化（比如在多块硬盘情况之下，/dev/sda1 可能在某次系统重启后名称变为/dev/sdb1），但是如果用 UUID 来表示某个硬盘分区，UUID 不会因为系统重启或硬盘被操作系统识别的先后顺序而发生变化。

方法 1：blkid 命令。

```
[root@localhost ~]# blkid | grep /dev/nvme0n1p1
/dev/nvme0n1p1: UUID="02eafd6c-eb03-4f4d-ad95-8a4a3568246e" BLOCK_SIZE="512"
TYPE="xfs" PARTUUID="32a8f3ef-0cc2-934f-b82a-ff8ec8c4d3da"
```

- /dev/nvme0n1p1：分区的设备文件名。
- UUID：经过格式化写入文件系统的分区 UUID。
- TYPE：文件系统类型。
- PARTUUID：分区 UUID，如果只对硬盘进行分区，不进行格式化，则会看到 PARTUUID。

方法 2：lsblk 命令。

```
[root@localhost ~]# lsblk -f | grep nvme0n1p1
NAME          FSTYPE FSVER  LABEL    UUID         FSAVAIL    FSUSE%   MOUNTPOINTS
|-nvme0n1p1   xfs    1e61   省略部分 UUIDd12      1.9G       2%       /disk1
```

如果分区当前正处于挂载状态，那么可以看到分区设备名称、文件系统类型、分区 UUID、分区总空间、分区使用百分比、分区挂载点。如果分区只是进行过格式化，没有进行挂载，只会看到分区设备文件名称、分区文件系统类型、分区 UUID（因格式原因，省略部分 UUID）。

方法 3：/dev/disk/by-uuid/目录。

```
[root@localhost ~]# ls -l /dev/disk/by-uuid/ | grep nvme0n1p1
lrwxrwxrwx. 1 root root 15 Jun  5 17:28 02eafd6c-8a4a3568246e -> ../..nvme0n1p1
```

/dev/disk/by-uuid/是目录，在此目录下会存在多个软链接文件。在查看这些软链接的详细信息过程中，可以看到分区设备文件名称和对应分区的 UUID（由于格式原因，省略部分 UUID）。

2）挂载选项

可选挂载选项及其含义如表 9-5 所示。

表 9-5 可选挂载选项及其含义

参 数	说 明
defaults	定义默认值，等同于 rw，suid，dev，exec，auto，nouser，async 选项
rw/ro	读写/只读，文件系统挂载时，是否具有读写权限，默认为 rw
suid/nosuid	是否具有 SUID 权限，设定文件系统是否具有 SUID 和 SGID 的权限，默认有 suid 权限
dev	dev 是 device 的缩写，表示块设备文件
exec/noexec	执行/不执行，设定是否允许在文件系统中运行可执行文件，默认是 exec 允许
auto/noauto	自动/手动，mount -a 命令执行时，是否会自动挂载/etc/fstab 文件内容，默认为 auto 自动
user/nouser	允许/不允许普通用户挂载，设定文件系统是否允许普通用户挂载。默认是不允许的，只有 root 可以挂载分区
async/sync	写入文件时异步/同步，默认为异步
attr2/noattr2	启用/禁用分区扩展文件属性。在内核 5.10 版本此选项被弃用，默认为 attr2
atime/noatime	是否更新文件的访问时间（access time）。默认为更新
relatime/norelatime	访问后更新文件访问时间/只有当上次访问时间早于当前修改时间时才更新访问时间
inode32/inode64	默认为 inode64。inode32 可以兼容较旧的系统和应用程序
logbufs	设置内存中日志缓冲区的个数。范围在 2~8 之间，默认为 8 个缓冲区。设置格式为：logbufs=N（N 为指定缓冲区个数）
logbsize	设置内存中日志缓冲区的大小。可取值有：16kb、32kb、64kb、128kb、256kb。设置格式为：logbsize=16kb
noquota	关闭当前分区磁盘配额
usrquota/uquota	开启当前分区用户磁盘配额
grpquota/gquota	开启当前分区组磁盘配额
prjquota/pquota	开启当前分区目录磁盘配额
remount	对当前已经挂载的分区进行重新挂载，主要用于调整已挂载分区的挂载选项

3）永久挂载

将/dev/nvme0n1p1 设置为永久挂载：

```
[root@localhost ~]# vim /etc/fstab
UUID=f5562aa5-3ea5-4947-830b-6cabd138a1c4    /       xfs      defaults    0 0
UUID=9a5e13a7-7837-4f54-932f-745ee6ed3c19    /boot   xfs      defaults    0 0
UUID=a19f72c4-c295-41a6-81f6-e29478c8b205    none    swap     defaults    0 0
UUID=c2d94d3b-e29f-4ed1-ae38-be688d298be4    /disk1  xfs      defaults    0 0
```

4）读写和只读挂载选项

块设备文件挂载后通常（光盘除外）为 rw 状态，r 表示为可以查看分区中文件，w 表示可以在分区中创建新文件或修改分区中现有的文件。

在系统处于单用户模式之下时，分区默认处于 ro 只读状态。这时如果想要修改分区中的某些文件，就需要对分区重新挂载并指定挂载选项为 rw 读写。

注意：分区中现有文件的修改需要用户对文件本身有写入权限，同时文件所在分区为 rw 可读写。分区写入权限、文件写入权限缺一不可，缺少任意一个都会导致写入失败。同时，分区挂载为 ro 后，整个分区的所有文件都不能修改，也不能在分区中新建文件。

分区临时挂载为只读：

```
[root@localhost ~]# mount -o ro /dev/nvme0n1p1 /disk1/
#临时将分区挂载为只读状态
[root@localhost ~]# mount | grep /disk1
#查看分区挂载选项
/dev/nvme0n1p1 on /disk1 type xfs
(ro,relatime,seclabel,attr2,inode64,logbufs=8,logbsize=32k,noquota)
```

分区永久挂载为只读：

```
[root@localhost ~]# cat /etc/fstab | grep "/dev/nvme0n1p1"
/dev/nvme0n1p1  /disk1  xfs defaults,ro 0  0
#永久将分区挂载为只读状态，在defaults后加入ro表示只读。可在defaults选项后加入更多特殊挂载选项，选项之间以逗号隔开即可
```

将只读分区挂载为读写：

```
[root@localhost ~]# mount | grep /dev/nvme0n1p1
#查看分区挂载选项
/dev/nvme0n1p1 on /disk1 type xfs
(ro,relatime,seclabel,attr2,inode64,logbufs=8,logbsize=32k,noquota)
[root@localhost ~]# mount -o remount,rw /dev/nvme0n1p1
#因为分区当前正在挂载，所以使用remount重新挂载并指定选项为rw读写
[root@localhost ~]# mount | grep /dev/nvme0n1p1
/dev/nvme0n1p1 on /disk1 type xfs
(rw,relatime,seclabel,attr2,inode64,logbufs=8,logbsize=32k,noquota)
#重新挂载后进行查看
```

5）可执行和不可执行挂载选项

Linux 中有非常多的可执行文件，比如我们日常执行的命令、shell 脚本都是一个个的可执行文件。想要正常执行命令或脚本，需要用户对命令文件或脚本文件有可执行权限，同时命令或脚本执行文件所在分区要有可执行权限才能执行。命令可执行权限、分区可执行权限缺一不可。下面我们编写一个简单的脚本来验证分区可执行权限：

```
[root@localhost ~]# mount | grep /disk1
```

```
/dev/nvme0n1p1 on /disk1 type    xfs
(rw,relatime,seclabel,attr2,inode64,logbufs=8,logbsize=32k,noquota)
#分区选项中并没有exec或noexec,此时默认为exec可执行
[root@localhost ~]# cat /disk1/test.sh
#编辑文件test.sh,文件内容如下
#!/bin/bash
#首先声明脚本文件解释器类型,这部分概念会在shell部分详细讲解
echo "Hello,World"
#echo命令执行会输出Hello,World字符串
[root@localhost ~]# ls -l /disk1/test.sh
#查看脚本文件权限
-rw-r--r--. 1 root root 31  7月 14 17:34 /disk1/test.sh
#脚本文件并没有可执行权限
[root@localhost ~]# /disk1/test.sh
#执行此,因为脚本文件没有执行权限,导致执行失败
-bash: /disk1/test.sh: 权限不够
[root@localhost ~]# chmod +x /disk1/test.sh
#给文件添加可执行权限
[root@localhost ~]# ls -l /disk1/test.sh
#查看文件权限
4 -rwxr-xr-x. 1 root root 31  7月 14 17:34 /disk1/test.sh
[root@localhost ~]# /disk1/test.sh
#在分区和硬盘同时拥有可执行权限的情况下,文件成功执行
Hello,World
[root@localhost ~]# mount -o remount,noexec /disk1/
#重新挂载,加入noexec选项
[root@localhost ~]# ls -l /disk1/test.sh
#查看文件权限
-rwxr-xr-x. 1 root root 31  7月 14 17:34 /disk1/test.sh
[root@localhost ~]# /disk1/test.sh
#在文件有可执行权限,但分区没有可执行权限时文件执行失败
-bash: /disk1/test.sh: 权限不够
```

注意:挂载选项中的noexec是指分区中所有的文件都变为不可执行状态,慎用。

9.5.3 移动设备挂载

系统光盘、U盘、移动硬盘都属于移动存储设备。我们很难保证系统在启动时,移动存储设备不会忘记插入,而Linux会严格执行永久挂载配置文件中的挂载配置。如果在启动时,没有找到移动存储设备,会导致Linux启动失败。因此,我们不建议给移动存储设备做永久挂载。

首先,如果是使用虚拟机练习U盘挂载,需要注意虚拟机中默认识别的USB接口类型。如果U盘接口是USB3.0以上,需要先在虚拟机中修改USB控制器类型,才能正常使用,如图9-17所示。

图 9-17 USB 控制器

其次，找到 VMware 中的"虚拟机设置"选项。点击"虚拟机设置"后会看到"USB 控制器"选项。点击"USB 控制器"选项会看到"USB 兼容性"选项。默认兼容 USB2.0，如果 U 盘为 3.0 及以上接口，需要将 USB 兼容性修改为 USB3.1，才能正常被操作系统识别。

最后，在 USB 接口识别的基础上。Linux 中有些文件系统类型是不识别的，需要额外解决文件系统问题才能正常挂载。

1. FAT32 文件系统 U 盘

FAT32 文件系统是 Linux 中默认识别的文件系统类型，直接挂载即可读写。

```
[root@localhost ~]# lsblk -f
NAME      FSTYPE  FSVER   LABEL    UUID
sdb
└─sdb1    vfat    FAT32   LXCCC    22CD-D27E    5.9G    59%
#通过 lsblk 可以看到 U 盘的设备文件名称叫作 sdb，其中分区名称为 sdb1 文件系统类型为 FAT32
[root@localhost ~]# mount /dev/sdb1 /mnt/
#执行 mount 命令，将 sdb1 挂载到/mnt 下
[root@localhost ~]# df -h | grep /mnt
/dev/sdb1          15G     8.5G    6.0G    59%    /mnt
#挂载后可以通过/mnt 目录对 u 盘进行读写操作
```

2. NTFS 文件系统 U 盘

Rocky Linux 9.x 以及 CentOS 版本的 Linux 系统（包括 Rocky Linux 9.x），默认不识别 NTFS 文件系统，需要安装 NTFS 文件系统包后才能正常挂载使用。

识别 NTFS 文件系统的安装包名称为 ntfs-3g，需要在网络 dnf 源基础上先安装 epel 扩展源，在 epel 扩展源基础上才能正常安装 ntfs-3g。

```
[root@localhost ~]# dnf -y install epel-release
#在默认系统 dnf 网络源基础上安装 epel 扩展源，在 epel 源中可安装 ntfs-3g
[root@localhost ~]# dnf -y install ntfs-3g
#安装 ntfs-3g
[root@localhost ~]# mount /dev/sdc1 /media
#挂载
[root@localhost ~]# df -h | grep /media
/dev/sdc1        15G     8.5G     6.0G    59%    /media
#挂载后可以通过/mnt 目录对 u 盘进行读写操作
```

3. exFAT 文件系统 U 盘

在当前使用的 Rocky Linux 9.x 操作系统中默认是可以识别 exFAT 文件系统的，因此可以直接挂载。

```
[root@localhost ~]# lsblk -f
NAME     FSTYPE  FSVER  LABEL   UUID                                  FSAVAIL   FSUSE%    MOUNTPOINTS
sda
└─sda    xfs     0e311d7c-b8c8-43da-aa36-e69fb5f4b4a2                  848.6M    16%       /boot
…略…
sdb
└─sdb1   exfat   1.0            E855-EFDB
#可以看到 U 盘被操作系统识别后，设备文件名称是 sdb。在 sdb 中有 sdb1 分区。文件系统类型是
exfat，文件系统版本是 1.0，UUID 是 E855-EFDB
[root@localhost ~]# mount /dev/sdb1 /disk1
#将/dev/sdb1 分区挂载到/disk1 目录
[root@localhost ~]# df -h
Filesystem     Size    Used    Avail   Use%    Mounted on
…略…
/dev/sdb1      120G    1.0M    120G    1%      /disk1
```

挂载后可以看到 sdb1 分区总空间和可用空间，以及分区挂载点等信息。

9.5.4 格式化与挂载相关命令

1. XFS 文件系统修复

```
xfs_repair：可以对文件系统进行修复
```
格式：
```
    [root@localhost ~]# xfs_repair 分区设备文件绝对路径
```

如果分区文件系统只是损坏极少量数据，那么 xfs_repair 修复后分区可以正常挂载，分区数据可以正常访问。

如果分区文件系统损坏量稍大，在经过 xfs_repair 修复后分区可以正常挂载。会看到挂载点下存在 lost+found 目录。在 lost+found 目录中存在部分文件，通常也意味着有部分文件已经损坏。

如果分区文件系统损坏量极大，xfs_repair 修复分区失败。

2. findmnt 命令验证挂载文件

```
findmnt: 不加选项直接执行，可以查看挂载点、设备文件、文件系统类型、挂载特殊选项
命令格式：[root@localhost ~]# findmnt
命令选项：
-x：验证/etc/fstab 文件中写入的永久挂载是否可用。否则，会因为某些设备文件的永久挂载错误
导致操作系统无法启动
-p：根据/proc/self/mountinfo 文件中的更改，实时显示系统中挂载、卸载情况
-t：查看指定文件系统类型的挂载情况
--df：查看分区挂载关系，已用空间和可用空间（类似于 df 命令）

例1：/etc/fstab 配置文件正确
[root@localhost ~]# findmnt -x
Success, no errors or warnings detected
#命令返回信息如执行结果所示，检测成功，未检测到错误或警告

例2：/etc/fstab 配置文件错误
[root@localhost ~]# findmnt -x
/boot
[E]unreachable on boot required source:
UUID=0311d7c-b8c8-43da-aa36-e69fb5f4b4a2
0 parse errors, 1 error, 0 warnings
#返回信息如结果所示，发现/boot 分区对应的 UUID 未找到

例3：实时显示挂载情况
[root@localhost ~]# findmnt -p
ACTION    TARGET SOURCE    FSTYPE    OPTIONS
mount     /mnt   /dev/sr0  iso9660
ro,relatime,nojoliet,check=s,map=n,blocksize=2048
#终端1执行 findmnt -p，使用其他终端执行挂载光盘，再次返回终端1会看到以上结果

例4：查看指定文件系统类型的挂载信息
[root@localhost ~]# findmnt -t xfs
#查看当前系统中 xfs 文件系统的所有挂载信息
TARGET       SOURCE     FSTYPE  OPTIONS
/            /dev/sda2  xfs
   rw,relatime,seclabel,attr2,inode64,logbufs=8,logbsize=32k,noquota
`-/boot      /dev/sda1  xfs
   rw,relatime,seclabel,attr2,inode64,logbufs=8,logbsize=32k,noquota
```

9.5.5　swap 分区与 swap 永久挂载

在划分 swap 分区前，因为安装系统时选择过划分 swap 分区，所以当前系统中已经存在 swap 分区。再次划分 swap 分区并使用 swap 分区。那么系统中可用 swap 空间等于"已有 swap 分区空间"加上"新 swap 分区空间"。因此，在某些情况下也叫作 swap 扩容。

1. 修改分区类型

在执行 cfdisk 命令时，选择要调整类型的分区，按"t"表示要调整该分区类型：

```
                    Select partition type
                         EFI System
                    MBR partition scheme
                      Intel Fast Flash
                         BIOS boot
                    Sony boot partition
                   Lenovo boot partition
                     PowerPC PReP boot
                    ONIE boot 16779263
                    ONIE config 973567
                     Microsoft reserved
                    Microsoft basic data
                   Microsoft LDM metadata
                      Microsoft LDM data
                 Windows recovery environment
                    IBM General Parallel Fs
                   Microsoft Storage Spaces
                         HP-UX data
                        HP-UX service
                         Linux swap
                   #需要修改为 Linux swap
                       Linux filesystem
                  #默认为 Linux filesystem
                     Linux server data
                      Linux root (x86)
                     Linux root (x86-64)
                      Linux root (ARM)
                     Linux root (ARM-64)
```

将分区类型调整为 Linux swap。

```
                         Disk: /dev/nvme0n1
             Size: 20 GiB, 21474836480 bytes, 41943040 sectors
         Label: gpt, identifier: 0D29ABB6-3D69-3D4F-8A26-61781D7666B5
Device          Start           End             Sectors         Size    Type
```

```
  /dev/nvme0n1p1      2048         4196351      4194304     2G  Linux filesystem
>>/dev/nvme0n1p2      4196352      8390655      4194304     2G  Linux swap
  /dev/nvme0n1p3      8390656      12584959     4194304     2G  Linux filesystem
  /dev/nvme0n1p4      12584960     16779263     4194304     2G  Linux filesystem
  /dev/nvme0n1p5      16779264     20973567     4194304     2G  Linux filesystem
  Free space          20973568     41943006     20969439    10G
```

调整后查看，在确认文件系统类型后保存退出即可。

2. swap 分区格式化

```
[root@localhost ~]# mkswap /dev/nvme0n1p2
#将/dev/nvme0n1p2 分区格式化为 swap 文件系统类型
```

3. 查看系统可用 swap 空间

我们可以使用 free 命令对 swap 空间变化进行观察，命令格式如下：

```
[root@localhost ~]# free
#查看物理内存和交换分区空间
选项：
-h：命令结果以常见单位显示
-k：执行结果以 KB 为单位
-m：执行结果以 MB 为单位
-g：执行结果以 GB 为单位
```

free 命令执行结果中可以看到物理内存或 swap 的总空间、已用空间、可用空间等信息，同时结合-k、-m、-g 等选项，可以改变命令执行结果中的显示单位。命令执行结果如下：

```
[root@localhost ~]# free -h
              total       used       free      shared   buff/cache   available
Mem:          934Mi       238Mi      534Mi     4.0Mi    160Mi        551Mi
Swap:         2.0Gi       0B         2.0Gi
```

执行 free 命令查看物理内存和交换分区的空间，Mem 行表示物理内存的使用情况。Swap 行表示交换空间的使用情况。接下来我们逐一解释以下 free 命令的执行结果。

- total：Mem 或 Swap 分区总空间大小。
- used：Mem 或 Swap 已用空间大小。
- free：Mem 或 Swap 未使用空间大小。
- shared：共享内存大小。
- buff/cache：缓存缓冲区占用内存大小。
- available：可用内存空间大小。

通过以上命令可以得知，目前 swap 空间为 2.0GB（安装系统时划分）。我们需要暂时记住 swap 当前空间大小，然后我们将/dev/nvme0n1p2 启用后，再次查看 swap 总空间。

4. 启用/停用格式化过的新 swap

1）启用 swap 分区命令

我们已经把/dev/nvme0n1p2 分区格式化为 swap 文件系统了，接下来我们对

/dev/nvme0n1p2 分区执行 swapon 命令，表示开启使用/dev/nvme0n1p2 分区作为系统中的可用 swap 分区。命令格式如下：

```
[root@localhost ~]# swapon 分区绝对路径
```
例：
```
[root@localhost ~]# swapon /dev/nvme0n1p2
#表示开启使用/dev/nvme0n1p2
```

2）停用 swap 分区命令

当我们想停用系统中存在的某个 swap 分区时，可以执行 swapoff 表示停用。命令格式如下：

```
[root@localhost ~]# swapoff 分区绝对路径
```
例：
```
[root@localhost ~]# swapoff /dev/nvme0n1p1
#停止/dev/nvme0n1p1 作为 swap 分区
```

3）查看 swap 分区空间变化

再次执行 free 命令，这次我们直接使用-h 选项，以常见单位显示单位即可。

```
[root@localhost ~]# free -h
              total        used        free      shared  buff/cache   available
Mem:          1.9Gi       248Mi       1.5Gi       5.0Mi       126Mi       1.5Gi
Swap:         4.0Gi          0B       4.0Gi
```

我们可以看到，当前 swap 总空间为 4.0GB。4GB 空间是由安装系统时指定的 2GB 空间，加上/dev/nvme0n1p2 的 2GB 空间组成。

注意：在实际使用过程中，还是比较建议使用-h 选项。比如-g 选项以 GB 为显示单位，在命令结果不足 1GB 时可能显示为 0，会影响我们对空间的判断。

5. 永久挂载 swap 分区

swapon 启用分区属于临时性操作，在进行过重启系统后将不会保持继续启用状态。这时需要对/etc/fstab 文件进行修改来实现 swap 分区的永久挂载。

```
[root@localhost ~]# vim /etc/fstab
UUID=f5562aa5-3ea5-4947-830b-6cabd138a1c4    /        xfs     defaults    0 0
UUID=9a5e13a7-7837-4f54-932f-745ee6ed3c19    /boot    xfs     defaults    0 0
UUID=a19f72c4-c295-41a6-81f6-e29478c8b205    none     swap    defaults    0 0
UUID=c2d94d3b-e29f-4ed1-ae38-be688d298be4    /disk1   xfs     defaults    0 0
/dev/nvme0n1p1                               none     swap    defaults    0 0
```

修改/etc/fstab 文件，加入以上图片中最后一行内容。因为 swap 分区没有一个明确以根为起始点的挂载目录，所以第二列挂载点写 none 即可。

6. swap 分区总结

因为 swap 是交换分区，可以将物理内存中的输入交换到 swap 分区空间中，并在需要的时候再换回物理内存（MEM），所以 swap 分区并没有像其他分区一样需要挂载、需要访问入口才能使用。对于 swap 分区来讲，执行 swapon 就已经表示要启用某个 swap 分区。执行 swapoff 表示停用某个 swap 分区。

9.6 本章小结

1. 本章重点

本章重点讲解了硬盘结构、硬盘分区、格式化和挂载使用,以及 swap 分区划分等相关操作。

2. 本章难点

本章难点包括扇区和柱面概念、文件系统概念、swap 分区概念,需要理论结合实际操作来加深对于这些概念的理解。

附录　课后习题

第 1 章
（1）Linux 有哪些优势？

Linux 的主要优势是开源，业界公认的稳定与安全。

Linux 还有大量的可用软件和免费软件、拥有良好的可移植性和灵活性、拥有优良的稳定性和安全性，同时支持几乎所有的网络协议和开发语言等特点。

（2）Linux 的应用领域有哪些？

Linux 被广泛应用于服务器操作系统、嵌入式等领域中。

（3）列举常见的 Linux 发行版。

基于 Linux 内核的常见操作系统发行版有 RedHat、CentOS、Rocky Linux、Ubuntu 等。

第 2 章
（1）安装 Linux 操作系统至少划分哪些分区？

根据系统官方建议，至少划分根分区和 swap 分区，通常我们也会划分 boot 分区。这三个分区我们认为是 Linux 系统的必须分区。

（2）如何决定 swap 分区空间的大小？

swap 分区根据物理内存大小进行划分，官方建议是物理内存的二倍。

当前系统硬盘空间充裕，swap 分区可以有效提高系统性能，如果没有特殊情况，建议 swap 分区大小严格遵守官方建议。

（3）在 Linux 中第一块 nvme 硬盘的设备文件名称是什么？

因为设备文件在被操作系统识别后会保存在/dev/目录下，所以系统中第一块 nvme 硬盘全称是/dev/nvme0n1。

（4）通过光盘安装系统，划分"/""/boot/""swap"三个分区。

详细操作过程见本章内容。

第 4 章
（1）在表示文件路径过程中，如何区分绝对路径和相对路径？

以"根目录"作为目录参照物，为绝对路径。以当前所在目录作为目录参照物，为相对路径。

（2）显示/etc/目录详细信息，以及 inode 号，其中目录大小以常见单位显示。

```
[root@localhost ~]# ls -dlih
```

（3）在每个目录中都默认存在"."和".."，它们的作用是什么？

"."记录了当前目录的 inode 号。".."记录了上级目录的 inode 号。这也是为什么我们可以使用".."表示上级目录，使用"."表示当前目录的原因。

（4）为什么在学习 cat 命令之后，还要学习使用 more 和 less 查看文件呢？

cat 命令属于非交互式显示文件内容，在本地纯字符情况下，如果文件内容过多，很难看到文件开头的内容。

less 会以交互式查看文件，并且会分页显示文件内容。

（5）软连接和硬链接的特征有哪些不同？

硬链接：创建一个文件，被创建文件记录原文件 inode 号。

- 对文件创建一次硬链接，文件链接数量+1。
- 对文件进行删除会导致文件链接数量-1，当文件链接数量为 1 时，再次删除为永久删除。
- 互为硬链接的文件之间，修改任意一个文件其余均会发生变化。
- 硬链接无法跨分区创建。目录无法创建硬链接。

软链接：软链接创建不会让文件链接数量增加（inode 号不同）。

创建软链接，建议使用绝对路径。

软链接文件类型是 l，软链接默认权限最大。修改原文件，软链接可以观察到变化。对软链接进行修改，实际上就是在修改原文件。

软链接可以跨分区创建。目录可以创建软链接。

软链接删除原文件不受影响，原文件删除软链接失效。

（6）Linux 中使用 rwx 表示读、写、执行，以读权限为例，对于文件的读权限对应什么命令？对于目录的读权限又对应什么命令？

读权限对于文件来说，对应了 cat、more、less 等命令，可以查看文件内容。读权限对于目录来说，对应了 ls 命令，可以查看目录中的文件名。

（7）在压缩命令中使用 tar 压缩和使用 zip 压缩有什么区别？

使用 tar 和 zip 压缩的区别在于：tar 在压缩软链接时，会将软链接文件直接保存，而 zip 会将软链接接所指向的源文件保存起来。

第 5 章

（1）vim 常见工作模式有哪些？这些工作模式如何进入？

vim 常见工作模式有命令模式、编辑模式、末行模式，在 vim 打开文件后默认进入命令模式，在命令模式下属于 a、i 或 o 可进入编辑模式。

（2）如何永久开启 vim 行号显示？

修改/etc/vimrc 文件，在文件中加入 ":set nu" 可以永久开启行号显示。

（3）如何实现 vim 中区域复制功能？

将光标移动到需要复制的起始位置，按 Ctrl+V 快捷键，移动光标将要复制的位置选中，按 Y 键复制选中内容。再将光标移动到要粘贴位置，按 P 键进行粘贴。

（4）请思考，如果多个用户同时使用 vim 编辑同一个文件会出现什么问题？

每当我们使用 vim 打开文件时都会在文件目录中产生一个以 "." 开头，以 ".swp" 结尾的备份文件，此文件可以在修改文件后未保存且意外结束进程的情况下，对已修改但并未保存部分进行恢复。但同时，每执行一次 vim 命令就会产生一个 ".swp" 文件。如果对某个文件进行一次以上的 vim 时，会看到提示发现 ".swp" 文件。

第 6 章

（1）Linux 中有哪些常见软件包种类？

Linux 中常见的软件包分为 rpm 包和源码包。

（2）尝试搭建 yum 源。

步骤参考 6.3.1 节的内容。

（3）在系统中如果想使用某个命令，通过什么方式能够查询到命令安装包名？

通过 dnf 命令的 provide 选项可以查看。

（4）请思考，为什么 rpm 安装的软件和源码包安装的软件，卸载方式是不同的？

因为 rpm 安装通常不指定安装位置，且安装会产生多个文件，分别保存到不同的目录中，所以人为逐一删除所有文件变得十分困难，最终可通过 rpm -e 或者 dnf remove 进行卸载。作为源码包安装所产生的所有文件都在指定目录中，因此删除指定目录就可以认为卸载完成。

第 7 章

（1）如何查看用户的初始组和附加组？对于用户来说初始组和附加组之间的相同点和不同点是什么？

通过查看/etc/passwd 文件的第四列，得到了用户的初始组 ID。接着到/etc/group 文件中，利用初始组 ID，可以查询到组名称。这个组就是用户的初始组。附加组可以通过 groups 命令进行查询，但需要注意的是，在 groups 中会显示当前用户初始组和附加组，在排除初始组后剩余部分属于附加组。

初始组和附加组的相同点在于用户可以使用组身份行使相应的权限，不同点在于初始组是用户登录系统后默认使用的组身份。如果想要使用附加组身份，需要通过 newgrp 进行切换。

（2）给组设置密码的作用是什么？

方便普通用户通过组密码的方式临时获取组管理权限。

（3）在创建用户时常见的 shell 类型有哪些？

常见 shell 类型有/bin/bash 和/sbin/nologin，它们分别对应可登录系统用户和服务用户 shell 类型。

第 8 章

（1）在权限中如果用户既是所有者又在所属组中，用户会使用什么身份对文件进行操作？

用户会以所有者身份和权限对文件进行操作。

（2）在文件设置了 ACL 权限后修改文件的所属组权限会出现什么问题？

对设置 ACL 权限的文件再修改组权限，会影响 ACL 中的 mask 值，从而影响所有当前已设置的 ACL 权限。这种操作违反权限设置的基本逻辑，可以看成是系统 Bug。建议：先使用基本权限，当基本权限身份不足时，再考虑 ACL 权限。

（3）普通用户命令执行权限开启方式是什么？

可通过修改/etc/sudoers 文件的方式为用户开放执行指定行命令的权限。

第 9 章

（1）xfs 文件系统由哪些部分组成？

xfs 文件系统由数据区、文件系统登录活动区、实时运行区组成。

（2）怎样进行文件系统修复？

在文件系统损坏后可通过 xfs_repair 对文件系统进行修复。

（3）在永久挂载时，如何确保/etc/fstab 文件不会出错？

可通过 mount -a 和 findmnt 方式查询是否存在错误。